"十三五"普通高等教育本科系列教材

（第四版）

工程制图

主　　编　陈　光　于春艳
副主编　邵文明　刘玉杰　纪　花
编　　写　郭蕴纹　吕苏华　张志俊
主　　审　程晓新

U0261141

中国电力出版社
CHINA ELECTRIC POWER PRESS

内 容 提 要

本书为"十三五"普通高等教育本科系列教材。全书共分十三章，在知识结构方面可分为四大部分：①画法几何，包括投影法、点线面投影、基本体及表面交线等内容；②制图基础，包括制图的基本知识和技能、组合体、轴测图、机件的表达方法等内容；③机械制图，包括标准件和常用件、零件图、装配图等内容；④专业图，包括建筑施工图、给水排水工程图、采暖工程图、电气工程图等内容。教学时，可根据各专业的需要对内容作不同的取舍。

本书全部采用最新国家标准，内容上着眼于素质教育，重点培养学生的绘图和读图能力。

为配合教学需要，另编有《工程制图习题集（第四版）》与本书配套使用。

本书可作为普通高等院校非机类各专业教材，也可供相近专业选用。

图书在版编目（CIP）数据

工程制图 / 陈光，于春艳主编 . —4 版 . —北京：中国电力出版社，2019.8（2024.1 重印）
"十三五"普通高等教育本科规划教材
ISBN 978-7-5198-3350-3

Ⅰ．①工…　Ⅱ．①陈…②于…　Ⅲ．①工程制图－高等学校－教材　Ⅳ．① TB23

中国版本图书馆 CIP 数据核字（2019）第 130911 号

出版发行：中国电力出版社
地　　址：北京市东城区北京站西街 19 号（邮政编码 100005）
网　　址：http://www.cepp.sgcc.com.cn
责任编辑：孙　静
责任校对：黄　蓓　马　宁
装帧设计：郝晓燕
责任印制：钱兴根

印　　刷：固安县铭成印刷有限公司
版　　次：2004 年 8 月第一版　　2019 年 8 月第四版
印　　次：2024 年 1 月北京第十八次印刷
开　　本：787 毫米 ×1092 毫米　16 开本
印　　张：15.5
字　　数：375 千字
定　　价：49.00 元

前　言

　　本书编者根据教育部"卓越工程师教育培养计划"对工程技术人才的培养要求，结合应用型本科院校的人才培养目标和教学特点，在认真分析有关方面反馈意见的基础上，对第三版教材进行修订。同时修订了与其配套的《工程制图习题集》。

　　本书继续保持第三版的特性，力求内容的稳定性和先进性。

　　结合工科院校改革的需要，本书在内容上做了如下调整：

　　降低了立体表面交线的难度；对机械图、专业图部分着重讲解表达方法和读图方法；删除了计算机绘图的内容，另编写《AutoCAD实用教程》与之配套。

　　调整后，本书在知识结构方面可分为四大部分：①画法几何，包括投影法、点线面投影、基本体及表面交线等内容；②制图基础，包括制图的基本知识和技能、组合体、轴测图、机件的表达方法等内容；③机械制图，包括标准件和常用件、零件图、装配图等内容；④专业图，建筑施工图、给水排水工程图、采暖工程图、电气工程图等内容。

　　本书语言精练，内容准确，例题典型，重点突出。从对人才的知识、素质、能力综合培养的要求出发，密切结合我国工程实际，反映近代绘图新技术，贯彻新标准，由浅入深，循序渐进，适用面广。本书可作为普通高等院校非机类各专业的工程制图课程教材，也可供相近专业选用。

　　本书由长春工程学院陈光、于春艳主编，刘玉杰、邵文明、纪花副主编。具体编写分工为：第一、二章由长春工程学院刘玉杰老师编写；第三、四章由长春工程学院邵文明老师编写；第五、六章由长春工程学院纪花老师编写；第七～九章由长春工程学院陈光老师编写；第十～十三章由长春工程学院于春艳老师编写。

　　本书由长春工程学院程晓新主审，审稿人对本书初稿进行了详尽的审阅和修改，提出许多宝贵意见，在此表示衷心感谢！

　　限于编者水平，书中难免存在缺点和错误，敬请读者批评指正。

编　者

2019 年 7 月

目　　录

绪　　论

图样是指在工程技术中，根据投影原理、标准或有关规定表示工程对象，并标有必要的技术说明的图。图样和文字一样，是人类借以表达、构思、分析和交流思想的基本工具，在技术上得到广泛的应用。工程图样也称为"工程界的语言"，是工业生产中的重要技术文件之一。

本书所研究的图样主要是机械图样。

一、本课程的地位、性质和任务

"工程制图"是工程类专业的一门必修技术基础课，是研究绘制和阅读工程图样，图解空间几何问题的理论和方法的技术基础学科。主要包括正投影理论和国家标准《技术制图》《机械制图》《建筑制图》《给水排水制图》《暖通制图》《电气制图》的有关规定。

本课程的主要任务和要求：

（1）学习、贯彻国家标准有关工程制图的各项规定。

（2）掌握徒手绘图、尺规绘图的作图方法。

（3）掌握正投影的基本理论及其应用。

（4）培养以图形为基础的形象思维能力。

（5）培养并发展空间想象能力和空间分析能力。

（6）掌握绘制及阅读工程图样的基本方法和技能。

（7）培养认真负责的工作态度和严谨细致的工作作风。

二、本课程的学习方法

绘制和阅读工程图样是本课程学习的重点内容，因此，在学习中首先要注意掌握正投影的原理，并运用正投影的原理去解决读图和绘图中的实际问题。

（1）强调实践性。工程制图课程是一门既有系统理论，又注重实践的技术基础课。要学好本课程，必须在理解基本理论和基本概念的基础上，通过实践，培养和建立空间想象能力与空间分析能力，提高画图能力与看图能力。因此，学生应认真、及时、独立地完成习题及绘图的训练。

（2）注重空间想象能力的培养。要培养学生绘制和阅读工程图样的能力，必须将空间思维和投影分析与工程图样绘制过程紧密结合，注意空间形体与其投影之间的相互联系，通过"由物到图，再从图到物"进行反复研究和思考，逐步提高学生的空间逻辑思维能力和形象思维能力。

（3）掌握正确的分析方法。在学习中，一般对理论的理解并不难，难的是理论在画图与看图中的实际应用。因此，必须注意掌握正确的画图步骤和分析解决问题的方法，将空间的解题步骤落实到投影图上，以便准确、快速地画出图形。切忌一拿到题目不经分析就盲目动手做题。

（4）培养自学能力。在学习本课程的过程中，应注重自学能力的培养，通过及时复习和进行阶段小结，逐步提高分析问题和解决问题的能力。学会通过自己阅读作业提示和查阅教材来解决习题和绘图训练中的问题，作为培养今后查阅有关标准、规范、手册等资料来解决工程实际问题的能力的基础。要有意识地、逐步地将以往的应试学习向高等工科院校学以致用转变。

（5）培养严谨的工作作风。工程图样是指导施工和制造的主要依据。因此绘制工程图样时，一定要做到图形正确，表达清晰，图面整洁。如有错误或表达不清楚，则不仅会给施工或制造带来困难，而且还会造成财产损失。因此，在该课程的学习过程中，要养成认真负责的工作态度和严谨细致的工作作风，避免在工程实践中画错和看错图样，造成重大损失。

三、工程图学的发展概况

语言、文字和图形是人们进行交流的主要方式，而在工程界，为了正确表示出机器及设备的形状、大小、规格和材料等内容，通常将物体按一定的投影方法和技术规定表达在图纸上，这种根据正投影原理、标准或有关规定，表示工程对象，并有必要的技术说明的图就称为图样。设计人员用图样来表达设计对象（绘图），生产者依据图样了解设计要求（读图）组织制造产品，因此，工程图样常被称为工程界的技术语言。

我国是历史文化悠久的国家，在绘图技术方面有着辉煌的成就。根据史料可知，早在春秋战国时代的著作《周礼·考工记》中，已有关于制图工具如规、矩、绳、墨等的记载，其中规就是圆规，矩是直角尺，绳是木工画法的墨绳；在汉代《周髀算经》里已有"勾三股四玄五"正确绘制直角的方法；宋代李诚（字明仲）所著《营造法式》（1103年刊行），是我国历史上较早的一部建筑技术经典著作，书中印有大量的建筑图样，与用近代投影法所作图样比较，基本相似。尔后，明朝宋应星编《天工开物》（1637年）以及其他技术书籍，也有大量图样的记载。

为使人们对图样中涉及的格式、文字、图线、图形简化和符号含义有一致的理解，我国于1959年制定了机械制图国家标准，而后不断地修订，并且参加了国际标准化组织ISO/TC10，力图尽快与国际接轨。

到20世纪70年代，计算机图形学、计算机辅助设计（CAD）、计算机绘图在我国得到迅猛发展，除了国外一批先进的图形、图像软件如AutoCAD、CADkey、Pro/E等得到广泛使用外，我国自主开发的一批国产绘图软件，如天正建筑CAD、开目CAD、凯图CAD等也在设计、教学、科研生产单位中得到广泛使用。随着我国现代化建设的迫切需要，计算机技术将进一步与机械制图结合，计算机绘图和智能CAD将进一步得到深入发展。

第一章　制图的基本知识和技能

图样是生产过程中的重要技术资料和主要依据。在画图和看图过程中，首先应对制图的基本知识有所了解。基本知识内容包括技术制图的基本规定；绘图工具的正确使用；几何图形的作图方法以及画图的基本技能等。

第一节　制图国家标准的基本规定

作为指导生产的技术文件，工程图样必须有统一的标准。这些标准对科学地组织生产和图样管理起着重要作用，在绘图时应熟悉并严格遵守国家标准的有关规定。

国家标准简称"国标"，代号为"GB"，如《技术制图　图纸幅面和格式》（GB/T 14689—2008）中，"GB/T"为推荐性国家标准，"14689"为标准的编号，"2008"为标准发布的年号。除"GB/T"外，国标中还有"GB/Z"指导性国标，"GB"强制性国标。

《技术制图》标准对图纸幅面、比例、图线字体和尺寸标注等均有明确规定。

一、图纸幅面和格式（GB/T 14689—2008）、标题栏（GB/T 10609.1—2008）

1. 图纸幅面尺寸

绘制技术图样时，应优先采用表 1-1 中规定的基本幅面。必要时，也允许按照国标规定的方法使用加长幅面，这些幅面的尺寸是由基本幅面的短边成整数倍增加后得出，如图 1-1 所示。图 1-1 中，粗实线所示为基本幅面（第一选择）；细实线所示为加长幅面（第二选择），

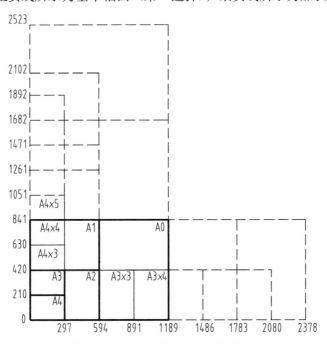

图 1-1　基本幅面与加长幅面的尺寸

虚线所示为规定的加长幅面（第三选择）。

表 1-1　　　　　　　　　　　　　图纸幅面和边框尺寸

幅面代号	A0	A1	A2	A3	A4
B×L	841×1189	594×841	420×594	297×420	210×297
e	20			10	
c	10			5	
a	25				

2. 图框格式

在图纸上必须用粗实线画出图框，其格式分为留装订边和不留装订边两种，但同一产品的图样只能采用一种格式。其格式分别如图 1-2 和图 1-3 所示，尺寸见表 1-1 中的规定。加长幅面的图框尺寸，按所选用的基本幅面大一号的图框尺寸确定。

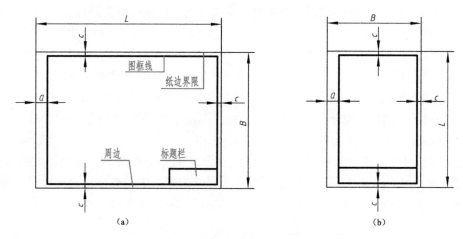

图 1-2　留装订边图纸的图框格式

(a) X 型；(b) Y 型

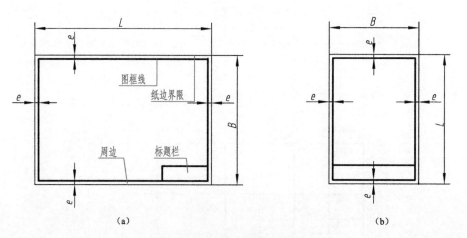

图 1-3　不留装订边图纸的图框格式

(a) X 型；(b) Y 型

3. 标题栏

（1）标题栏的方位。每张图纸上都必须画出标题栏。标题栏的位置应位于图纸的右下角，如图 1-2 和图 1-3 所示。标题栏的长边置于水平方向并与图纸的长边平行时，则构成 X 型图纸；若标题栏的长边与图纸的长边垂直时，则构成 Y 型图纸。在此情况下，看图的方向与看标题栏的方向一致。

（2）标题栏的格式和尺寸。《技术制图标题栏》（GB/T 10609.1—2008）对标题栏的格式和尺寸作了详细规定，其中涉及内容项目较多。建议制图作业的标题栏采用图 1-4 所示的简化格式。

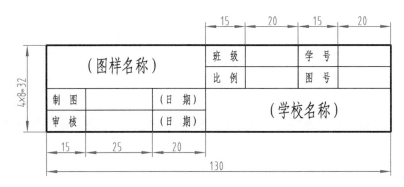

图 1-4　学校用简化标题栏

二、比例（GB/T 14690—1993）

1. 比例术语

比例是指图中图形与其实物相应要素的线性尺寸之比。比值为 1 的比例称为原值比例（如 1：1）；比值大于 1 的比例称为放大比例（如 2：1）；比值小于 1 的比例称为缩小比例（如 1：2）。

2. 比例系列

绘制图样时，应尽量选择原值比例，若需要按比例进行其他选择，需符合表 1-2 规定，在系列中选取适当的比例。

表 1-2　　　　　　　　　　　　　　比　　例

种类	优先选用比例			允许选用比例				
原值比例	1：1							
放大比例	$5：1$　$2：1$			$4：1$		$2.5：1$		
	$5×10^n：1$　$2×10^n：1$　$1×10^n：1$			$4×10^n：1$		$2.5×10^n：1$		
缩小比例	$1：2$　$1：5$　$1：10$			$1：1.5$	$1：2.5$	$1：3$	$1：4$	$1：6$
	$1：2×10^n$　$1：5×10^n$　$1：1×10^n$			$1：1.5×10^n$	$1：2.5×10^n$	$1：3×10^n$	$1：4×10^n$	$1：6×10^n$

注　n 为正整数。

3. 比例标注方法

（1）比例符号应以"："表示。比例表示方法如 1：1、1：500、2：1 等。

（2）比例一般应标注在标题栏中的比例栏内。必要时，可在视图名称的下方或右侧标注比例，如：$\dfrac{I}{2：1}$、$\dfrac{A 向}{1：100}$、$\dfrac{B-B}{2.5：1}$、平面图 1：100。

三、字体（GB/T 14691—1993）

在图样上除了应表达机件的形状外，还需要用文字和数字注明机件的大小、技术要求及其他说明。

1. 字体的书写要求

字体书写必须做到：字体工整、笔画清楚、间隔均匀、排列整齐。

2. 字体的号数

字体的高度代表字体的号数。字体高度（用 h 表示）的公称尺寸系列为：1.8，2.5，3.5，5，7，10，14，20mm。如需要书写更大的字，其字体高度应按 $\sqrt{2}$ 的比例递增。

3. 汉字

图样及说明中的汉字应写成长仿宋字，大标题、图册封面、地形图等的汉字，也可以写成其他字体，但应易于辨认。汉字的书写应采用中华人民共和国国务院正式公布推行的《汉字简化方案》中规定的简化字。汉字高度 h 不应小于 3.5mm，其字宽一般为 $h/\sqrt{2}$。

仿宋字的笔画要横平竖直，注意起落，现介绍常用笔画的写法及特征（见表 1-3）。

（1）横画基本要平，可略向上自然倾斜，运笔起落略顿一下笔，使尽端形成小三角，但应一笔完成。

（2）竖画要铅直，笔画要刚劲有力，运笔同横画。

（3）撇的起笔同竖，但是随斜向逐渐变细，运笔由重到轻。

（4）捺的运笔和撇的运笔相反，起笔轻而落笔重，终端稍顿笔再向右尖挑。

（5）挑画是起笔重，落笔尖细如针。

（6）点的位置不同，其写法不同，多数的点是起笔轻而落笔重，形成上尖下圆的形象。

（7）竖钩的竖同竖画，但要挺直，稍顿后向左上尖挑。

（8）横钩由两笔组成，横同横画，末笔应起重轻落，钩尖如针。

（9）弯钩有竖弯钩、斜弯钩和包钩三种，竖弯钩起笔同竖画，由直转弯过渡要圆滑，斜弯钩的运笔要由轻到重再到轻，转变要圆滑，包钩由横画和竖钩组成。

表 1-3　　　　　　　　　　　　　　长仿宋字体基本笔划

字体	点	横	竖	撇	捺	挑	折	钩
形状	﹀ 丶	一	丨	丿	乀	✓ 丶	⅂	⅃ ⅃
运笔	﹀ 丶	一	丨	丿	乀	✓ 丶	⅂	⅃ ⅃

长仿宋字示例，如图 1-5 所示。

4. 字母和数字

字母和数字分 A 型和 B 型。A 型字体的笔画宽度（d）为字高（h）的十四分之一，B 型字体的笔画宽度（d）为字高（h）的十分之一。字母和数字可写成斜体和直体。斜体字字头向右倾斜，与水平基准线呈 75°。在同一图样上，只允许选用一种形式的字体。当数字与汉字同行书写时，其大小应比汉字小一号，并宜写直体。其运笔顺序如图 1-6 所示。

10号字
字体工整笔画清楚间隔均匀排列整齐

7号字
横平竖直注意起落结构均匀填满方格

5号字
技术制图机械电子汽车航空土木建筑矿山井坑港口纺织服装

3.5号字
螺纹齿轮端子接线飞行指导驾驶航舱位挖填施工引水通风闸阀坝棉麻化纤

图 1-5　长仿宋字体

图 1-6　字母和数字的运笔顺序

字母和数字的运笔顺序和示例如图 1-7 所示。

（a）

（b）

图 1-7　字母和数字的示例（一）

（a）大写拉丁字母示例；（b）小写拉丁字母示例

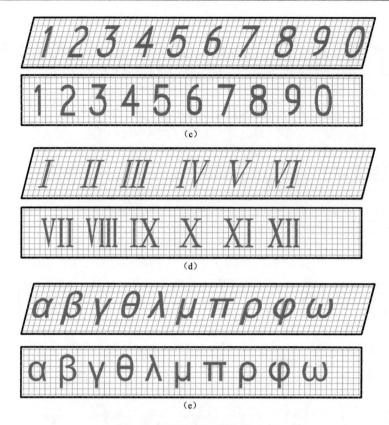

图 1-7　字母和数字的示例（二）

(c) 阿拉伯数字示例；(d) 罗马数字示例；(e) 希腊字母示例

四、图线（GB/T 4457.4—2002）

图形都是由不同的图线组成的，不同形式的图线有不同的含义，用以识别图样的结构特征。

1. 基本线型及其应用

国标规定基本线型见表 1-4。图 1-8 是各种图线的应用实例。

表 1-4　　　　　　　　　　　基本线型

代号 No	名称		线型	宽度	用途
01	实线	粗	———————	d	可见轮廓线
		细	———————	$0.5d$	过渡线、尺寸线、尺寸界线、剖面线、牙底线、齿根线、引出线、辅助线等
02	细虚线		– – – – – –	$0.5d$	不可见轮廓线
04	点画线	粗	—— · —— · ——	d	有特殊要求的线或表面的表示线
		细	—— · —— · ——	$0.5d$	对称中心线、轴线、齿轮分度圆等
基本线型的变形	细双点画线		—— ·· —— ·· ——	$0.5d$	极限位置的轮廓线等
图线的组合	折断线	细	〜〜	$0.5d$	断开界线
	波浪线	细	〰〰〰	$0.5d$	断开界线

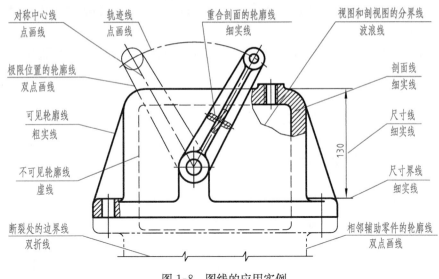

图 1-8 图线的应用实例

2. 图线的宽度

标准规定了七种图线宽度，所有线型的图线宽度 d 应按图样的类型和尺寸大小在下列数系中选择：0.25，0.35，0.5，0.7，1.0，1.4，2mm。优先采用的图线宽度是 0.5mm 和 0.7mm。在机械图样中采用粗细两种线宽，它们之间的比例为 2∶1，即细实线线宽为 $0.5d$。在制图课作业中建议采用的线宽为 0.7mm。

3. 图线的画法

在图纸上的图线，应做到：清晰整齐、均匀一致、粗细分明、交接正确。如图 1-8 所示，具体画图时应注意如下几方面。

（1）在同一张图样中，同类图线的宽度应一致。虚线、点画线、双点画线的线段长度和间隔应大致相等。

（2）除非另有规定，两条平行线之间的最小间隙不得小于 0.7mm。

（3）绘制圆的中心线时，圆心应为长画的交点，而不得交于短画或间隔处。小圆（一般直径小于 12mm）的中心线、小图形的双点画线均可用细实线代替。中心线的两端应超出所表示的相应轮廓线 3～5mm，如图 1-9（a）所示。

（4）当虚线为粗实线的延长线时，之间应留有空隙。虚线与图线相交时，应在线段处相交，如图 1-9（a）所示。

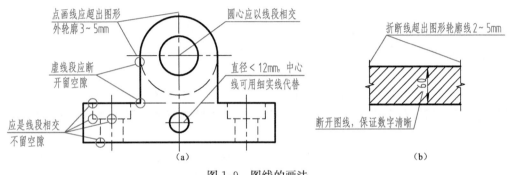

图 1-9 图线的画法

（5）当不同线型的图线重合时，应按粗实线、虚线、点画线的先后次序选择一种线型绘制。

（6）图线不得与文字、数字或符号重叠，不可避免时，应断开图线以保证数字等的清晰，如图 1-9（b）所示。

五、尺寸注法（GB/T 4458.4—2003、GB/T 16675.2—2012）

工程图样除了用图形表达形体的形状外，还应标注尺寸，以确定其真实大小。

1. 基本规则

（1）机件的真实大小应以图样上所标注的尺寸数值为依据，与图形的大小及绘图的准确度无关。

（2）图样中（包括技术要求和其他说明）的尺寸，以毫米为单位时，不需标注单位符号（或名称），如采用其他单位，则应注明相应的单位符号。

（3）图样中所标注的尺寸，为该图样所示机件的最后完工尺寸，否则应另加说明。

（4）机件的每一尺寸，一般只标注一次，并应标注在反映该结构最清晰的图形上。

2. 尺寸的组成及其注法

每个完整的尺寸，一般由尺寸界线、尺寸线和尺寸数字组成，如图 1-10 所示。

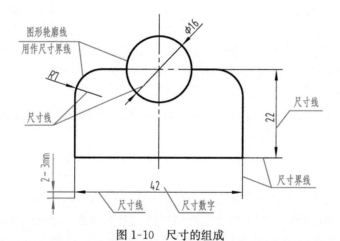

图 1-10 尺寸的组成

（1）尺寸界线。尺寸界线用细实线绘制，并应由图形的轮廓线、轴线或对称中心线处引出，也可利用轮廓线、轴线或对称中心线作尺寸界线。尺寸界线一般超出尺寸线 2～3mm，如图 1-10 所示。

注意事项：

1）尺寸界线一般应与尺寸线垂直，必要时才允许倾斜［见图 1-11（a）］。

2）在光滑过渡处标注尺寸时，应用细实线将轮廓线延长，从它们的交点处引出尺寸界线［见图 1-11（a）］。

3）标注角度的尺寸界线应沿径向引出［见图 1-11（b）］；标注弦长的尺寸界线应平行于该弦的垂直平分线［见图 1-11（c）］；标注弧长的尺寸界线应平行于该弧所对圆心角的角平分线［见图 1-11（d）］。

（2）尺寸线。尺寸线用细实线绘制，其终端可以有箭头和斜线两种形式，如图 1-12 所示。同一张图样中只能采用一种尺寸线终端的形式，机械图样中一般采用箭头作为尺寸线的终端。

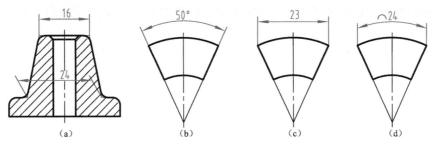

图 1-11 尺寸界线示例

注意事项：

1）标注线性尺寸时，尺寸线应与所标注的线段平行。尺寸线不能用其他图线代替，一般也不得与其他图线重合或画在其延长线上，如图 1-10 所示。

2）圆的直径和圆弧半径的尺寸线应经过圆心

图 1-12 尺寸终端形式

并且终端应画成箭头，并按图 1-13（a）～（d）所示方法标注。当圆弧的半径过大或在图纸范围内无法标出其圆心位置时，可按图 1-13（e）所示形式标注。若不需要标出其圆心位置时，可按图 1-13（f）所示形式标注。

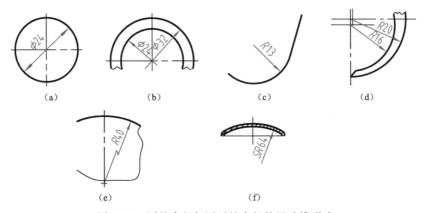

图 1-13 圆的直径与圆弧的半径的尺寸线形式

3）标注角度时，尺寸线应画成圆弧，其圆心是该角的顶点，如图 1-11（b）所示。

4）当对称机件的图形只画出一半或略大于一半时，尺寸线应略超过对称中心线或断裂处的边界，此时仅在尺寸线的一端画出箭头，如图 1-14 所示。

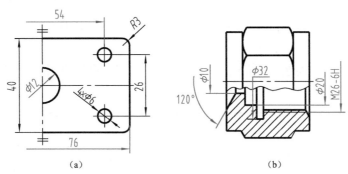

图 1-14 对称机件的标注

5）在没有足够的位置画箭头或注写数字时，可按如图 1-15 的形式标注，此时，允许用圆点代替箭头。

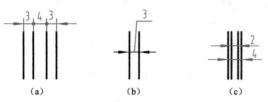

图 1-15　较小位置的尺寸线形式

（3）尺寸数字。尺寸数字一般应注写在尺寸线的上方，也允许注写在尺寸线的中断处。

注意事项：

1）线性尺寸数字的方向，有以下两种注写方法：

①数字应按图 1-16（a）所示的方向注写，并尽可能避免在图示 30°范围内标注尺寸，当无法避免时，可按图 1-16（b）的形式标注。

②对于非水平方向的尺寸，其数字可水平地注写在尺寸线的中断处（见图 1-17）。

一般应采用方法一注写；在不致引起误解时，也允许采用方法二。但在一张图样中，应尽可能采用同一种方法。

2）角度的数字一律写成水平方向，一般注写在尺寸线的中断处（见图 1-18）。

3）尺寸数字不可被任何图线所通过，否则应将该图线断开［见图 1-9（b）］。

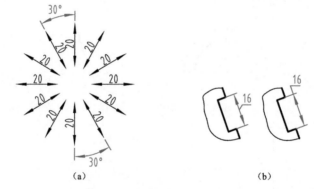

图 1-16　线性尺寸注写方法（一）

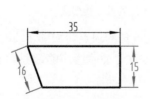

图 1-17　线性尺寸注写方法（二）

图 1-18　角度尺寸注写方法

3. 标注尺寸的符号及缩写词

标注尺寸时，应尽可能地使用符号及缩写词。尺寸数字前后常用的符号及缩写词见表 1-5。

表 1-5　　　　　　　　　　常用的符号及缩写词

名称	符号或缩写词	名称	符号或缩写词
直径	ϕ	弧长	⌒
半径	R	深度	⊤

续表

名称	符号或缩写词	名称	符号或缩写词
球直径	$S\phi$	锥度	◁
球半径	SR	斜度	∠
厚度	t	沉孔或锪平	⊔
45°倒角	C	埋头孔	∨
均布	EQS	正方形	□

第二节　绘图工具及其使用

绘制图样按所使用的工具不同，可分为尺规绘图、徒手绘图和计算机绘图。尺规绘图是借助丁字尺、三角板、圆规、铅笔等绘图工具和仪器在图板上进行手工操作的一种绘图方法。虽然目前工程图样已使用计算机绘制，但尺规绘图既是工程技术人员的必备基本技能，又是学习和巩固图学理论知识不可缺少的方法，必须熟练掌握。正确使用绘图工具和仪器不仅能保证绘图质量、提高绘图速度，而且能为计算机绘图奠定基础。以下简要介绍常用绘图工具和仪器的使用方法。

一、图板和丁字尺

图板是铺放图纸的垫板，一般由胶合板制成，四周镶有硬木边。图板板面应平整光洁，左边是导向边。图板分为 0 号（900mm×1200mm）、1 号（600mm×900mm）和 2 号（400mm×600mm）三种型号。图板放在桌面上时，板身与水平桌面呈 10°~15°倾角。图板不可用水刷洗，也不可在日光下暴晒。制图作业通常选用 2 号绘图板。

丁字尺由尺头和尺身组成。尺头与尺身互相垂直，尺身带有刻度。尺身要牢固的连接在尺头上，尺头的内侧面必须平直，用时应紧靠图板左侧的导向边，如图 1-19（a）所示。在画同一张图纸时，尺头不可以在图板的其他边滑动，以避免图板各边不成直角时，画出的线不准确。丁字尺的尺身工作边必须平滑，用完后，宜竖直挂起保存，以避免尺身弯曲变形。

丁字尺主要用来绘制水平线，使用时左手握住尺头，使尺头内侧紧靠图板的左侧边，上下移动到位后，用左手按住尺身，即可沿着丁字尺的工作边自左向右画出一系列水平线，如图 1-19（b）所示。画较长水平线时，可把左手滑过来按住尺身，以防止丁字尺尾部翘起或尺身摆动，如图 1-19（c）所示。也可与三角板配合绘制铅垂线，画铅垂线时，先将丁字尺移动到所绘制图线下方，把三角板放在应画线的右方，并使一直角边紧靠丁字尺工作边，然后移动三角板，直到另一直角边对准要画线的地方，再用左手按住丁字尺和三角板，自下而上绘制。

二、三角板

一副三角板由两块组成，其中一块为两个角均为 45°的直角三角板，另一块为一个角是30°、另一个角是 60°的直角三角板，它与丁字尺配合可画 15°、30°、45°、60°、75°等 15°倍角的斜线，如图 1-20 所示。

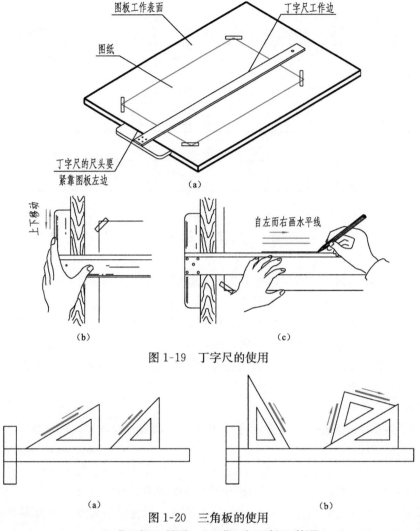

图 1-19 丁字尺的使用

图 1-20 三角板的使用

(a) 作 30°和 45°斜线； (b) 作 60°、75°和 15°斜线

三、圆规和分规

圆规用来画圆及圆弧。使用圆规时，应注意以下几点。

(1) 画粗实线圆时，为了与粗直线色泽一致，铅笔芯应比画粗直线的铅笔芯软一号，即一般用 2B，并磨成矩形截面。铅芯端部截面应比画粗实线截面稍细。画细线圆时，用 H 或 HB 的铅笔芯并磨成铲形，磨成圆锥形也可。

(2) 圆规针脚上的针，应用一端带有台阶的小针尖，圆规两脚合拢时，针尖应调得比铅芯稍长一些，如图 1-21 (a) 所示。画圆时，应当着力均匀，匀速前进，并应使圆规稍向前进的方向倾斜，如图 1-21 (b) 所示。画大圆时要接上加长杆，使圆规两脚均垂直纸面，如图 1-21 (c) 所示。

分规是用来量取线段的长度和分割线段、圆弧的工具。它的两条腿必须等长，两针尖合拢时应汇合成一点。用分规等分线段时，先凭目测估计，将两针尖张开大致等于 n 等分的距离 d，然后交替两针尖画弧，在该线段上截取等分点，假设最后剩余距离为 e，这时可以将分规在 d 的基础上再分开 n 分之 e，再次试分，若仍有差额（也可能超出线段），则照样再调整两针尖距离

（或加或减），直到恰好等分为止，如图 1-22 所示。等分圆弧方法与等分线段类似。

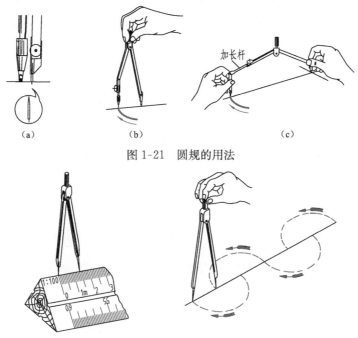

图 1-21　圆规的用法

图 1-22　分规的用法

四、铅笔

铅笔铅芯的软硬用 B 或 H 表示。B 和 H 都有 6 种型号，B 前数字越大，表示铅芯越软，H 前数字越大，表示铅芯越硬。HB 表示铅芯软硬适中。画图时，图线的粗细不同所用的铅笔型号及铅芯的形状也不同。通常用 H 或 2H 铅笔画底稿，用 2B 或 B 铅笔加粗加深图线，用 HB 铅笔写字。加深圆弧用的铅芯，一般比粗实线的铅芯软一些；加深图线时，用于加深粗实线的铅笔芯用砂纸磨成铲形，其余线型的铅笔芯磨成圆锥形，如图 1-23 所示。

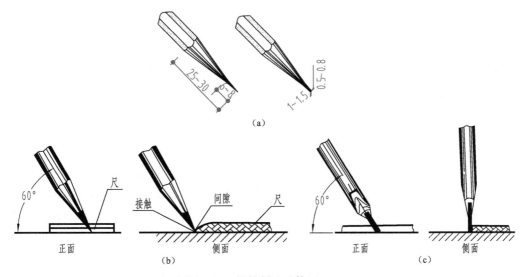

图 1-23　铅笔削法及使用（一）

（a）铅笔削法；（b）细实线铅笔使用方法；（c）粗实线铅笔使用方法

五、其他

除了上述工具外，绘图时还需准备削铅笔用的刀片、磨铅芯用的细砂纸、擦图用的橡皮、固定图纸用的透明胶带、扫除橡皮屑用的板刷、包含常用符号的模板及擦图片等，如图 1-24 所示。

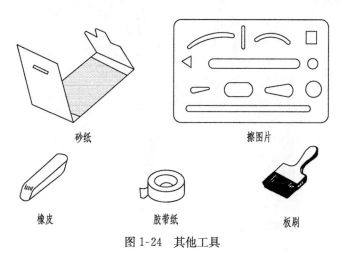

砂纸　　　　　　　　擦图片

橡皮　　　　　胶带纸　　　　　板刷

图 1-24　其他工具

第三节　几 何 作 图

机器零件的轮廓形状多种多样，但从图形角度看，都是由直线、圆弧或其他曲线所组成的几何图形。因此，必须熟练掌握一些常用几何图形的作图方法。

一、等分作图

1. 等分线段

等分线段常用的方法是平行线法。

【例 1-1】　已知线段 AB，试将其五等分。

作法：

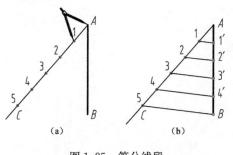

图 1-25　等分线段

（1）过 A 作与 AB 成任意角的射线，如 AC，自 A 起以任意单位长度在 AC 上截 5 等分，得 1、2、3、4、5 点，如图 1-25（a）所示。

（2）连 $5B$，过各点作 $5B$ 的平行线，交 AB 于 $1'$、$2'$、$3'$、$4'$，"交点"即为 5 等分点，如图 1-25（b）所示。

2. 等分圆周与其内接正多边形

（1）圆周的六等分与其内接正六边形。

【例 1-2】　如图 1-26（a）所示，已知外接圆半径 R，试将圆周六等分及作出其内接正六边形。

作法：

1）以 R 为半径，外接圆圆周与水平中心线的交点 A、D 为圆心分别画弧，弧与圆周的交点为 B、F、C、E，则 A、B、C、D、E、F 将圆六等分，如图 1-26（b）所示。

2）顺次连接等分点，即得内接正六边形，如图 1-26（c）所示。若隔点相连，可画出圆内接正三角形。

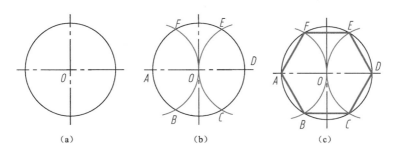

图 1-26　圆周的六等分及画圆内接正六边形

（2）圆周的五等分与其内接正五边形。

【例 1-3】　如图 1-27（a）所示，已知外接圆半径 R，试将圆周五等分及作出其内接正五边形。

作法：

1）作水平半径 OK 的中点 M；以 M 为圆心，MA 为半径画弧，交水平中心线于 N；

2）以 A 为圆心、AN 为半径，在圆周上截取 B、E 两点；再以 B、E 为圆心，AN 为半径，在圆周上截取 C、D 两点，则 A、B、C、D、E 将圆周五等分，如图 1-27（b）所示；

3）顺次连接等分点，即得内接正五边形，如图 1-27（c）所示。

（3）圆周的任意等分与作其内接正 N 边形。

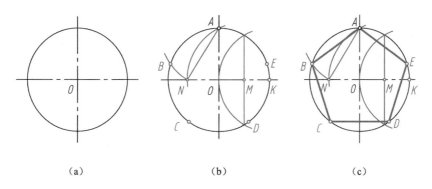

图 1-27　圆周的五等分及画圆内接正五边形

二、圆弧连接

绘制图样时，常会遇到用已知半径为 R 的圆弧光滑连接另外两个已知线段（直线或圆弧）的作图，光滑连接就是相切连接，连接点就是切点。圆弧 R 称为连接圆弧。

圆弧连接作图的要点是：①根据已知条件，准确地定出连接圆弧 R 的圆心；②确定圆弧与已知线段相切的切点；③去掉多余线段，光滑连接。下面按三种不同的圆弧连接情况加以叙述。

1. 用半径为 R 的圆弧连接两条已知直线

定理：与已知直线相切的圆，其圆心的轨迹是与该直线平行的直线，且平行线距离等于半径 R。

【例 1-4】　如图 1-28（a）所示，L_1、L_2 两直线相交，连接弧半径为 R，求作半径为 R 的圆弧光滑连接两直线。

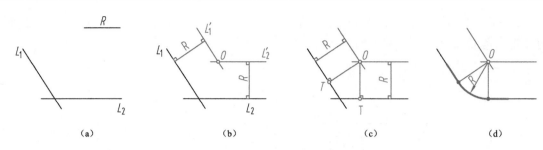

图 1-28　用圆弧连接两条已知直线

(a) 已知条件；(b) 找圆心；(c) 定切点；(d) 光滑连接

作法：

(1) 分别作平行于 L_1、L_2 且距离为 R 的平行线 L_1'、L_2'，它们交于 O 点，如图 1-28 (b) 所示；

(2) 自 O 作 OT 分别与 L_1、L_2 两直线垂直，垂足 T 即为切点，如图 1-28 (c) 所示；

(3) 以 O 为圆心，R 为半径在两切点之间画圆弧，即为所求，如图 1-28 (d) 所示。

2. 用半径为 R 的圆弧连接两已知圆弧

定理：半径为 R 的连接弧与半径为 R_1 的已知圆相切，其圆心轨迹为已知圆的同心圆，外切时其半径为 $R+R_1$，切点 T 在两圆心连线与已知圆周的交点上；内切时，其半径为 $|R-R_1|$，切点 T 在两圆心连线（或延长线）与已知圆周的交点上。

【例 1-5】　如图 1-29 (a) 所示，已知两圆弧圆心分别为 O_1 和 O_2、半径分别为 R_1 和 R_2，求作半径为 R 的圆弧光滑连接两已知圆弧，且与两圆弧外切。

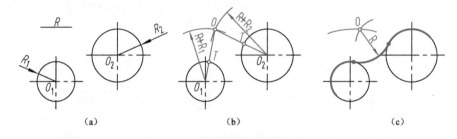

图 1-29　圆弧与两已知圆弧外切

(a) 已知条件；(b) 找圆心、定切点；(c) 光滑连接

作法：

(1) 分别以 O_1 为圆心、$R+R_1$ 为半径，O_2 为圆心、$R+R_2$ 为半径，画圆弧，交于点 O，连接 OO_1、OO_2 定出两个切点 T，如图 1-29 (b) 所示。

(2) 以 O 为圆心，R 为半径，在两切点之间画圆弧，即为所求，如图 1-29 (c) 所示。

【例 1-6】　如图 1-30 (a) 所示，已知两圆弧圆心分别为 O_1 和 O_2、半径分别为 R_1 和 R_2，求作半径为 R 的圆弧光滑连接两已知圆弧，且与两圆弧内切。

作法：

(1) 分别以 O_1 为圆心、$R-R_1$ 为半径，O_2 为圆心、$R-R_2$ 为半径，画圆弧，交于点 O，连接 OO_1、OO_2 并延长，定出两个切点 T，如图 1-30 (b) 所示；

(2) 以 O 为圆心，R 为半径，在两切点之间画圆弧，即为所求，如图 1-30 (c) 所示。

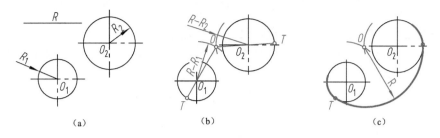

图 1-30　圆弧与两已知圆弧内切

（a）已知条件；（b）找圆心、定切点；（c）光滑连接

【例 1-7】　如图 1-31（a）所示，已知直线 L_1 和圆弧 R_1，求作以半径为 R 的圆弧光滑连接两线段。

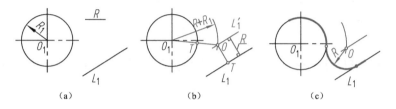

图 1-31　圆弧与直线和已知圆弧外连接

（a）已知条件；（b）找圆心、定切点；（c）光滑连接

作法：

（1）分别作平行于 L_1 且距离为 R 的平行线 L_1'、以 O_1 为圆心 $R+R_1$ 为半径的圆弧，两者交点即为 O；自 O 作 L_1 垂线、连接 OO_1，得到两切点 T，如图 1-31（b）所示。

（2）以 O 为圆心，R 为半径，在两切点之间画圆弧，即为所求，如图 1-31（c）所示。

第四节　平面图形的分析及画法

一、平面图形的分析

平面图形是由若干段线段组成的，为了掌握平面图形的正确作图方法和步骤，画图前先要对平面图形进行分析，如图 1-32 所示。

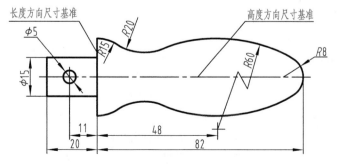

图 1-32　平面图形

1. 尺寸分析

平面图形的尺寸按其作用可分为定形尺寸和定位尺寸。

定形尺寸是确定平面图形各组成部分大小的尺寸，例如线段的长度、圆的直径、圆弧的半径和角度的大小等。图 1-32 中 20、$\phi5$、$R15$、$R60$、$R8$ 等均为定形尺寸。

定位尺寸是确定平面图形各组成部分相对位置的尺寸，例如圆心的位置尺寸等，见图 1-32 中 11、48 等。

标注定位尺寸时，必须先选好尺寸基准，尺寸基准是定位尺寸的出发点。平面图形有长和高两个方向，每个方向都应该有一个尺寸基准，通常选择对称中心线、较大圆的中心线和主要轮廓线作为尺寸基准。如图 1-32 中对称中心线为高度方向尺寸基准，$R15$ 圆心所过的端面为长度方向的尺寸基准。

2. 线段分析

平面图形的线段，根据给定尺寸是否完整可分为已知线段、中间线段和连接线段三类。

已知线段为定形、定位尺寸全部注出的线段。作图时可以直接绘出，见图 1-32 中的 $\phi5$、$\phi15$、$R8$ 等。

中间线段为定形尺寸齐全，缺少一个方向的定位尺寸的线段。作图时，必须先根据与相邻的已知线段的几何关系，求出另一个定位尺寸，才能画出该线段，见图 1-32 中的 $R60$。

连接线段：只有定形尺寸，没有定位尺寸，必须依靠与两端相邻线段间的连接关系才能画出的线段，见图 1-32 中的 $R20$。

画平面图形时，应当先分析图形的尺寸，明确各线段的性质，确定基准后，先画已知线段，再画中间线段，最后画连接线段。

二、作图的一般步骤

制图工作应当有步骤地、循序渐进地进行。为了提高绘图效率、保证图纸质量，必须掌握绘图步骤和方法，养成认真负责、仔细、耐心的良好习惯。尺规绘图时，一般按照下列步骤进行：

1. 准备工作

（1）对所绘图样阅读了解，在绘图前尽量做到心中有数。

（2）准备好必需的绘图仪器、工具、用品，并且将图板、丁字尺、三角板、比例尺等擦洗干净，将绘图工具、用品放在桌子的右边，但不能影响丁字尺的上下移动。

（3）选好图纸，移动丁字尺使图纸的上边对准丁字尺的上边缘，然后将图纸用胶带纸固定在图板的适当位置，如图 1-33 所示。

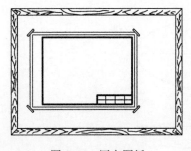

图 1-33　固定图纸

2. 画底稿

用较硬的铅笔画底稿，画底稿步骤如图 1-34（a）～（c）所示，具体内容如下：

（1）根据制图标准的要求，首先把图框线及标题栏的位置画好。

（2）依据所画图形的大小、多少及复杂程度选择好比例，然后安排各个图形的位置，定好图形的中心线，图面布置要适中、匀称，以便获得良好的图面效果。

（3）首先画图形的基准线，再按照已知线段、中间线段、连接线段的顺序画出图形的所有轮廓线。

（4）检查修正底稿，改正错误，补全遗漏，擦去多余线条。

3. 加深描粗

加深描粗，如图 1-34（d）所示。

（1）加深图线时，应是先曲线，其次直线，最后为斜线，各类线型的加深顺序为：细点画线、细实线、中实线、粗实线、粗虚线。

（2）同类图线要保持粗细、深浅一致，加粗时按照水平线从上到下、垂直线从左到右的顺序一次完成。

（3）加深图框线。

4. 标注尺寸，填写标题栏

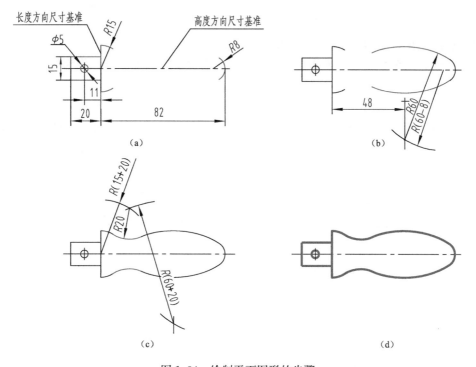

图 1-34 绘制平面图形的步骤

（a）布图、画基准线、画已知线段；（b）画中间线段；（c）画连接线段；（d）描深图线

第五节 徒 手 绘 图

徒手画的图又称草图。它是以目测估计图形与实物的比例，不借助绘图工具（或部分使用绘图仪器）徒手绘制的图样。草图常用来表达设计意图。设计人员将设计构思先用草图表示，然后再用仪器画出正式工程图。另外，在机器测绘和设备零件维修中，也常用徒手作图。

一、画草图的要求

草图是表达和交流设计思想的一种手段，如果作图不准，将影响草图的效果。草图是徒手绘制的图，而不是潦草图。因此，作图时要做到：线型分明，比例适当，不要求图形的几何精度。

二、草图的绘制方法

绘制草图时应使用铅芯较软的铅笔（如 HB、B 或 2B）。铅笔的铅芯应磨削成圆锥形，粗细各一支，分别用于绘制粗细线。

画草图时，可以用有方格的专用草图纸，或者在白纸下面垫一张有格子的纸，以便控制图线的平直和图形的大小。

绘制徒手图的动作要领是手执铅笔，勿离笔尖端太远，小手指及手腕不宜紧贴纸面，运笔力求自然。画短线时用手腕动作，画长线时用前臂动作。在两点之间画长线时，目光要注视线段的终点，轻轻移动手臂沿着要画的线段方向画至终点。

1. 直线的画法

画水平线时，先在图纸的左右两边，根据所画线段的长短定出两点，作为线段的起讫，眼睛注视着终点，自左向右用手腕沿水平方向移动，小手指轻轻接触纸面，以控制直线的平直，画至终点而止，如图 1-35（a）所示。

画垂直线时，在图纸的上下两边，根据所画线段的长短定出两点，作为线段的起讫，自上而下用手腕沿垂直方向轻轻移动，画至终点止，如图 1-35（b）所示。

画斜线时，用眼睛估测线的倾斜度，同样根据线段的长短，在图纸的左右两边定出两点，作为线段的起讫。若画向右的倾斜线，则自左向右用手腕沿倾斜方向朝斜下方轻轻移动，如图 1-35（c）、（d）所示。也可将图纸旋转，使倾斜线转成水平位置，按水平线方法绘制，如图 1-35（e）、（f）所示。

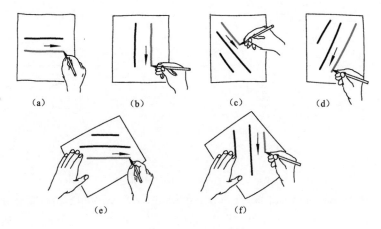

图 1-35　徒手画直线

2. 圆的画法

画圆时，常用以下两种画法。

（1）圆的画法。

第一种画法：①在正交中心线上根据圆的直径画出正方形，中心线与正方形相交处得出 4 个边的 4 个中点［见图 1-36（a）］；②画出正方形的对角线，定出半径长度，并过 8 个点画圆的短弧［见图 1-36（b）］；③连接各弧即得所画之圆［见图 1-36（c）］。

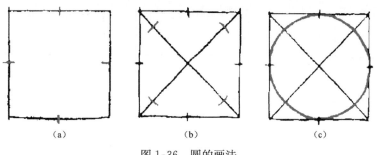

图 1-36　圆的画法

第二种画法：①画出正交中心线［见图 1-37（a）］，再过中心点画出与水平线呈 45°角的斜交线；②在各点上定出半径长度的 8 个点，并过 8 个点画圆的短弧［见图 1-37（b）］；③连接各弧即得所画之圆［见图 1-37（c）］。

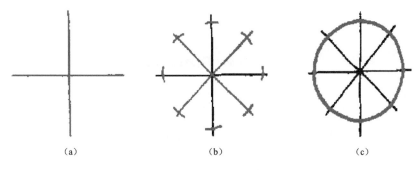

图 1-37　圆的画法

（2）圆弧的画法。画圆弧时，在两已知边内，根据圆弧半径的大小找出圆心，过顶点及圆心作分角线，再过圆心向已知边作垂直线定出圆弧的起点和终点，在分角线上也定出一圆弧上的点，然后过 3 个点作圆弧，如图 1-38 所示。

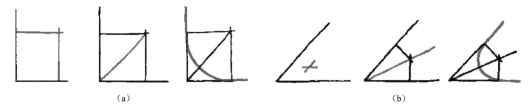

图 1-38　圆弧画法
（a）画 90°圆弧；（b）画任意角度圆弧

3. 椭圆的画法

画椭圆时，根据椭圆长短轴，在正交中心线上定出 4 个顶点，再过 4 个顶点作矩形，在 4 个顶点处画出短弧，连接各短弧即得所画之椭圆，如图 1-39 所示。

4. 常见角度的画法

画 30°、45°、60°等常用角度时，可根据它们的斜率，用近似比值画出。画 45°角度时，可在两直角边上量取相等单位，然后以两端点画出斜线，即画成 45°角度，如图 1-40（a）所示；若画 30°或 60°角时，可在两直角边上量取 3 个单位与 5 个单位，然后连接两端点画出斜线，即可画成 30°或 60°的角度，如图 1-40（b）所示。

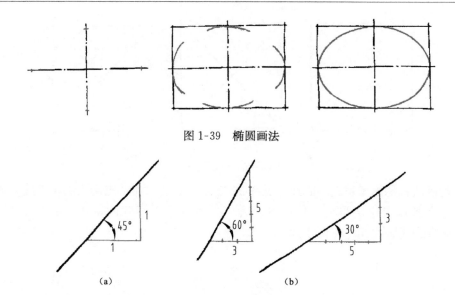

图 1-39　椭圆画法

（a）　　　　　　　　　　　（b）

图 1-40　徒手角度线的画法

5. 等分问题

　　绘制对称、具有均匀等分结构或指定夹角的图形时，都需要对图线进行等分。作图时，一般先将较长的线段分为较短部分，然后再细分。对半分、四等分及八等分相对容易，而三等分、五等分则相对难度大一些，图 1-41 所示为几种等分的常规方法。

　　（1）八等分线段，如图 1-41（a）所示，先目测取得中点 4，再取分点 2、6，最后取其余分点 1、3、5、7。

　　（2）五等分线段，如图 1-41（b）所示，先目测以 2∶3 的比例将线段分成不相等的两段，然后将小段平分，较长段三等分。

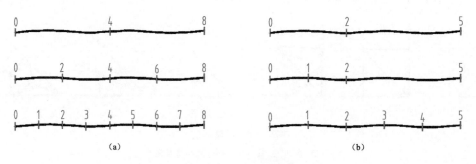

（a）　　　　　　　　　　　（b）

图 1-41　等分线段
(a) 八等分线段；(b) 五等分线段

第二章 正投影基础

第一节 投影法概述

一、投影法概述

物体在光线的照射下，会在地面或墙面产生影子。人们将这种现象经过科学的抽象和提炼，逐步形成投影方法。如图 2-1 所示，S 为投影中心，A 为空间点，平面 P 为投影面，S 与 A 点的连线为投射线，SA 的延长线与平面 P 的交点 a，称为 A 点在平面 P 上的投影，这种在投影面得到图形的方法称为投影法。投影法是在平面上表示空间物体的基本方法，它广泛应用于工程图样中。

投影法分为两大类，即中心投影法和平行投影法。

1. 中心投影法

投射线从投影中心 S 射出，在投影面 P 上得到物体形状的投影方法称为中心投影法，如图 2-2 所示。

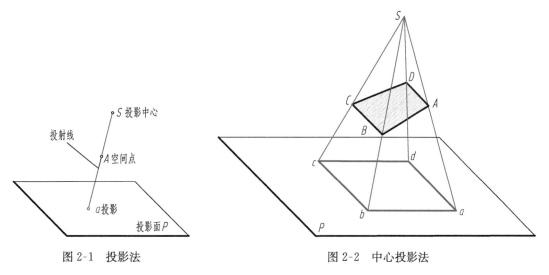

图 2-1 投影法　　　　　　　　图 2-2 中心投影法

2. 平行投影法

当将投影中心 S 移至无限远处时，投射线可以看成是相互平行的，用平行投射线作出投影的方法称为平行投影法，如图 2-3 所示。

根据投射线与投影面所成角度的不同，平行投影法又分为正投影和斜投影。当投射线与投影面垂直时称为正投影，如图 2-3（a）所示；当投射线与投影面倾斜时称为斜投影，如图 2-3（b）所示。

二、正投影的投影特性

1. 实形性

当物体上的线段或平面平行于投影面时，其投影反映线段实长或平面实形，这种投影特性称为实形性，如图 2-4（a）所示。

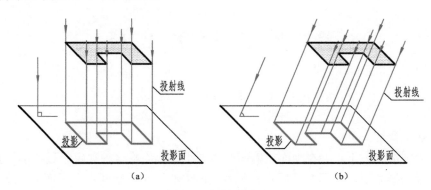

图 2-3　平行投影法
(a) 正投影；(b) 斜投影

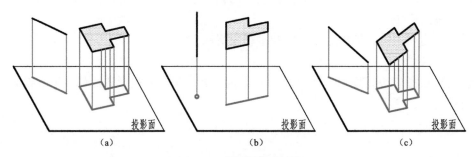

图 2-4　正投影的投影特性
(a) 实形性；(b) 积聚性；(c) 类似性

2. 积聚性

当物体上的线段或平面垂直于投影面时，线段的投影积聚成点，平面的投影积聚成线段，这种投影特性称为积聚性，如图 2-4（b）所示。

3. 类似性

当物体上的线段或平面倾斜于投影面时，线段的投影是比实长短的线段，平面的投影为原图形的类似形，面积变小，这种投影特性称为类似性，如图 2-4（c）所示。

三、工程上常用的投影图

1. 多面正投影图

用正投影法将物体向两个或两个以上互相垂直的投影面上分别进行投影，并按一定的方法将其展开到一个平面上，所得到的投影图称为多面正投影图，如图 2-5（a）所示。这种图的优点是能准确地反映物体的形状和大小，度量性好，作图简便，在工程上广泛采用。缺点是直观性较差，需要经过一定的读图训练才能看懂。

2. 轴测投影图

轴测投影图是按平行投影法绘制的单面投影图，简称轴测图，如图 2-5（b）所示。这种图的优点是立体感强，直观性好，在一定条件下可直接度量；缺点是作图较麻烦，在工程中常用作辅助图样。

3. 透视投影图

透视投影图是按中心投影法绘制的单面投影图，简称透视图，如图 2-5（c）所示。这种图的优点是形象逼真，符合人的视觉效果，直观性强；缺点是作图繁杂，度量性差，一般用于表达房屋、桥梁等的外貌，室内装修与布置的效果图等。

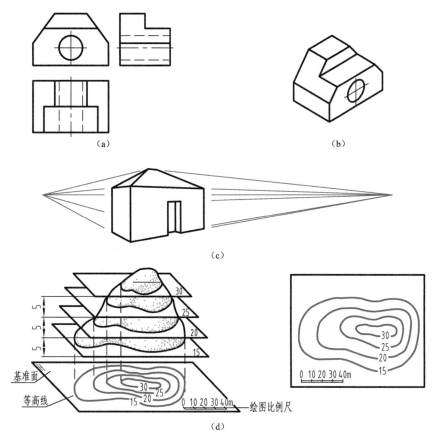

图 2-5 工程上常用的投影图

（a）多面正投影图；（b）轴测投影图；（c）透视投影图；（d）标高投影图

4. 标高投影图

标高投影图是用正投影法画出的单面投影图，用来表达复杂曲面和地形面，如图 2-5（d）所示。标高投影图在地形图中被广泛使用。

由于正投影图被广泛地用来绘制工程图样，所以正投影法是本书讲授的主要内容。以后所说的投影，如无特殊说明均指正投影。

第二节 三视图的形成及投影规律

在工程图样中，根据有关标准和规定，用正投影法绘制的物体投影图称为视图。

一般情况下，物体的一个视图不能确定其形状，图 2-6 所示空间不同形状的物体，它们在同一投影面上的投影完全相同。因此，在机械制图中，一般采用多面正投影的方法，即画出多个不同方向的投影，共同表达一个物体。设置投影面的数量，需根据物体的复杂程度而定。初学者一般以画三视图（三面投影图）作为基本训练方法。

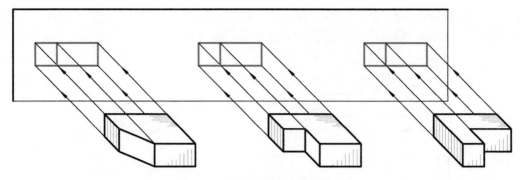

图 2-6　不同形状物体的单面投影

一、三视图的形成

1. 三投影面体系的建立

三个互相垂直的投影面构成三投影面体系，这三个投影面将空间分为八个部分，每一部分称为一个分角，分别称为Ⅰ分角、Ⅱ分角、…、Ⅷ分角，如图 2-7 所示。世界上有些国家规定将物体放在第一分角内进行投影。也有一些国家规定将物体放在第三分角内进行投影，我国《机械制图　图样画法　视图》（GB/T 4458.1—2002）中规定"采用第一角投影法"，如图 2-8 所示。

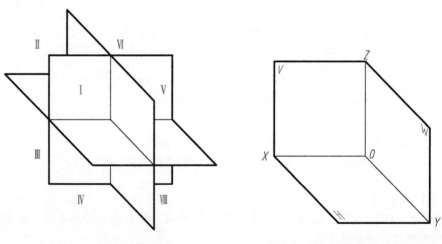

图 2-7　八个分角的划分　　　　图 2-8　第一分角的三投影面体系

图 2-8 是第一分角的三投影面体系。我们对该投影体系采用如下的名称和标记：正立位置的投影面称为正面，用 V 标记（也称 V 面）；水平位置的投影面称为水平面，用 H 标记（也称 H 面）；侧立位置的投影面称为侧面，用 W 标记（也称 W 面）。投影面与投影面的交线称为投影轴，正面（V）与水平面（H）的交线称为 OX 轴；水平面（H）与侧面（W）的交线称为 OY 轴；正面（V）与侧面（W）的交线称为 OZ 轴。三根投影轴的交点为投影原点，用 O 表示。

2. 物体的三视图

如图 2-9（a）所示，将物体置于三投影面体系中，按正投影的方法分别向三个投影面投射。由前向后投射，在 V 面得到的图形称为主视图；由上向下投射，在 H 面上得到的图形称为俯视图；由左向右投射，在 W 面上得到的图形称为左视图。

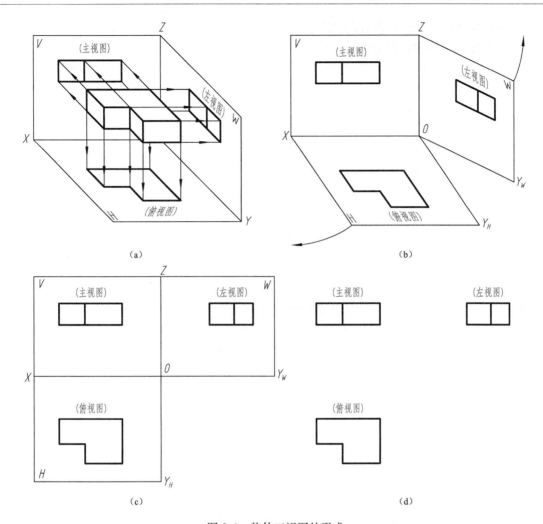

图 2-9　物体三视图的形成

(a) 物体的三视图；(b) 三投影面体系的展开方法；(c) 三视图展开后的位置；

(d) 去掉投影面边框、投影轴后的三视图

为了将物体在互相垂直的三个面的投影绘制在一张纸（一个平面）上，需将空间三个投影面展开摊平在一个平面上。按国家标准规定，保持 V 面不动，将 H 面和 W 面按图中箭头所指方向分别绕 OX 和 OZ 轴旋转 $90°$，如图 2-9 (b) 所示，使 H 面和 W 面均与 V 面处于同一平面内，即得如图 2-9 (c) 所示物体的三视图。

从上述三视图的形成过程可知，各视图的形状和大小与投影面的大小无关；与物体到投影面的距离（三视图到投影轴的距离）无关。因此，在画三视图时，一般不画出投影面的边框，也不画出投影轴，如图 2-9 (d) 所示。

二、三视图之间的投影规律

空间物体都有长、宽、高三个方向的尺度，如图 2-10 (a) 所示。在绘制三视图时，对物体的长度、宽度、高度规定为：物体的左右为长，前后为宽，上下为高。

三视图中，每一个视图只能反映物体两个方向的尺寸：

主视图反映物体的长和高方向的尺寸；
俯视图反映物体的长和宽方向的尺寸；
左视图反映物体的宽和高方向的尺寸；

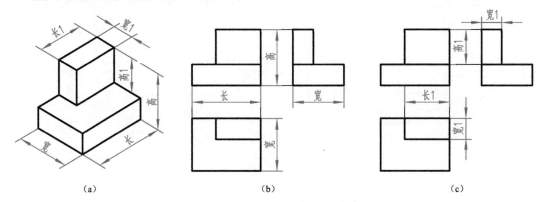

图 2-10　三视图之间的投影规律
(a) 物体的立体图；(b)、(c) 物体的三视图

如图 2-10（b）所示，主视图和俯视图都反映物体的长度尺寸，它们的位置左右应对正，这种关系称为"长对正"；主视图和左视图都反映物体的高度尺寸，它们的位置上下应对齐，这种关系称为"高平齐"；俯视图和左视图都反映物体的宽度尺寸，它们的位置前后对应，这种关系称为"宽相等"。

　　上述的三视图之间的"三等关系"，不仅适用于整个物体，也适用于物体的局部，如图 2-10（c）所示。

　　"长对正、高平齐、宽相等"反映了物体上所有几何元素三个投影之间的对应关系。三视图之间的这种投影关系是画图和读图必须遵循的投影规律和必须掌握的要领。

三、三视图的画图步骤

根据物体或立体图画三视图时，首先应分析其结构形状，摆正物体，使物体的多数表面或主要表面与投影面平行，且在作图过程中不能移动或旋转，然后确定最能反映物体的主要形状特征的方向作为主视方向，再着手画图。

绘图步骤：
（1）画出三视图的基准线；
（2）一般从主视图入手，再根据三等关系画出俯视图和左视图；
（3）擦去作图辅助线，整理，描深。

　　（1）画图时，可见部分轮廓线用粗实线画出，不可见部分轮廓线用虚线画出，对称线、轴线和圆的中心线均用点画线画出。
　　（2）三个视图配合作图，使每个部分都符合"长对正（用竖直辅助线）、高平齐（用水平辅助线）、宽相等（用 45°斜线）"的投影规律。

【例 2-1】 根据图 2-11 (a) 所示立体图画出物体三视图。

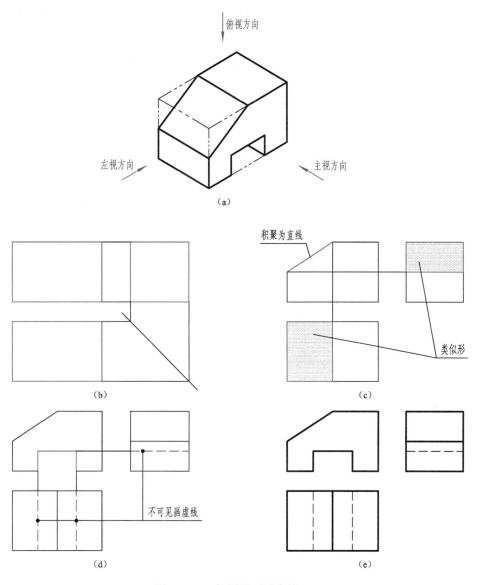

图 2-11 三视图的画图步骤 (一)

(a) 物体的立体图；(b) 画出长方体的三视图；(c) 画出"切角"三视图

(d) 画出凹槽三视图；(e) 检查、加深

分析：该物体是由长方体切割一个三棱柱和一个四棱柱形成的，画图时先画出长方体的三视图，再分别画出切割三棱柱、四棱柱后的投影。

作图步骤如下：

(1) 根据图纸幅面，画出三视图的基准线，本例略；

(2) 该物体是由长方体切割后形成的，首先由图 2-11 (a) （立体图）上量取长方体的长、宽、高尺寸，画出长方体的三视图，如图 2-11 (b) 所示；

(3) 由图 2-11 (a) 可知，在长方体左侧用一个斜面将长方体的左上角切割掉一个三棱柱，该斜面与长方体表面产生了两条交线，切割后三视图如图 2-11（c）所示；

（4）由图 2-11（a）可知，在长方体的下方有一个凹槽，该结构在俯视图和左视图中均不可见，画成虚线，如图 2-11（d）所示；

（5）擦去作图辅助线，检查、加深图线，结果如图 2-11（e）所示。

【例 2-2】 根据图 2-12（a）所示立体图画出物体三视图。

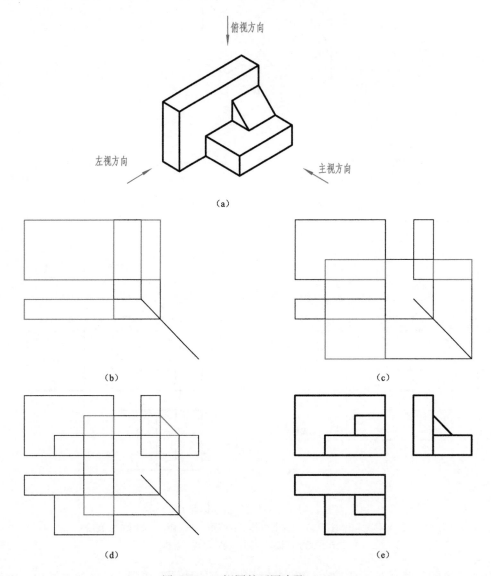

图 2-12　三视图的画图步骤（二）

(a) 立体图；(b) 画竖直长方体三视图；(c) 画水平长方体三视图；
(d) 画三棱柱三视图；(e) 检查、加深图线

分析： 如图 2-12（a）所示，该物体是由一个竖直长方体、一个水平长方体和一个三棱柱组成。水平长方体在竖直长方体的右前方，其底面与竖直长方体的底面平齐，右端面与竖直长方体的右端面平齐，后侧面与竖直长方体的前表面重合。三棱柱在水平长方体的上方，底面与水平长方体顶面重合，其右端面与两个长方体的右端面平齐，其后侧面与竖直长方体

的前表面重合。画图时可分别画出三个组成部分的三视图后，检查是否多线、漏线，即完成该物体的三视图。

作图步骤如下：

（1）根据图纸幅面，画出三视图的基准线，本例略；

（2）绘制竖直长方体，如图 2-12（b）所示；

（3）绘制水平长方体，如图 2-12（c）所示；

（4）绘制三棱柱，如图 2-12（d）所示；

（5）检查、加深图线。结果如图 2-12（e）所示。

第三节 点、直线、平面的投影

一、点的投影

一切几何物体都可看成是点、线、面的组合。点是最基本的几何元素，研究点的投影作图规律是表达物体的基础。

1. 点的三面投影图

将空间点 A 置于三投影面体系中，由点 A 分别作垂直于 V、H 和 W 面的投射线，分别与 V、H、W 面相交，得到点 A 的正面（V 面）投影 a'，水平（H 面）投影 a 和侧面（W 面）投影 a''。关于空间点和其投影的标记规定为：空间点用大写字母 A，B，C…表示，水平投影用相应小写字母 a，b，c…表示，正面投影用相应小写字母右上角加一撇 a'，b'，c'…表示，侧面投影用相应小写字母右上角加两撇 a''，b''，c''…表示，如图 2-13（a）所示。三投影面体系展开后，点的三面投影图如图 2-13（b）所示。

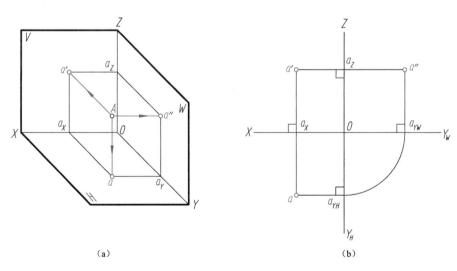

（a）　　　　　　　　　　　　　（b）

图 2-13　点的三面投影

（a）直观图；（b）投影图

如图 2-13（b）所示，点的三个投影之间应符合"长对正、高平齐、宽相等"的对应关系，即：

$a'a \perp OX$，即点的 V 面和 H 面投影连线垂直于 OX 轴；

$a'a'' \perp OZ$，即点的 V 面和 W 面投影连线垂直于 OZ 轴；

$aa_X = a''a_Z$，点 A 的水平投影到 OX 轴的距离等于点的侧面投影到 OZ 轴的距离。

【例 2-3】　如图 2-14（a）所示，已知点 A 的两面投影 a、a'，求 a''。

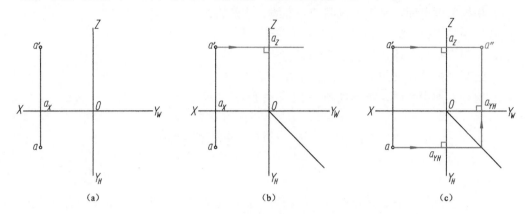

图 2-14　求点的第三面投影
(a) 已知；(b)、(c) 作图过程

作图：

（1）过 a' 作 OZ 轴垂线，交 Z 轴于 a_Z 并延长，如图 2-14（b）所示；

（2）由 a 作 Y_H 轴的垂线并延长与 45°分角线相交，再由交点作 Y_W 轴的垂线，并延长与 $a'a_Z$ 的延长线相交，得到的交点即为 a''，如图 2-14（c）所示。

2. 点的坐标

将投影轴 OX、OY、OZ 看作坐标轴，则空间点 A 可由坐标表示为 $A(X_A, Y_A, Z_A)$，如图 2-15 所示。

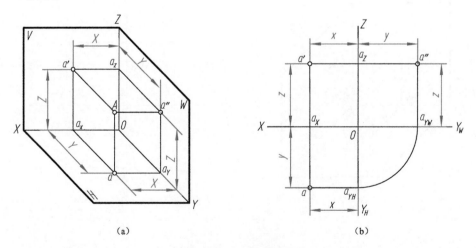

图 2-15　点的坐标
(a) 直观图；(b) 投影图

点的坐标值反映点到投影面的距离。在图 2-15（a）中，空间点 A 的每两条投射线分别确定一个平面，各平面与三个投影面分别相交，构成一个长方体。长方体中每组平行边分别相等，所以有：

$X=a'a_Z=aa_{YH}=Aa''$ （点 A 到 W 面的距离）；

$Y=aa_X=a''a_Z=Aa'$ （点 A 到 V 面的距离）；

$Z=a'a_X=a''a_{YW}=Aa$ （点 A 到 H 面的距离）。

利用坐标和投影的关系，可以画出已知坐标值的点的三面投影，也可由投影量出空间点的坐标值。

【例 2-4】　已知点 A（15，10，20），求作点 A 的三面投影。

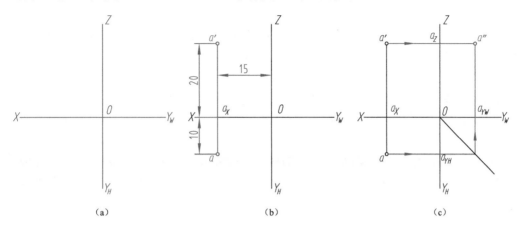

图 2-16　由点的坐标求点的三面投影

（a）已知；（b）、（c）作图过程

作图：

（1）画出投影轴 OX、OY_H、OY_W、OZ，如图 2-16（a）所示。

（2）在 OX 轴上向左量取 15，得 a_X，过 a_X 作 OX 轴垂线，并沿其向上量取 20 得 a'；向前量取 10 得 a，如图 2-16（b）所示。

（3）根据 a'、a，按点的投影规律求出第三投影 a''，如图 2-16（c）所示。

3. 两点的相对位置和重影点

如图 2-17 所示，两点的 X、Y、Z 坐标差，即这两点对投影面 W、V、H 的距离差，在投影图中所反映两点的左右、前后、上下三个方向的位置关系。

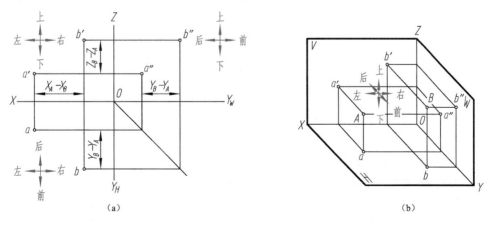

图 2-17　两点的相对位置

（a）投影图；（b）直观图

两点的左右相对位置由 X 坐标来确定，X 坐标大者在左方；

两点的前后相对位置由 Y 坐标来确定，Y 坐标大者在前方；

两点的上下相对位置由 Z 坐标来确定，Z 坐标大者在上方。

图 2-17 所示空间两点 A、B，在投影图中，由于点 A 的 X 坐标大于点 B 的 X 坐标，故点 A 在点 B 的左方；点 A 的 Y 坐标小于点 B 的 Y 坐标，故点 A 在点 B 的后方；点 A 的 Z 坐标小于点 B 的 Z 坐标，故点 A 在点 B 的下方，因此可以判断出点 A 在点 B 的左、后、下方。

当空间两点处于某一投影面的同一投射线上时，它们在该投影面上的投影重合，这两点称为该投影面的重影点。如图 2-18 所示，A、B 两点，$X_A = X_B$，$Z_A = Z_B$，因此，它们的正面投影 a' 和 b' 重合为一点，为正面重影点，由于 $Y_A > Y_B$，所以从前向后看时，点 A 的正面投影为可见，点 B 的正面投影为不可见，不可见投影点加括弧表示，即 (b')。又如 C、B 两点，$X_C = X_B$，$Y_C = Y_B$，因此，它们的水平投影 c、(b) 重合为一点，为水平重影点。由于 $Z_C > Z_B$，所以从上向下看时，点 C 的水平投影为可见，点 B 的水平投影为不可见。再如 D、B 两点，$Y_D = Y_B$，$Z_D = Z_B$，因此，它们的侧面平投影 d''、(b'') 重合为一点，为侧面重影点。由于 $X_D > X_B$，所以从左向右看时，点 D 的侧面投影为可见，点 B 的侧面投影为不可见。

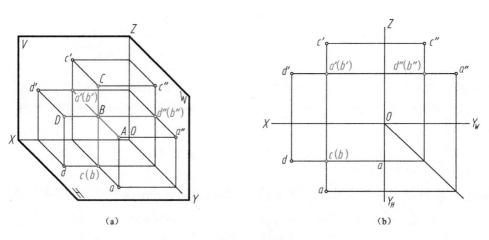

(a)　　　　　　　　　　　　　　　　(b)

图 2-18　重影点

(a) 直观图；(b) 投影图

二、直线的投影

直线一般用线段表示，求作空间直线的三面投影，可先求得线段两端点的三面投影，如图 2-19 (b) 所示，然后将其同面投影用粗实线连接，就得到直线的三面投影，如图 2-19 (c) 所示。

（一）各种位置直线的投影特性

根据直线与投影面的相对位置不同，将其分为三类：投影面平行线、投影面垂直线和一般位置直线。前两类又统称为特殊位置直线。直线与投影面的夹角称为直线对投影面的倾角，通常直线对投影面 H、V、W 的倾角分别用字母 α、β、γ 表示。下面介绍各种位置直线的投影特性。

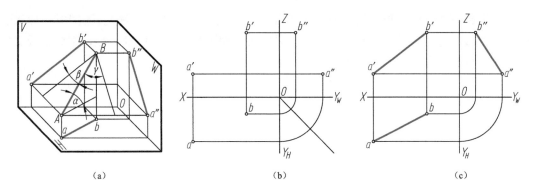

图 2-19　直线的投影

(a) 直观图；(b) 求作直线端点投影；(c) 将同面投影连线得直线的投影

1. 投影面平行线

平行于一个投影面与另外两个投影面倾斜的直线称为投影面平行线，平行于 V 面称为正平线；平行于 H 面称为水平线；平行于 W 面称为侧平线，表 2-1 列出了三种投影面平行线的直观图、投影图及其投影特性。

表 2-1　　　　　　　　　　　　投影面平行线的投影特性

名称	正平线	水平线	侧平线
直观图			
投影图			
投影特性	1. $a'b'=AB$，且反映 α、γ 角； 2. $ab/\!/OX$，$a''b''/\!/OZ$	1. $cd=CD$，且反映 β、γ 角； 2. $c'd'/\!/OX$，$c''d''/\!/OY_W$	1. $e''f''=EF$，且反映 α、β 角； 2. $ef/\!/OY_H$，$e'f'/\!/OZ$

投影面平行线的投影特性归纳如下：

（1）直线在所平行的投影面上的投影反映实长，实长与投影轴的夹角反映直线与另外两投影面的倾角。

（2）直线在另外两个投影面上的投影长度都短于实长，并且平行于相应投影轴。

对于投影面平行线，画图时，应先画出反映实长的那个投影（斜线）。读图时，如果直线的三面投影中有一个投影与投影轴倾斜，另外两个投影与相应投影轴平行，则该直线必定是投影面平行线，且平行于投影为斜线的那个投影面。

【例 2-5】 如图 2-20（a）所示，过点 A 作水平线 AB，使 $AB=25$，且与 V 面的倾角 $\beta=30°$。

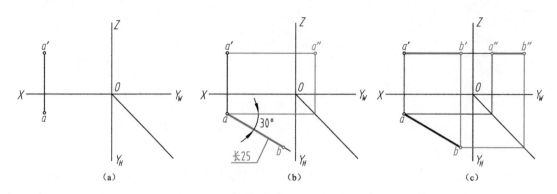

图 2-20　求作水平线投影

作图：

（1）根据点的投影规律，先求得点 A 的 W 面投影 a''。

（2）由投影面平行线的投影特性可知，水平线的 H 投影 ab 与 OX 轴的夹角为 β，且反映实长，也就是 $ab=AB$。过点 a 作与 OX 轴夹角 $\beta=30°$ 的直线，并在直线上量取 $ab=25$，即可求得 b，如图 2-20（b）所示。

（3）根据水平线的投影特性，水平线的 V、W 面投影分别平行于 OX 轴和 OY_W 轴，分别过 a' 和 a'' 作 $a'b' \parallel OX$、$a''b'' \parallel OY_W$，求得 b'、b''；再用直线连接，即求得水平线 AB 的三面投影，如图 2-20（c）所示。

2. 投影面垂直线

垂直于一个投影面（必平行于另外两个投影面）的直线称为投影面垂直线。垂直于 V 面称为正垂线；垂直于 H 面称为铅垂线；垂直于 W 面称为侧垂线，表 2-2 列出了三种投影面垂直线的直观图、投影图及其投影特性。

表 2-2　　　　　　　　　　　　投影面垂直线的投影特性

名称	正垂线	铅垂线	侧垂线
直观图			

续表

名称	正垂线	铅垂线	侧垂线
投影图			
投影特性	1. $a'b'$积聚为一点； 2. $ab \perp OX$，$a''b'' \perp OZ$； 3. $ab = a''b'' = AB$	1. cd积聚为一点； 2. $c'd' \perp OX$，$c''d'' \perp OY_W$； 3. $c'd' = c''d'' = CD$	1. $e''f''$积聚为一点； 2. $ef \perp OY_H$，$e'f' \perp OZ$； 3. $ef = e'f' = EF$

投影面垂直线的投影特性归纳如下：

（1）直线在所垂直的投影面上的投影积聚成一点。

（2）直线在另外两个投影面上的投影反映线段实长，且垂直于相应投影轴。

对于投影面垂直线，画图时，一般先画积聚为点的那个投影。读图时，如果直线的三面投影中有一个投影积聚为一点，则直线为该投影面的垂直线。

3．一般位置直线

与三个投影面都倾斜的直线称为一般位置直线，如图 2-19 所示。

一般位置直线的投影特性归纳如下：

（1）三个投影都与投影轴倾斜。

（2）三个投影的长度都短于实长。

（3）投影与投影轴的夹角不反映直线与投影面的倾角。

（二）直线上点的投影特性

点在直线上，则点的投影在直线的同面投影上（从属性），并将直线段的各个投影长度分割成和空间长度相同的比值（定比性），如图 2-21 所示，$AC : CB = a'c' : c'b' = ac : cb$。

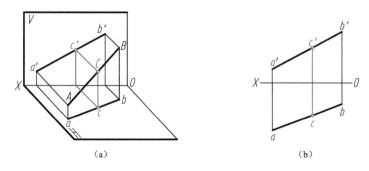

（a） （b）

图 2-21 直线上的点从属性和定比性

（a）直观图；（b）投影图

判断点是否在直线上，对于一般位置直线只判断直线的两个投影即可，如图 2-22（a）所示。若直线是投影面平行线，且没有给出直线的实长投影，则需求出实长投影进行判断，

或采用直线上点的定比性来判断，如图 2-22（b）所示。若直线是投影面垂直线，则在直线
所垂直的投影面上点的投影必和直线的积聚投影重合，如图 2-22（c）所示。

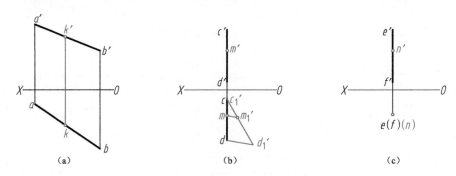

图 2-22　判断点是否在直线上

【例 2-6】　如图 2-23（a）所示，已知点 C 在直线 AB 上，且点 C 分 AB 为 $AC:CB=$
$1:4$，求点的投影。

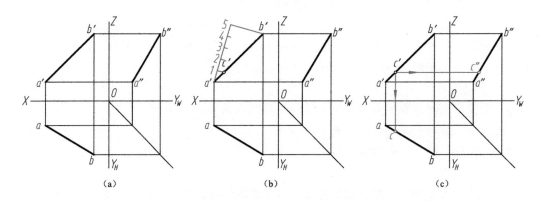

图 2-23　求直线上点的投影
(a) 已知条件；(b) 确定 C 点正面投影；(c) 求 C 点其他投影

分析：根据直线上点的投影特性，首先将直线 AB 的任一投影分割成 $1:4$，求得点 C 的
一个投影，然后利用从属性，在直线 AB 上求出点 C 的其余投影。

作图：

（1）过点 a' 作任意直线，截取 5 个单位长度，连接 $5b'$。过 1 作 $5b'$ 平行线，交 $a'b'$ 于 c'，
如图 2-23（b）所示。

（2）过 c' 作投影连线，与 ab 交点为 c，与 $a''b''$ 为 c''，即为所求，如图 2-23（c）所示。

（三）两直线的相对位置

两条直线的相对位置有三种情况：平行、相交和交叉。前两种称为同面直线，后一种称
为异面直线。下面分别讨论它们的投影特性。

1. 两直线平行

若空间两直线相互平行，则它们的同面投影必相互平行，且两条直线的投影长度比等于
空间长度比，如图 2-24（a）所示。反之，若两直线的同面投影都相互平行，则两直线在空
间必相互平行，如图 2-24（b）所示。

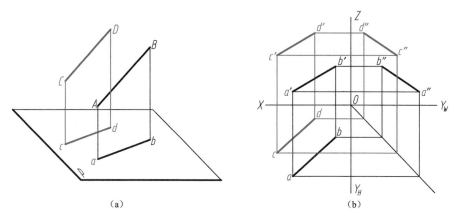

图 2-24　平行两直线的投影

(a) 直观图；(b) 投影图

在投影图中判断两直线是否平行的方法：

(1) 对于一般位置直线，根据两面投影判断即可。如图 2-25（a）所示，直线 AB 和 CD 是一般位置直线，给出的两面投影均相互平行，即 $ab /\!/ cd$、$a'b' /\!/ c'd'$，可以判定空间也相互平行，即 $AB /\!/ CD$。

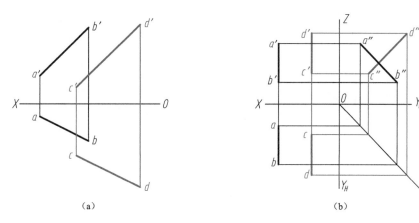

图 2-25　判断两直线是否平行

(a) 两一般位置直线；(b) 两侧平线

(2) 对于投影面平行线，需判断直线的实长投影是否平行，否则仅根据另两投影的平行是不能确定它们在空间是否平行。如图 2-25（b）中，侧平线 AB 和 CD，虽然 $ab /\!/ cd$、$a'b' /\!/ c'd'$，但不能确定 AB 和 CD 是否平行，还需要画出它们的侧面投影，才可以得出结论。由于 $a''b''$ 与 $c''d''$ 不平行，所以 AB 与 CD 不平行。

2. 两直线相交

空间两直线相交，则它们的同面投影相交，且交点符合点的投影规律。

图 2-26 中，直线 AB 和 CD 相交于点 K，因点 K 是两条直线的共有点，所以 k 既属于 ab 又属于 cd，即 k 为 ab 和 cd 的交点。同理，k' 是 $a'b'$ 和 $c'd'$ 的交点，k'' 是 $a''b''$ 和 $c''d''$ 的交点，因为 k、k'、k'' 为空间一点的三面投影，所以应符合点的投影规律。

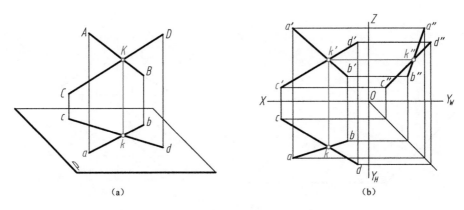

图 2-26　两一般位置直线相交

(a) 直观图；(b) 投影图

在投影图中判断两直线是否相交的方法：

（1）对于一般位置直线，根据两面投影判断即可，如图 2-27（a）所示，ab' 与 $c'd'$ 相交，ab 与 cd 相交，$k'k \perp OX$ 轴，可判断 AB 和 CD 相交。

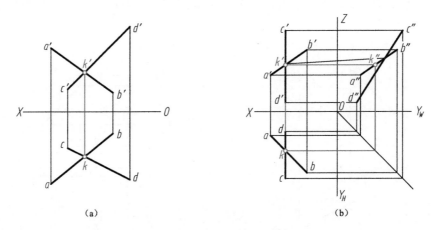

图 2-27　判断两直线是否相交

(a) 两一般位置直线相交；(b) 侧平线与一般位置直线不相交

（2）当两直线中有一条直线是投影面平行线时，应根据该直线在所平行的投影面内的投影来判断。在图 2-27（b）中，直线 AB 和侧平线 CD 的水平投影、正面投影均相交，但不能确定它们在空间是否相交，还需画出它们的侧面投影 $a''b''$、$c''d''$ 才能得出正确结论。从图中可知，正面投影的交点和侧面投影"交点"的连线不垂直于 OZ 轴，也就是交点不符合点的投影规律，所以直线 AB 与侧平线 CD 不相交。

3. 交叉两直线

空间两直线既不平行也不相交，称为交叉两直线。交叉两直线的各面投影既不符合平行两直线的投影特性，又不符合相交两直线的投影特性。图 2-26（b）和图 2-27（b）所示直线均为交叉两直线。

交叉两直线，在画投影图时应注意其重影点的可见性，在图 2-28 中，两直线的同面投影均相交，但两对投影的交点连线不垂直 OX 轴，即说明两直线无交点，不相交。AB 线上的点Ⅰ和CD线上的点Ⅱ，在V面上投影重合于a'b'和c'd'的交点1'(2')，因$Y_Ⅰ>Y_Ⅱ$，故Ⅰ、Ⅱ两重影点的V面投影，点1'可见，点2'不可见，写成1'(2')；CD线上的点Ⅲ与AB线上的点Ⅳ在H面上投影重合，因$Z_Ⅲ>Z_Ⅳ$，故Ⅲ、Ⅳ两重影点的H面投影，点3可见，点4不可见，写成3(4)。

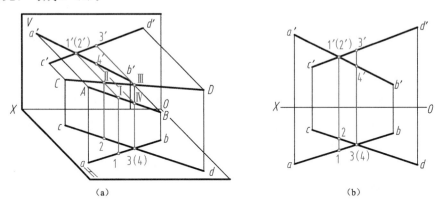

图 2-28　交叉两直线上重影点的可见性
(a) 直观图；(b) 投影图

三、平面的投影

（一）平面的表示方法

1. 用几何元素表示平面

平面的几何元素表示法有以下几种：

（1）不在同一直线上的三点；

（2）一直线和直线外一点；

（3）平行两直线；

（4）相交两直线；

（5）平面图形。

分别画出这些几何元素的投影就可以确定一个平面的投影，如图 2-29 所示。

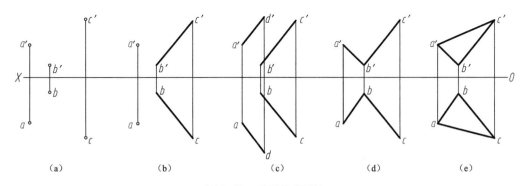

图 2-29　平面的表示法
(a) 不在同一直线上的三点；(b) 一直线和直线外一点；(c) 平行两直线；
(d) 相交两直线；(e) 平面图形

2. 用迹线表示平面

平面与投影面的交线称为平面的迹线，如图 2-30 所示。平面 P 与 H 面的交线称为平面的水平迹线，用 P_H 标记；平面 P 与 V 面的交线称为平面的正面迹线，用 P_V 标记。

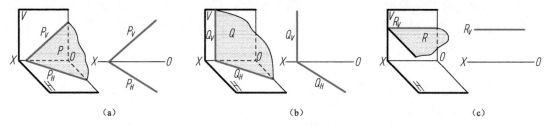

图 2-30　迹线表示平面

（a）一般位置平面的迹线表示法；（b）铅垂面的迹线表示法；（c）水平面的迹线表示法

因为 P_V 位于 V 面内，所以它的正面投影和它本身重合，它的水平投影和 OX 轴重合，为了简化起见，我们只标注迹线本身，而不再用符号标出它的各个投影，图 2-30（a）为一般位置平面的迹线表示法；图 2-30（b）为铅垂面的迹线表示法；图 2-30（c）为水平面的迹线表示法。

（二）各种位置平面的投影特性

根据平面与投影面的相对位置不同，将其分为三类：投影面垂直面、投影面平行面和一般位置平面。前两类又统称为特殊位置平面。通常平面对投影面 H、V、W 的倾角分别用字母 α、β、γ 表示。下面介绍各种位置平面的投影特性。

1. 投影面垂直面

垂直于一个投影面而与另外两投影面倾斜的平面称为投影面垂直面。垂直于 V 面称为正垂面；垂直于 H 面称为铅垂面；垂直于 W 面称为侧垂面，表 2-3 列出了这三种投影面垂直面的立体图、投影图及其投影特性。

表 2-3　　　　　　　　　　　投影面垂直面的投影特性

名称	正垂面	铅垂面	侧垂面
立体图			
投影图			

续表

名称	正垂面	铅垂面	侧垂面
投影特征	1. V 面投影有积聚性，且反映 α、γ 角； 2. H 面、W 面投影为类似图形	1. H 面投影有积聚性，且反映 β、γ 角； 2. V 面、W 面投影为类似图形	1. W 面投影有积聚性，且反映 α、β 角； 2. H 面、V 面投影为类似图形

投影面垂直面的投影特性归纳如下：

（1）平面在所垂直的投影面上的投影，积聚成一斜线。积聚投影与两投影轴的夹角反映平面与另外两投影面的倾角。

（2）平面在另外两个投影面上的投影有类似性。

对于投影面垂直面，画图时，应注意两个具有类似性的投影应边数相等，曲直相同，凹凸一致。读图时，如果平面的三面投影中有一个投影积聚成一斜线，另外两个投影为类似形，则该平面必定是投影面垂直面，且垂直于平面投影积聚为斜线的那个投影面。

【例 2-7】 如图 2-31（a）所示，平面图形 P 为正垂面，已知 P 面的水平投影 p 及其上顶点 Ⅰ 的 V 面投影 $1'$，且 P 对 H 面的倾角 $\alpha=30°$，试完成该平面的 V 面和 W 面投影。

分析：因 P 平面为正垂面，其 V 面投影积聚成一斜直线，此倾斜直线与 OX 轴的夹角即为 α 角。正垂面的侧面投影为类似形，可首先根据水平投影和正面投影求出平面各顶点的侧面投影，顺次连接即得平面的侧面投影。

作图：

（1）过 $1'$ 作与 OX 轴倾斜 30° 的斜线，根据 H 面投影确定其积聚投影长度，结果如图 2-31（b）所示；

（2）在水平投影中标注五边形其余四个顶点的标记 2、3、4、5，分别过 2、3、4、5 点作投影连线，求得其正面投影 $2'$、$3'$、$4'$、$5'$，再由水平投影和正面投影求出五边形各顶点的侧面投影 $1''$、$2''$、$3''$、$4''$、$5''$，依次连接各顶点，即得平面 P 的 W 面投影，结果如图 2-31（c）所示。

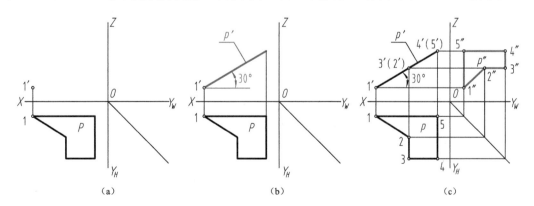

图 2-31 作正垂面的投影
（a）已知条件；（b）求作正面积聚投影；（c）求作侧面投影

2. 投影面平行面

平行于一个投影面（必垂直于另外两投影面）的平面称为投影面的平行面。平行于 V 面称为正平面；平行于 H 面称为水平面；平行于 W 面称为侧平面，表 2-4 列出了这三种平行面的立体图、投影图及其投影特性。

表 2-4　　　　　　　　　　　　　　　投影面平行面的投影特性

名称	正平面	水平面	侧平面
立体图			
投影图			
投影特征	1. V 面投影反映实形； 2. H 面投影、W 面投影均积聚成直线，分别平行于 OX、OZ 轴	1. H 面投影反映实形； 2. V 面投影、W 面投影均积聚成直线，分别平行于 OX、OY_W 轴	1. W 面投影反映实形； 2. V 面投影、H 面投影均积聚成直线，分别平行于 OZ、OY_H 轴

投影面平行面的投影特性：

（1）平面在所平行的投影面上的投影反映实形。

（2）平面在另外两个投影面上的投影积聚成直线，并且平行相应投影轴。

对于投影面平行面，画图时，一般先画反映实形的那个投影。读图时，只要平面的投影图中有一个投影积聚为与投影轴平行的直线段，即可判断该平面为投影面的平行面，平面的三面投影中为平面形的投影即为平面的实形。

3．一般位置平面

与三个投影面都倾斜的平面称为一般位置平面，如图 2-32 所示。

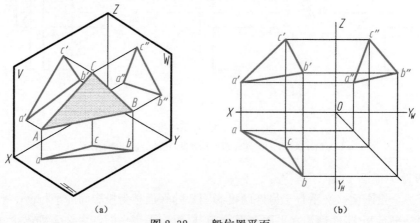

(a)　　　　　　　　　　　　　　　　　(b)

图 2-32　一般位置平面

(a) 直观图；(b) 投影图

一般位置平面的投影特性归纳如下：

（1）三个投影是边数相等的平面类似形；

（2）投影图中不反映平面与投影面的倾角。

（三）平面上的点和直线

1. 直线在平面上的几何条件

直线在平面上的几何条件是：直线通过平面上的两点；或者直线通过平面上的一点，且平行于该平面上另一直线。如图 2-33 所示，直线 MN 通过由相交两直线 AB、BC 所确定的平面 P 上的两个点 M、N，因此直线 MN 在平面 P 上；直线 CD 通过由相交两直线 AB、BC 所确定的平面 P 上的点 C，且平行该平面内的直线 AB，因此直线 CD 在平面 P 上。

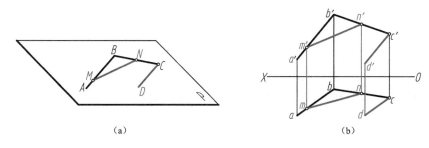

图 2-33　平面内的直线

（a）直观图；（b）投影图

2. 点在平面上的几何条件

点在平面上的几何条件是该点在这个平面内的某一条直线上，如图 2-34 所示，由于 M 点在由相交两直线 AB、BC 所确定的平面 P 内的直线 AB 上，因此点 M 是 P 平面上的点。

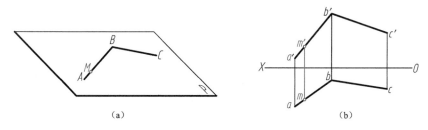

图 2-34　平面内的点

（a）直观图；（b）投影图

【例 2-8】　如图 2-35 所示，已知点 M 在△ABC 平面上，点 N 在△DEF 上，并知点 M、N 的正面投影 m′、n′，求其水平投影 m、n。

分析：△ABC 两投影均为平面形，求作其上点的投影需做辅助线；△DEF 为铅垂面，可利用其水平投影的积聚性，直接投影作图。

作图：

（1）求 m。过 m′在平面内作任意辅助线，如图 2-35（a）所示，作辅助线 CD 的正面投影 c′d′，并求出其水平投影 cd，利用直线上点的从属性，在 cd 上求得 m，即为所求。

（2）求 n。如图 2-35（b）所示，过 n′向下作投影连线，与△DEF 积聚投影 def 的交点即为 n。

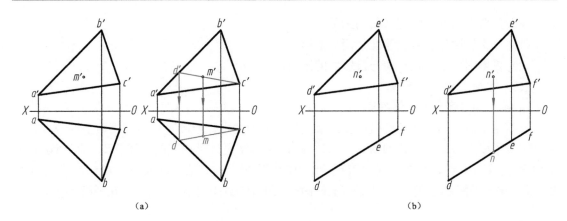

图 2-35　平面上求点的投影
(a) 辅助线法求点；(b) 利用积聚投影求点

【例 2-9】　如图 2-36（a）所示，判断点 K、直线 AM 是否在△ABC 上。

分析：根据点、直线在平面上的几何条件，若点 K 在△ABC 平面内的一条线上，则点 K 在△ABC 平面上，否则点 K 就不在△ABC 平面上；对于直线 AM，由于点 A 是△ABC 平面上的已知点，只要判断 M 点是否在△ABC 平面上，就可以判断出直线 AM 是否在△ABC 平面上。

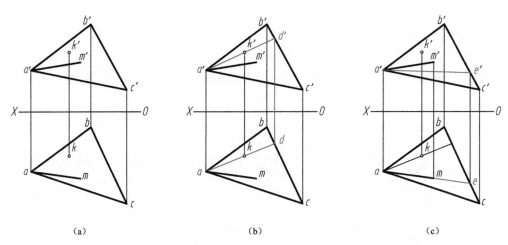

图 2-36　判断点 K、直线 AM 是否在平面上
(a) 已知条件；(b) 判断点 K 是否在平面上；(c) 判断直线 AM 是否在平面上

作图：

（1）如图 2-36（b）所示，假设点 K 在△ABC 平面上，作 AK 的正面投影，即连接 $a'k'$，并延长与 $b'c'$ 交于 d'；

（2）由 d' 求出其水平投影 d，连线 ad。由于 K 点的水平投影 k' 在 ad 上，说明点 K 在△ABC 平面上的直线 AD 上，即点 K 在△ABC 平面上；

（3）如图 2-36（c）所示，采用同样方法，判断出点 M 不在△ABC 平面上，则直线 AM 不在△ABC 平面上。

第三章　基本体及表面交线的投影

第一节　基本体的投影

立体按其表面的构成不同可分为平面立体和曲面立体。表面全部由平面围成的称为平面立体，表面由曲面或曲面和平面共同围成的立体称为曲面立体。

一、平面立体的投影

工程中常用的平面立体是棱柱和棱锥。由于平面立体由若干多边形平面所围成，则画平面立体的投影，就是画各个多边形的投影。多边形的边线是立体相邻表面的交线，即为平面立体的轮廓线。当轮廓线可见时，画粗实线；不可见时画虚线；当粗实线与虚线重合时，应画粗实线。

（一）棱柱

棱柱由一个顶面，一个底面和几个侧棱面组成。棱面与棱面的交线称为棱线，棱柱的棱线是相互平行的。棱线垂直于底面的棱柱称为直棱柱；棱线与底面斜交的棱柱称为斜棱柱；底面是正多边形的直棱柱称为正棱柱。按棱柱棱线数目可分为三棱柱、四棱柱、五棱柱、六棱柱等。

1. 棱柱的投影

如图 3-1（a）所示，正六棱柱的顶面和底面都是水平面，它们的边分别是四条水平线和两条侧垂线。侧棱面是四个铅垂面和两个正平面，棱线是六条铅垂线。

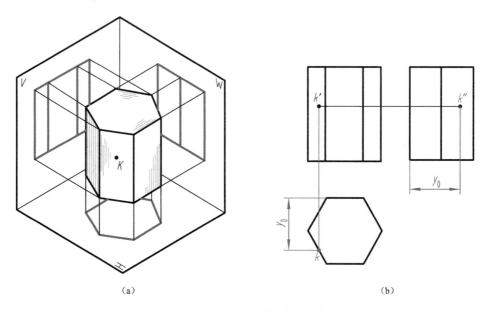

（a）　　　　　　　　　　　（b）

图 3-1　棱柱的投影及表面取点
（a）立体图；（b）投影图

作图步骤：

（1）先画出棱柱的水平投影正六边形，六棱柱的顶面和底面是水平面，正六边形是六棱柱顶面、底面重合的实形，投影顶面和底面的边线均反映实长。六棱柱六个棱面的水平投影积聚在六边形的六条边上，六条侧棱的水平投影积聚在六边形的六个顶点上。该投影为棱柱的形状特征投影。

（2）根据六棱柱的高度尺寸，画出六棱柱顶面和底面有积聚性的正面、侧面投影。

（3）按照投影关系分别画出六条侧棱线的正面、侧面投影，即得到六棱柱的六个侧棱面的投影。如图 3-1（b）所示。六棱柱的前后侧棱面为正平面，正面投影反映实形，侧面投影均积聚为两条直线段。另外四个侧棱面为铅垂面，正面和侧面投影均为类似形。

2. 棱柱表面上取点

因为棱柱表面都是平面，所以在棱柱表面上取点与在平面上取点的方法相同。作图时，应首先确定点所在平面的投影位置，然后利用平面上点的投影作图规律求作该点的投影。

如在图 3-1（b）中，已知棱柱表面上点 K 的正面投影 k'，求 k 和 k''。

因 k' 是可见的，所以点 K 在棱柱的左前棱面上，该棱面的水平投影积聚成一条线，它是六边形的一条边，k 就在此边上。再按投影关系，可求得 K 点的侧面投影 k''。

（二）棱锥

棱锥有一个底面和几个侧棱面，棱锥的全部棱线交于锥顶。当棱锥的底面为正多边形，顶点在底面的投影位于多边形中心的棱锥称为正棱锥。按棱锥棱线数的不同可分为三棱锥、四棱锥、五棱锥、六棱锥等。

1. 棱锥的投影

如图 3-2（a）所示，棱锥底面是水平面，底面的边线分别是两条水平线和一条侧垂线；左、右侧棱面是一般位置平面；后棱面是侧垂面。前棱线是侧平线，另两条棱线是一般位置直线。

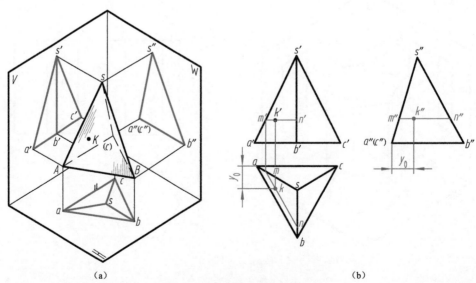

(a)　　　　　　　　　　　　　　(b)

图 3-2　棱锥的投影及表面取点

(a) 立体图；(b) 投影图

作图步骤：

（1）先画出三棱锥底面的三面投影，水平投影△abc反映底面实形，正面投影和侧面投影分别积聚成一直线段。

（2）根据棱锥的高度尺寸画出锥顶 S 的三面投影。

（3）过锥顶向底面各顶点连线，画出三棱锥的三条侧棱的三面投影，即得到三棱锥三个侧棱面的投影。如图 3-2（b）所示，左、右两棱面△SAB、△SBC 为一般位置平面，三面投影都是类似的三角形；侧面投影 $s''a''b''$ 和 $s''c''b''$ 重合；后棱面△SAC 是侧垂面，侧面投影积聚为一直线 $s''a''（c''）$，水平投影和正面投影都是其类似形。

2. 棱锥表面上取点

如图 3-2（b）所示，已知棱锥表面一点 K 的正面投影 k'，试求点 K 的水平和侧面投影。

由于 k' 可见，可以断定点 K 在△SAB 棱面上，在一般位置棱面上找点，需作辅助线。过 K 点的已知投影在△SAB 棱面上作一辅助直线，然后在辅助线的投影上求出点的投影。

作图过程如图 3-2（b）所示。过 k' 在棱面△$s'a'b'$ 上作一水平线 $m'n'$（也可作其他形式辅助线）与 $s'a'$ 交于 m'，与 $s'b'$ 交于 n'。如图 3-2（b）所示，$m'n'\parallel a'b'$，根据平行两直线的投影特性可知，$mn\parallel ab$。由 m' 在 sa 上求出 m，做 $mn\parallel ab$，点的水平投影 k 在 mn 上。利用点的投影规律，可求出 k''。

二、曲面立体的投影

常见的曲面立体是回转体，回转体是由回转面或回转面和平面共同围成的立体。工程中用的最多的回转体是圆柱、圆锥和球。绘制回转体投影，就是画回转面和平面的投影。回转面上可见面与不可见面的分界线称为转向轮廓素线。画回转面的投影，需画出回转面的转向轮廓素线和轴线的投影。

（一）圆柱

圆柱是由圆柱面、顶面和底面组成。圆柱面是由直线绕与它平行的轴线旋转而成。这条旋转的直线称为母线，圆柱面任一位置的母线称为素线，如图 3-3（a）所示。

1. 圆柱的投影

图 3-3（a）所示圆柱体，其轴线为铅垂线，圆柱面垂直 H 面，是铅垂面，圆柱的顶面和底面是水平面。

圆柱体的投影分析：如图 3-3（b）所示。圆柱的顶面和底面的水平投影反映实形——圆，圆心是圆柱轴线的水平投影。顶面和底面的正面投影积聚成两条直线段 $a'b'$、$a_1'b_1'$，侧面投影聚成两条直线段 $c''d''$、$c_1''d_1''$；圆柱面垂直 H，水平投影积聚成一个圆，圆柱的素线为铅垂线。正面矩形投影的 $a'a_1'$ 和 $b'b_1'$ 是圆柱面对正面投影的转向轮廓线，它们是圆柱面上最左和最右素线的正面投影，也是正面投影可见的前半圆柱面和不可见的后半圆柱面的分界线。侧面矩形投影的 $c''c_1''$ 和 $d''d_1''$ 是圆柱面对侧面投影的转向轮廓线，它们是圆柱面上最前和最后素线的侧面投影，也是侧面投影可见的左半圆柱面和不可见的右半圆柱面的分界线。在圆柱体的矩形投影中，应用点画线画出圆柱面轴线的投影。

作图步骤：

（1）先用点画线画出圆柱体各投影的轴线、中心线，再根据圆柱体底面的直径绘制出水平投影——圆；

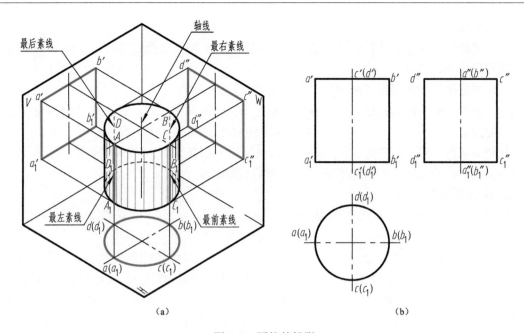

图 3-3　圆柱的投影

(a) 立体图；(b) 投影图

（2）根据圆柱的高度尺寸，画出圆柱顶面和底面有积聚性的正面、侧面投影；

（3）在正面投影中画出圆柱最左、最右轮廓素线的投影；侧面投影中画出最前、最后轮廓素线的投影，结果如图 3-3（b）所示。

2. 圆柱表面上取点

如图 3-4 所示，已知圆柱面上点 E 和 F 的正面投影 e' 和（f'），求作它们的水平投影和侧面投影。

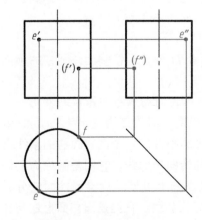

图 3-4　圆柱表面取点

由于 e' 可见，（f'）不可见，可知点 E 在左前半个圆柱面上，点 F 在右后半个圆柱面上。先由 e'，（f'）引铅垂投影连线，在圆柱面有积聚性的水平投影上分别求出两点的水平投影 e 和 f。然后，利用点的投影规律求出两点的侧面投影 e'' 和（f''），又因点 E 在左半圆柱面上，点 F 在右半圆柱面上，故 e'' 可见，f'' 不可见，记为（f''）。

（二）圆锥

圆锥由圆锥面和底面围成。圆锥面是由直线绕与它相交的轴线旋转而成，这条旋转的直线称为母线，圆锥面上任一位置的母线称素线。

1. 圆锥的投影

图 3-5 所示圆锥，其轴线为铅垂线，圆锥底面为水平面，圆锥面相对三个投影面都处于一般位置。

圆锥体投影的投影分析：如图 3-5（b）所示，圆锥底面的水平投影反映实形，正面投影、侧面投影分别积聚成直线段。圆锥面的水平投影与底面水平投影相重合，圆锥面的正面和侧面投影分别为等腰三角形。正面投影三角形的边线 $s'a'$ 和 $s'b'$ 是圆锥面对正面投影的转向轮廓线，它们是圆锥面上最左和最右素线的正面投影，也是正面投影可见的前半圆锥面与不可见的后半圆锥面的分界线。侧面投影三角形的边线 $s''c''$ 和 $s''d''$ 是圆锥面对侧面投影的转向轮廓线，它们是圆锥面上最前和最后素线的侧面投影，也是侧面投影可见的左半圆锥面与不可见的右半圆锥面的分界线。

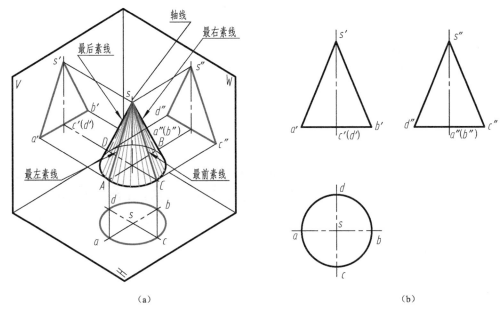

图 3-5　圆锥的投影
(a) 立体图；(b) 投影图

作图步骤：

(1) 先用点画线画出圆锥各投影的轴线、中心线，再根据圆锥底面的半径绘制出水平投影——圆。

(2) 画出圆锥底面有积聚性的正面、侧面投影。

(3) 根据圆锥的高度尺寸，画出锥顶的正面、侧面投影。

(4) 在正面投影中画出圆锥最左、最右轮廓素线的投影；侧面投影中画出最前、最后轮廓素线的投影，结果如图 3-5 (b) 所示。

2. 圆锥表面上取点

如图 3-6 所示，已知圆锥面上点 K 的正面投影 k'，求作它的水平投影 k 和侧面投影 k''。

由于圆锥面的三个投影都没有积聚性，圆锥面上找点需作辅助线。在圆锥面上取点的作图方法通常有两种，即素线法和纬圆法，现分述如下：

(1) 素线法。如图 3-6 (a) 所示，由于 k' 可见，所以点 K 在前半圆锥面上。首先，过锥顶及点 K 在圆锥面上画一条素线，连接 $s'k'$，并延长交底圆于 a'，得素线的正面投影。再由 a' 向下作投影连线，与水平投影圆交点即为 a，连接 sa 得素线的水平投影，利用直线上点的投影特性，可求得 K 点水平投影 k。再由 k'、k 求出 k''。

因为圆锥面水平投影可见，所以 k 可见，又因为 K 点在右半个圆锥面上，所以 k'' 不可见，标记为 (k'')。

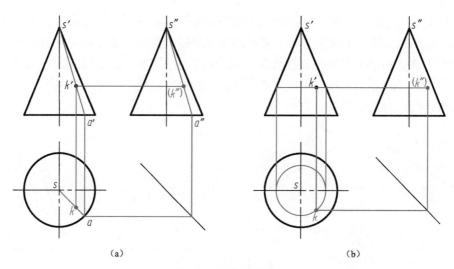

图 3-6　圆锥表面取点

(a) 素线法；(b) 纬圆法

（2）纬圆法。如图 3-6（b）所示，过点 K 作垂直于轴线的水平圆，该圆称纬圆，纬圆正面投影和侧面投影都积聚成一条水平线，水平投影是底面投影的同心圆。点 K 的三个投影分别在该圆的三个投影上。

（三）圆球

球由球面围成。球面由圆母线围绕其直径旋转而成。

1. 圆球的投影

如图 3-7 所示，圆球的投影分别为三个与圆球直径相等的圆，这三个圆是球面三个方向转向轮廓线的投影。

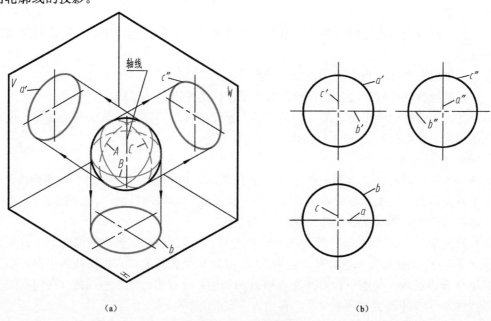

(a)　　　　　　　　　　　　　　　　　(b)

图 3-7　圆球的投影

(a) 立体图；(b) 投影图

正面投影的转向轮廓线是球面上平行于正面的最大圆的投影，它是前后半球面的分界线。水平投影的转向轮廓线是球面上平行于水平面的最大圆的水平投影，它是上下半球面的分界线。侧面投影的转向轮廓线是球面上平行于侧面的最大圆的侧面投影，它是左右半球面的分界线。在球的三面投影中，应分别用点画线画出对称中心线。圆球的投影如图 3-7（b）所示。

作图步骤：

（1）先用点画线画出圆球各投影的中心线；

（2）根据圆球的半径，分别画出 A、B、C 三个圆的实形投影，结果如图 3-7（b）所示。

2. 圆球面上取点

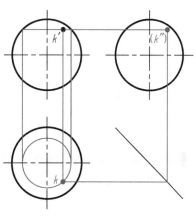

如图 3-8 所示，已知圆球面上点 K 的正面投影 k'，求作点 K 的水平投影和侧面投影。由于球面的三个投影都没有积聚性，且母线不为直线，故在球面上取点只能用纬圆法。过点 K 作水平纬圆，作图步骤如下：过 k' 作水平纬圆的正面投影，再作水平纬圆的侧面投影和反映其实形的水平投影。因为 k' 可见，由 k' 引铅垂投影连线求出 k，再由 k' 引出水平投影连线，按投影关系求出 k"。因 K 点在圆球的上方、前方、右方，故 k 可见，k" 不可见。

图 3-8 圆球表面取点

第二节 平面与立体相交

平面与立体表面的交线称为截交线。与立体相交的平面称为截平面，由截交线所围成的平面图形称为截断面。

一、平面与平面立体相交

平面立体的截交线是一个多边形，多边形的顶点是平面立体的棱线或底边与截平面的交点，多边形的边是截平面与平面立体表面的交线。如图 3-9 所示。

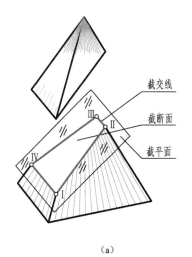

（a）

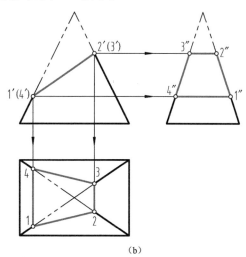

（b）

图 3-9 四棱锥被正垂面截切

（a）立体图；（b）投影图

截交线具有如下性质：

（1）共有性。截交线是截平面与立体表面的共有线。它既在截平面上又在立体表面上，截交线上的点，均为截平面与立体表面的共有点。

（2）封闭性。因立体表面是封闭的，故截交线一般情况下都是封闭的平面图形。

（3）表面性。截交线是截平面与立体表面的交线，因此截交线均在立体表面上。

【例 3-1】 求作如图 3-9 所示四棱锥被正垂面截后的三面投影。

分析：如图 3-9（a）所示，因截平面 P 与四棱锥四个棱面相交，所以截交线为四边形，它的四个顶点即为四棱锥的四条棱线与截平面 P 的交点。因 P 平面是正垂面，所以截交线四边形的四个顶点 Ⅰ、Ⅱ、Ⅲ、Ⅳ 的正面投影 $1'$、$2'$、$3'$、$4'$ 重合在 P 平面有积聚性的投影上。

作图方法和步骤如下：

（1）如图 3-9（b）所示，由 $1'$、$2'$、$3'$、$4'$ 按直线上点的投影特性可求出 1、2、3、4 和 $1''$、$2''$、$3''$、$4''$。

（2）将各顶点的水平投影 1、2、3、4 和侧面投影 $1''$、$2''$、$3''$、$4''$ 依次连接起来，即得截交线的水平投影和侧面投影，如图 3-9（b）所示。

（3）处理轮廓线，如图 3-9（b）所示，各侧棱线以交点为界，擦去切除一侧的棱线，并将保留的轮廓线加深为粗实线。

【例 3-2】 补画如图 3-10（a）所示五棱柱切割体的左视图。

分析：如图 3-10（a）所示，五棱柱被正垂面 P 及侧平面 Q 同时截切，因此，要分别求出 P 平面及 Q 平面与五棱柱的截交线的投影。P 平面与五棱柱的四个侧棱面及 Q 面相交，其截断面的空间形状为平面五边形；Q 平面与五棱柱的顶面、两个侧棱面及 P 面相交，其截断面的空间形状为矩形。补画左视图时，应在画出五棱柱左视图的基础上，正确画出各截断面的投影。

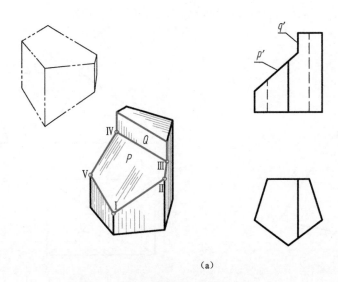

（a）

图 3-10 五棱柱截断体的画图步骤（一）

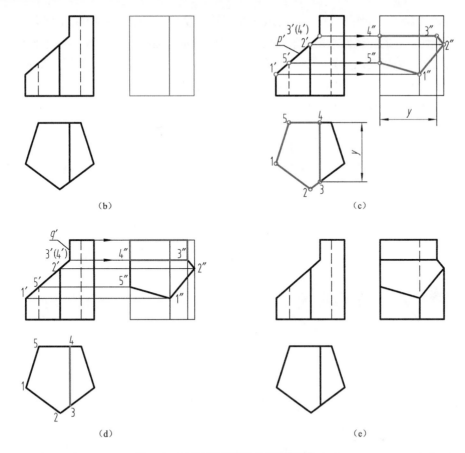

图 3-10　五棱柱截断体的画图步骤（二）
(a) 已知条件；(b) 画五棱柱左视图；(c) 求 P 平面与五棱柱的截交线；
(d) 求 Q 平面与五棱柱的截交线；(e) 检查、加深图线

作图方法和步骤如下：

(1) 画出五棱柱的左视图，如图 3-10（b）所示。

(2) 求作各截断面投影。

1) 求作正垂面 P 的投影。如图 3-10（a）所示，由于 P 平面为正垂面，利用正垂面的积聚投影，在主视图上依次标出正垂面 P 与五棱柱棱线的交点 1′、2′、5′ 及与 Q 平面交线的端点 3′、(4′) 的投影，截交线的投影与正垂面的积聚投影重合。同理，由于五棱柱各棱面的水平投影及 Q 平面的水平投影都有积聚性，可利用积聚投影确定五边形各顶点的水平投影 1、2、3、4、5，截交线的水平投影与五棱柱侧棱面及 Q 平面的积聚投影重合。根据正面投影和水平投影，可求出截交线各顶点的侧面投影 1″、2″、3″、4″、5″，依次连接各顶点即为截交线的侧面投影，结果如图 3-10（c）所示。

2) 求作侧平面 Q 的投影。如图 3-10（a）所示，由于 Q 平面为侧平面，与其相交的两个棱面分别为铅垂面和正平面，因此其交线均为铅垂线，它们的水平投影分别积聚在 3、4，侧面投影为两段竖直线段。五棱柱的顶面为水平面，Q 平面与其交线为正垂线，其水平投影与 34 重合，侧面投影与五棱柱顶面的积聚投影重合。由此 Q 与五棱柱交线的侧面投影如图 3-10（d）所示。

（3）处理轮廓线，如图 3-10（e）所示。处理轮廓线时，由于五棱柱左侧棱线，在 P 面以上的部分被截切，因此在侧面投影上棱线的这些部分不应再画出，右前侧棱线由于不可见，应画虚线。其他侧棱线以交点为界，擦去切除一侧的棱线，并将所有轮廓线加深为粗实线。

【例 3-3】　补画如图 3-11（a）所示切槽四棱台的俯视图。

分析：如图 3-11（a）所示，该形体为带切口的四棱台，其切口由一个水平面和两个侧平面切割而成。水平面与四棱台前、后表面（侧垂面）及两个侧平面相交，截断面为矩形。两个侧平面左右对称，与四棱台前、后表面，四棱台顶面及水平面相交，由于四棱台前、后对称，故截断面为等腰梯形。补画俯视图时，应在画出四棱台俯视图的基础上，正确画出各截断面的投影。

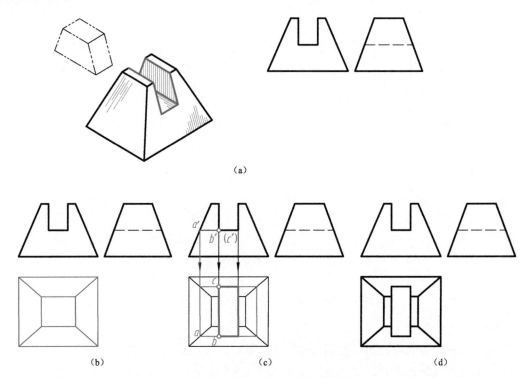

图 3-11　四棱台截断体的画图步骤
（a）已知条件；（b）补画四棱台俯视图；（c）求作截交线；（d）检查、加深图线

作图方法和步骤如下：

（1）画出四棱台的俯视图，如图 3-11（b）所示。

（2）求作截交线。

由于水平面与四棱台顶面、底面平行，因此其与四棱台各侧面产生的交线也一定与四棱台顶面、底面的边线平行。在主视图上延长水平面的积聚投影，使其与四棱台左前侧棱线相交得交点 a'，利用直线上点的从属性求出其俯视图点 a，并根据平行线的投影规律作出矩形。再由主视图画投影连线确定 P 平面与四棱台侧面交线的水平投影。两个侧平面在俯视图中的投影均积聚为直线段，其长度可由水平面的交线端点 B、C 来确定。作图结果如图 3-11（c）所示。

（3）检查、加深图线，如图 3-11（d）所示。

二、平面与曲面立体相交

平面与曲面立体相交，其截交线通常是一条封闭的平面曲线，或由曲线与直线所围成的平面图形，特殊情况下为平面折线。截交线的形状与曲面立体的形状及截断面的截切位置有关。圆柱体的截交线有三种不同的形状，见表 3-1。圆锥体的截交线有五种不同的形状，见表 3-2。球体被切割空间只有一种情况，但投影可能为直线、圆或椭圆，见表 3-3。

表 3-1　　　　　　　　　　　圆 柱 面 截 交 线

截平面位置	截平面平行于轴线	截平面垂直于轴线	截平面倾斜于轴线
截交线形状	截交线为平行于轴线的两条直线	截交线为圆	截交线为椭圆
立体图			
投影图			

表 3-2　　　　　　　　　　　圆 锥 面 截 交 线

截平面位置	截平面与轴线垂直	截平面与所有素线相交	截平面平行一条素线	截平面与轴线平行	截平面过锥顶
截交线形状	截交线为圆	截交线为椭圆	截交线为抛物线	截交线为双曲线	截交线为过锥顶的两条直线
立体图					
投影图					

表 3-3　　　　　　　　　　　　　　　圆 球 体 截 交 线

截平面位置	截平面为投影面平行面	截平面为投影面垂直面
截交线	截交线投影分别为圆和直线	截交线投影分别为椭圆和直线
立体图		
投影图		

　　熟练掌握各种回转体的投影特性，以及截交线的形状，是解决复杂问题的基础。对于表3-1～表3-3中各种形状的截交线，当截交线的投影为平面多边形或圆时，可使用尺规直接作出其投影；当截交线投影为椭圆、双曲线或抛物线时，则需先求出若干个共有点的投影，然后用曲线将它们依次光滑地连接起来，即为截交线的投影。

　　【例 3-4】　补全如图 3-12 所示接头的主视图和俯视图。

　　分析：如图 3-12（a）所示，接头的左端槽口可以看作圆柱被两个与轴线平行的正平面和一个与轴线垂直的侧平面切割而成；右端凸榫由两个与轴线平行的水平面和一个与轴线垂直的侧平面切割而成。可由表 3-1 查得各段截交线分别为直线和圆弧。

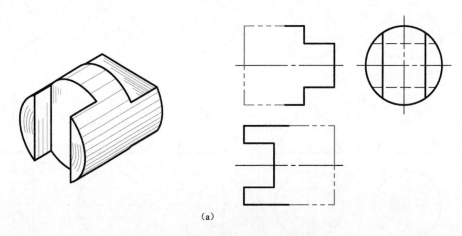

（a）

图 3-12　绘制圆柱截断体的画图步骤（一）

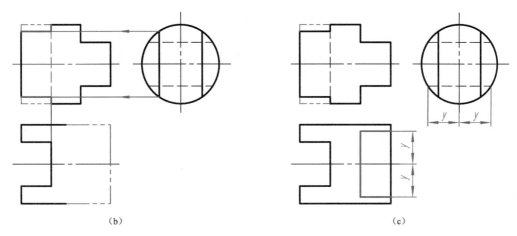

图 3-12 绘制圆柱截断体的画图步骤（二）

(a) 已知条件；(b) 补画主视图；(c) 补画俯视图

作图方法和步骤如下：

(1) 补画主视图左侧圆柱切槽部分的投影。左端槽口的两个正平面与圆柱体轴线平行，其截交线是四条侧垂线，其在左视图上积聚成点，位于圆柱面有积聚性的侧面投影上，可由侧面投影求得其正面投影，如图 3-12 (b) 所示；侧平面在主视图中投影积聚为一直线，其中被遮挡的部分应画成虚线；由俯视图可知，侧平面将圆柱的最上、最下两条素线截去一段，所以在主视图中，其转向轮廓素线的左端应截断。结果如图 3-12 (b) 所示。

(2) 补画俯视图右侧圆柱凸榫部分的投影。切割圆柱右端凸榫的两个水平面与圆柱体的轴线平行，截交线为直线，可由其侧面积聚投影量取 y 坐标值，求得其水平投影；侧平面的水平投影积聚为直线段，如图 3-12 (c) 所示。由于侧平面没有截切到圆柱面的最前、最后两条素线，其在俯视图中的积聚投影与转向轮廓素线之间有一定的距离，故在俯视图中转向轮廓素线是完整的。

【例 3-5】 补全如图 3-13 (a) 所示顶尖的俯视图。

分析：如图 3-13 (a) 所示，顶尖由圆锥、小圆柱、大圆柱同轴连接，其上切口部分可以看成被水平面和正垂面截切而成。由表 3-1 和表 3-2 可知水平面与圆锥的轴线平行，其截交线为双曲线；与大小圆柱的轴线平行，截交线是四条侧垂线。正垂面只截切到大圆柱的一部分，且与轴线倾斜，交线为椭圆弧（见表 3-1）。作图时，应分段画出截交线的投影，并整理画出所有轮廓线的投影。

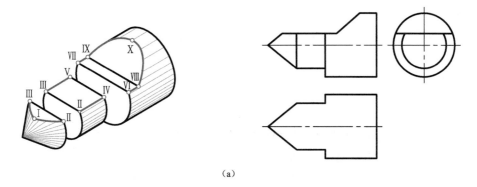

(a)

图 3-13 顶尖的画图步骤（一）

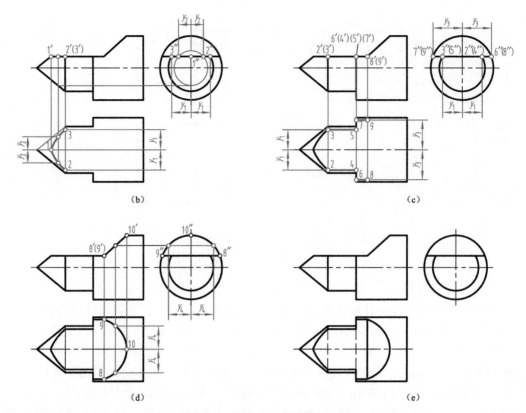

图 3-13　顶尖的画图步骤（二）

(a) 已知条件；(b) 求水平面与圆锥交线；(c) 求水平面与大小圆柱交线；(d) 求正垂面与圆柱交线；(e) 检查、加深图线

作图方法和步骤如下：

（1）由水平面切割产生的截交线，在主视图和左视图中分别积聚在水平面的积聚投影上，可由主视图和左视图求出其在俯视图中的投影。

1）求作圆锥面的交线——双曲线。如图 3-13（b）所示，先求双曲线上的特殊点，顶点Ⅰ和端点Ⅱ、Ⅲ。顶点Ⅰ在圆锥的最上轮廓素线上，端点Ⅱ、Ⅲ两点是圆锥面与小圆柱面交线上的点，先在主视图上确定 1′、2′和（3′），对应找出其左视图上 1″、2″、3″，利用点的投影规律可求出Ⅰ、Ⅱ、Ⅲ各点在俯视图中的投影 1、2、3。再求一般点。与求特殊点一样，先在主视图上确定其位置，利用纬圆法在圆锥面上求出侧面投影和水平投影。用曲线光滑连接各点，即可在俯视图中画出双曲线。

2）求作水平面与大小圆柱面的交线——侧垂线。如图 3-13（c）所示，如前面分析，水平面与大小圆柱面的交线为侧垂线，侧垂线在主视图上 2′4′与 3′5′重合，6′8′与 7′9′重合，在左视图上分别积聚为点 2″（4″）、3″（5″）、6″（8″）、7″（9″），可由主视图和左视图作出其俯视图上的投影，结果如图 3-13（c）所示。

（2）如图 3-13（a）中立体图所示，正垂面与大圆柱面的交线为椭圆弧，主视图在正垂面的积聚投影上，左视图在大圆柱面的积聚投影上，可利用圆柱表面找点的方法求其俯视图中的投影，作图步骤如图 3-13（d）所示。

（3）检查、加深轮廓线。应注意相邻基本体接合部分轮廓线的处理，俯视图中，水平面之上部分被切断，处于水平面下方的部分不可见，应画成虚线，其余部分画粗实线。如图 3-13（e）所示。

第三节　立体与立体相贯

两立体相交称为两立体相贯，相贯的两立体为一个整体，称为相贯体。两立体表面的交线称为相贯线，相贯线是两立体表面的共有线，也是两立体的分界线，相贯线上的点是两立体表面的共有点，如图 3-14 所示。

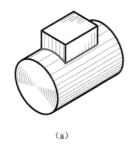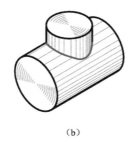

（a）　　　　　　　　　（b）　　　　　　　　　（c）

图 3-14　常见的相贯体

（a）四棱柱与圆柱相交；（b）圆柱与圆柱相交；（c）圆柱与圆球相交

一、相贯线的画法

相贯线是两个基本体表面的交线，是由两个基本体表面一系列共有点组成的。相贯线的形状取决于两基本体的形状、大小及它们之间的相对位置。因此求作相贯线的实质就是求两个基本体的表面共有线。

【例 3-6】　求图 3-15 所示四棱柱与圆柱相交时的相贯线。

分析：如图 3-15（a）所示，四棱柱的前、后表面与圆柱轴线平行，其交线为两段与圆柱体轴线平行的线段ⅠⅡ、ⅢⅣ。四棱柱的左、右表面与圆柱轴线垂直，其交线为两段圆弧ⅠⅤⅣ、ⅡⅥⅢ。把各段交线依次连接即为四棱柱与圆柱体相贯线。相贯线在俯视图中与四棱柱的侧棱面的投影重合，积聚在矩形线框上。相贯线在左视图中与圆柱面的侧面投影重合，积聚在圆弧上。由于相贯线在俯视图和主视图中均为已知，因此，只需求作其主视图上的投影。

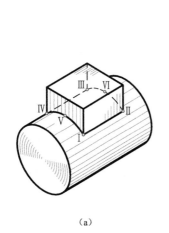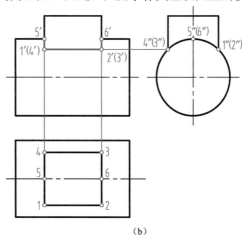

（a）　　　　　　　　　　　　（b）

图 3-15　四棱柱与圆柱体相交

（a）立体图；（b）投影图

作图方法与步骤如下：

（1）求四棱柱前后侧棱面与圆柱面交线。如图 3-15（b）所示，相贯线的前、后交线Ⅰ Ⅱ、Ⅲ Ⅳ，可由俯视图中的点 1、2、3、4 和左视图中的点 1″、（2″）、（3″）、4，求出主视图上的 1′、2′、（3′）、（4′），两两连线，既得四棱柱的前、后表面与圆柱面的交线。由于该形体为对称形体，所以 1′2′ 与（3′）（4′）重合。

（2）求四棱柱左右侧棱面与圆柱面交线。四棱柱的左、右表面与圆柱面的交线为两段圆弧Ⅰ Ⅴ Ⅳ、Ⅱ Ⅵ Ⅲ，主视图为两段竖向线段，由俯视图中的点 5、6 和左视图中的点 5″、（6″）求得对应主视图中的 5′、6′，将点 5′ 与 1′、（4′）连线，6′ 与 2′（3′）连线，即为所求。

【例 3-7】 求如图 3-16 所示圆柱与圆柱相交时相贯线的投影。

分析：如图 3-16（a）所示，两直径不等圆柱相交，且两个圆柱轴线垂直，相贯线为一条前后、左右都对称的封闭空间曲线。相贯线在俯视图中与小圆柱面的积聚投影重合，积聚在圆形线框上。左视图中，相贯线与大圆柱面的侧面积聚投影重合，积聚在一段圆弧上。由于相贯线在俯视图和左视图中均为已知，因此，只需求作其主视图上的投影。

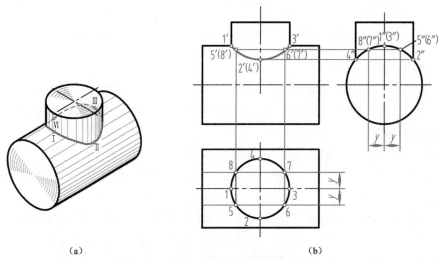

（a） （b）

图 3-16 圆柱与圆柱体相交
(a) 立体图；(b) 投影图

作图方法与步骤如下：

（1）求特殊点。在俯视图中标注相贯线的最左点、最前点、最右点、最后点的投影 1、2、3、4，分别位于小圆柱面的最左、最前、最右和最后轮廓素线上。左视图中，小圆柱面的四条转向轮廓素线与大圆柱积聚投影的交点为 1″、2″、（3″）、4″。由此可知，点Ⅰ、Ⅲ和点Ⅱ、Ⅳ又分别是相贯线上的最高点和最低点。根据点的投影规律，求出主视图上的 1′、2′、3′、（4′），如图 3-18（b）所示。

（2）求一般点。先在相贯线的俯视图上确定点 5，利用 y 坐标值相等的投影关系，求出左视图中 5″，再由 5、5″ 求得 5′。由于相贯线左右对称、前后对称，故可以同时求得 5′、6′、（7′）、（8′）。

（3）连线并判别可见性。在主视图上将相贯线上各点按照俯视图中各点的排列顺序依次连接，即 1′-5′-2′-6′-3′-(7′)-(4′)-(8′)-1′。由于相贯线前后对称，主视图上投影重合，连线为粗实线，如图 3-16（b）所示。

　　两圆柱轴线垂直相交是工程形体上常见的相贯体，求作相贯线时应注意以下几个方面：

　　（1）当两圆柱直径不相等时，其相贯线的投影总是向大圆柱轴线方向弯曲，在不致引起误解的情况下，可采用简化画法作图，即用圆弧代替相贯线。相贯线的近似画法见图 3-17，以两圆柱投影轮廓线交点为圆心，以 R 为半径画弧交小圆柱轴线于 O（R 为较大圆柱体的半径），再以 O 为圆心，R 为半径画弧即为所求。

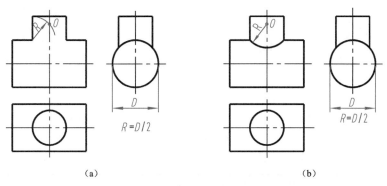

（a）　　　　　　　　　　　　　　　　　（b）

图 3-17　圆柱与圆柱正交相贯线的近似画法

（a）确定圆弧的圆心；（b）画出近似相贯线

　　（2）对于两圆柱轴线垂直相交，相贯线的形状取决于它们直径大小的相对比。图 3-18 表示相交两圆柱的直径发生变化时，相贯线的形状和位置的分析。当两个圆柱体直径不同时，相贯线是相对大圆柱面轴线对称的两条空间曲线，如图 3-18（a）、（c）所示；当两圆柱体直径相等时，其相贯线是两条平面曲线——垂直于两相交轴线所确定平面的椭圆，如图 3-18（b）所示。

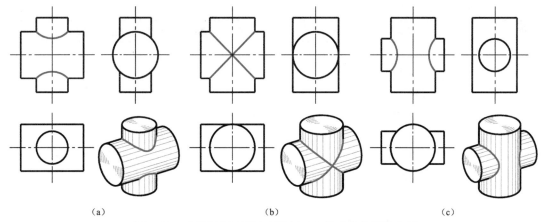

（a）　　　　　　　　　　（b）　　　　　　　　　　（c）

图 3-18　垂直相交两圆柱直径相对变化时的相贯线分析

（a）上下两条空间曲线；（b）两个互相垂直的椭圆；（c）左右两条空间曲线

　　（3）圆柱与圆柱相贯主要有三种形式。图 3-19（a）为两圆柱外表面相交；图 3-19（b）为圆柱外表面与圆柱内表面相交；图 3-19（c）为两圆柱内表面相交。它们虽然有内、外表面不同，但由于两圆柱面的大小和相对位置不变，因此它们交线的形状是完全相同的。

　　二、相贯线的特殊情况

　　一般情况下，两回转体的相贯线是空间曲线；特殊情况下，相贯线可能是平面曲线或直线段。相贯线的形状可根据两相交回转体的性质、大小和相对位置进行判断。常见的特殊相贯线见表 3-4。

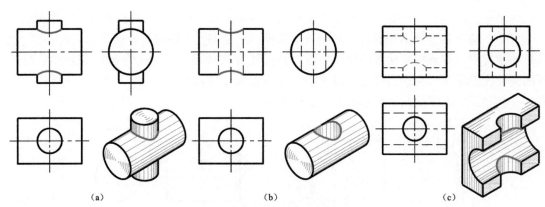

图 3-19 内外圆柱表面相交的相贯线分析

(a) 两外表面相交；(b) 外表面与内表面相交；(c) 两内表面相交

表 3-4   相贯线的特殊情况

分类		
相贯线为圆	圆柱与圆锥同轴相贯	圆柱与圆球同轴相贯
相贯线为椭圆	圆柱与圆柱等径正交	圆柱与圆锥具有公共内切球面相贯
相贯线为直线	圆柱与圆柱轴线平行相贯	圆锥与圆锥具有公共锥顶相贯

【例 3-8】　求如图 3-20 所示圆柱与圆球相交时相贯线的投影。

分析：圆柱与圆球相交，一般情况下，相贯线是一条空间曲线。如果圆柱的轴线通过球心，则其相贯线为垂直圆柱轴线的平面内的圆。图 3-20（a）所示圆柱体轴线为铅垂线，则相贯线为水平圆。相贯线在主视图和左视图中均积聚为直线，俯视图中与圆柱面的积聚投影重合。

作图方法与步骤如下：

（1）将圆柱体最左、最右轮廓素线与圆球正面投影轮廓圆的交点连线，即为相贯线的正面投影，如图 3-20（b）所示。

（2）同理，求出相贯线的侧面投影，如图 3-20（b）所示。

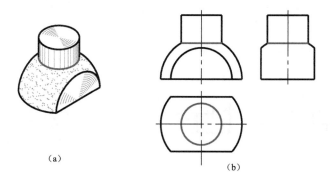

（a）　　　　　　　　　　（b）

图 3-20　圆柱与圆球相贯

（a）立体图；（b）投影图

第四章 轴 测 图

前面介绍的三视图能准确、完整地表达物体的形状与大小，且作图简便、度量性好，但这种视图缺乏立体感，具有一定读图能力的人才能看懂，如图 4-1（a）所示。为了帮助读者读懂视图，工程上常采用轴测图作为辅助图样。

轴测图是用平行投影法绘制的单面投影图，能同时反映物体长、宽、高三个方向的形状，富有立体感，直观性好，但作图复杂，且不能准确表达出物体的真实形状，如图 4-1（b）所示。本章主要介绍轴测图的基本概念及画法。

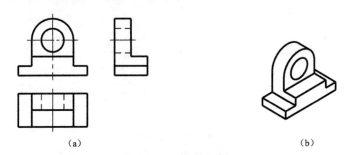

(a)   (b)

图 4-1 三视图与轴测图
(a) 三视图；(b) 轴测图

第一节 轴测图的基本概念

一、轴测图的形成

轴测图是将物体连同其参考直角坐标系，沿不平行于任一坐标面的方向，用平行投影法将其投射在单一投影面上所得到的图形。

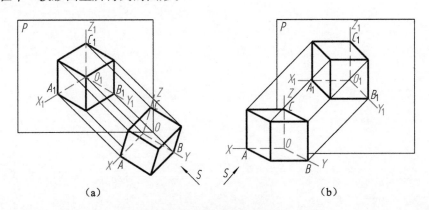

(a)   (b)

图 4-2 轴测图的形成
(a) 正轴测图；(b) 斜轴测图

如图 4-2 所示，投影面 P 称为轴测投影面，投影方向 S 称为投射方向，空间坐标轴

OX、OY、OZ 在轴测投影面上的投影 O_1X_1、O_1Y_1、O_1Z_1 称为轴测投影轴，简称轴测轴。

绘制轴测图时，通过改变物体与投影面的相对位置或改变投影线与投影面的相对位置，可得到不同的轴测图，用正投影法绘制的轴测图，称为正轴测图，如图 4-2（a）所示。用斜投影法绘制的轴测图，称为斜轴测图，如图 4-2（b）所示。

二、轴间角与轴向伸缩系数

1. 轴间角

轴测图中相邻两轴测轴之间的夹角 $\angle X_1O_1Y_1$、$\angle X_1O_1Z_1$、$Y_1O_1Z_1$，称为轴间角。

2. 轴向伸缩系数

轴测轴上的单位长度与相应坐标轴上的单位长度的比值，称为轴向伸缩系数。OX、OY、OZ 轴上的轴向伸缩系数分别用 p、q、r 表示，$p=\dfrac{O_1A_1}{OA}$，$q=\dfrac{O_1B_1}{OB}$，$r=\dfrac{O_1C_1}{OC}$。

三、轴测图的基本性质

轴测图是用平行投影法绘制的，所以具有平行投影的性质。

（1）物体上平行于投影轴（坐标轴）的线段，在轴测图中平行于相应的轴测轴，并具有相同的伸缩系数。

（2）物体上互相平行的线段，在轴测图上仍互相平行。

（3）物体上与投影轴相平行的线段，在轴测投影中可沿相应轴测轴的方向直接度量尺寸。所谓"轴测"就是沿轴向测量尺寸。

 注 意

与坐标轴都不平行的线段，具有与之不同的伸缩系数，不能直接测量与绘制，只能按"轴测"的原则，根据端点坐标作出两端点连线画出。

四、轴测图的分类

1. 正轴测

正轴测图中，三个轴向伸缩系数均相等的称为正等轴测图；两个轴向伸缩系数相等的称为正二轴测图；三个轴向伸缩系数各不相等的称为正三轴测图。

2. 斜轴测

斜轴测图中，三个轴向伸缩系数均相等的称为斜等轴测图；两个轴向伸缩系数相等的称为斜二轴测图；三个轴向伸缩系数各不相等的称为斜三轴测图。

工程中用的较多的是正等轴测图和斜二轴测图。本章只介绍这两种轴测图的画法。

第二节 正 等 轴 测 图

当物体上的三根参考直角坐标轴与轴测投影面的倾角相同时，用正投影法得到的单面投影图称为正等轴测图。

一、正等轴测图的轴间角和轴向伸缩系数

正等轴测图的轴间角 $\angle X_1O_1Y_1 = \angle X_1O_1Z_1 = Y_1O_1Z_1 = 120°$，一般 O_1Z_1 轴画成铅垂方向，O_1X_1、O_1Y_1 分别与水平线呈 30°。各轴向伸缩系数都相等，$p=q=r\approx0.82$，为了作图

简便，常采用简化系数，即 $p=q=r=1$。采用简化系数作图，沿各轴向所有的尺寸都用真实长度量取，简洁方便，但画出的图形沿各轴向的长度都分别放大了约 1.22 倍。图 4-3 所示为四棱柱正等轴测图，其中图 4-3（a）为投影图；图 4-3（b）表示正等轴测图中轴测轴的方向；图 4-3（c）按轴向伸缩系数所画的正等轴测图；图 4-3（d）按简化系数画出的正等轴测图放大了 1.22 倍。

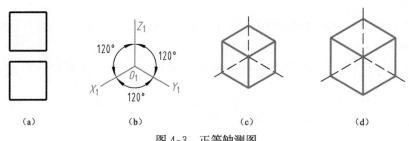

图 4-3　正等轴测图

(a) 投影图；(b) 轴测轴与轴间角；

(c) 轴向伸缩系数：$p=q=r=0.82$；(d) 轴向伸缩系数：$p=q=r=1$

二、正等轴测图的画法

（一）平面立体正等轴测图的画法

绘制平面立体轴测图，可根据物体的形状特征，选择各种不同的作图方法，如坐标法、叠加法、切割法等。下面举例说明三种方法的画法。

1. 坐标法

根据物体的特点，选定适合的坐标原点和坐标轴，然后沿轴向量取物体表面上各顶点的坐标值，依次画出各点的轴测投影，再连点成线，连线成图，完成物体轴测投影的方法称为坐标法。

【例 4-1】　如图 4-4（a）所示，已知正五棱柱的两视图，用简化系数画正五棱柱的正等轴测图。

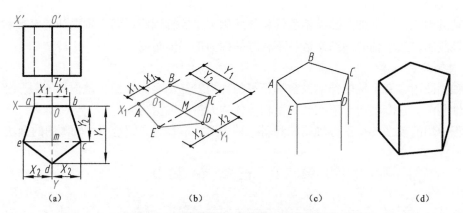

图 4-4　坐标法画五棱柱的正等轴测图

(a) 定坐标轴；(b) 画轴测轴，画顶面；(c) 画可见棱线及底边；(d) 画底边，检查、加深

分析：正五棱柱左右对称，为作图方便，将 XOY 坐标面放置在五棱柱顶面上，将坐标原点 O 定在五边形后边线 AB 的中点，以五边形的后边线 AB 及五边形高度线 OD 为 OX 轴和 OY 轴，这样便于直接测量顶面五个顶点的坐标，从顶面开始作图。

作图步骤如下：

（1）定出坐标原点及坐标轴，如图 4-4（a）所示。

（2）画出轴测轴 O_1X_1、O_1Y_1，由于顶点 A 和 B 在 OX 轴上，可直接量取 X_1 尺寸并在 O_1X_1 轴上作出 A 和 B。顶点 D 在 O_1Y_1 轴上，量取 Y_1 尺寸在 O_1Y_1 轴上作出 D。如图 4-4（b）所示。

沿 O_1Y_1 轴量 Y_2，得点 M，过点 M 作 O_1X_1 轴的平行线，向两侧量取 X_2，得点 C 和 E；顺次连接点 A、B、C、D、E、A，即为正五棱柱顶面的轴测图。

（3）由 A、E、D、C 各点向下画出各可见棱线，如图 4-4（c）所示。

（4）沿各棱线量取五棱柱的高度尺寸，确定可见底边各顶点的轴测投影，顺次连出正五棱柱各可见底边，即完成正五棱柱正等轴测图底稿的全部作图。检查，加粗诸可见轮廓线，即完成全图，如图 4-4（d）所示。

2. 叠加法

将物体看作由几个基本体构成，画图时，从大到小，采用叠加方法，逐个画出各基本体轴测投影，分析整理各构成部分之间的连接关系，从而完成物体的轴测图，这种方法称为叠加法。

【例 4-2】 如图 4-5（a）所示，已知形体的两视图，画其正等轴测图。

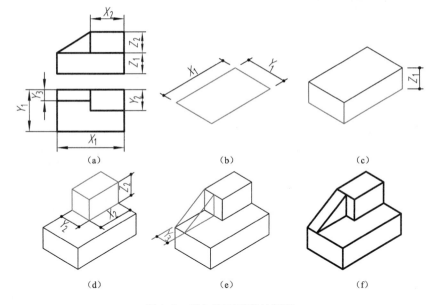

图 4-5 叠加法画正等轴测图

（a）投影图；（b）画下方四棱柱顶面轴测投影；（c）画下方四棱柱的轴测图；

（d）在下方四棱柱顶面确定上方四棱柱位置，并画其轴测图；（e）画三棱柱轴测图；（f）检查、加深

分析：从图 4-5（a）所示两视图中可以看出，这是由两个四棱柱和一个三棱柱叠加而形成的形体，对于这类形体，适合用叠加法作图。

作图步骤如下：

（1）根据图 4-5（a）视图中给出的尺寸，首先画出下方四棱柱顶面的轴测投影，如图 4-5（b）所示。

（2）通过下方四棱柱顶面各个顶点向下画出其高度线，并画出下方四棱柱底面的轴测投影，结果如图 4-5（c）所示。

（3）同样方法，在下方四棱柱的顶面上确定上方四棱柱的位置，并在图 4-5（a）中量取上方四棱柱的高度尺寸，画出上方四棱柱的轴测投影，擦除各不可见的轮廓线，结果如图 4-5（d）所示。

（4）由于三棱柱的高度和长度尺寸在轴测图中均已确定，故只需在图 4-5（a）中量取三棱柱的宽度尺寸 Y_3，即可画出三棱柱的轴测投影，如图 4-5（e）所示。

（5）底稿完成后，经校核无误，清理图面，按规定加深图线，作图结果如图 4-5（f）所示。

3. 切割法

平面立体中，多数可以设想为由四棱柱切割而成，为此，可先画出四棱柱的正等轴测图后在轴测图中进行切割，从而完成物体的轴测图，这种方法称为切割法。

【例 4-3】 如图 4-6（a）所示，已知形体的三视图，画其正等轴测图。

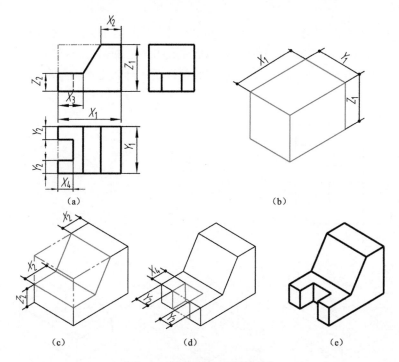

图 4-6 切割法画正等轴测图

(a) 三视图及形体分析；(b) 画四棱柱；(c) 切割梯形柱；(d) 切割四棱柱槽；(e) 校核、清理图面、加深

分析：图 4-6（a）所示三视图中添加红色双点画线后的外轮廓所表示的形体是一个四棱柱，在四棱柱的左上方被一个正垂面和一个水平面截切掉一个梯形四棱柱，之后再用两个前后对称的正平面和一个侧垂面在其下方切掉一个四棱柱形成一个矩形槽。本题适合用切割法求作。

作图步骤如下：

（1）首先画出未切割时的四棱柱的轴测投影，如图 4-6（b）所示。

（2）从图 4-6（a）中量取尺寸，用正垂面、水平面切割四棱柱，画出切割梯形四棱柱后形成的 L 形柱体的轴测投影，如图 4-6（c）所示。

（3）从图 4-6（a）中量取尺寸画出矩形槽的轴测投影，如图 4-6（d）所示。

（4）校核已画出的轴测图，擦去作图线和不可见轮廓线，清理图面，按规定加深图线，作图结果如图 4-6（e）所示。

(二) 曲面体正等轴测图的画法

1. 平行于坐标面的圆的画法

平行于坐标面的圆与轴测投影面是倾斜的，所以其轴测投影是椭圆。椭圆的画法常用近似画法——四心法作图，作图方法和步骤如图 4-7 中的红色图形所示。

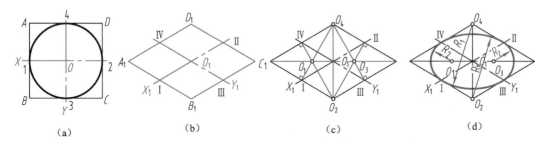

图 4-7 平行于 H 面的圆的正等轴测椭圆的近似画法

(a) 作坐标轴和外切正方形；(b) 画轴测轴，按圆的外切正方形画出菱形；

(c) 求四个圆心；(d) 画四段圆弧完成椭圆

(1) 如图 4-7 (a) 所示，在投影图上画坐标轴，将原点设置在圆心的位置。作圆的外切正方形 $ABCD$，得切点 1、2、3、4。

(2) 如图 4-7 (b) 所示，画出轴测轴 O_1X_1、O_1Y_1，从原点 O_1 分别量取圆的半径，得 Ⅰ、Ⅱ、Ⅲ、Ⅳ 四点，再由它们作轴测轴 O_1X_1、O_1Y_1 的平行线，交得一个菱形 $A_1B_1C_1D_1$，即为圆的外切正方形 $ABCD$ 的轴测投影。

(3) 如图 4-7 (c) 所示，分别过点 Ⅰ、Ⅱ、Ⅲ、Ⅳ 作对边垂线的交点，可得四个圆心 O_1、O_2、O_3、O_4，菱形短对角线的顶点 O_2、O_4 是两段大弧的圆心，小弧的圆心 O_1、O_3 在长对角线上。

(4) 如图 4-7 (d) 所示，分别以 O_2、O_4 为圆心，长度 $R_1 = O_2\text{Ⅱ} = O_4\text{Ⅰ}$ 为半径画两段大弧，再分别以点 O_1、O_3 为圆心，$R_2 = O_1\text{Ⅳ} = O_3\text{Ⅲ}$ 为半径画两段小弧，完成椭圆。

回转体上的圆形若位于或平行于某个坐标面时，在正等轴测图中投影均为椭圆。而圆形所在的坐标面不同，画出的椭圆长、短轴方向也随之改变。椭圆的长短轴与轴测轴有以下关系，如图 4-8 (a) 所示。

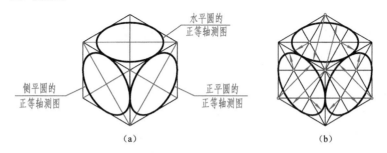

图 4-8 不同坐标面上圆形的正等轴测图

(a) 椭圆长、短轴的方向；(b) 四心法画椭圆的圆心、半径

当圆所在的平面平行 XOY 面（即水平面）时，椭圆的长轴垂直于 O_1Z_1 轴，短轴平行于 O_1Z_1 轴。

当圆所在的平面平行 XOZ 面（即正平面）时，椭圆的长轴垂直于 O_1Y_1 轴，短轴平行于

O_1Y_1 轴。

当圆所在的平面平行 YOZ 面（即侧平面）时，椭圆的长轴垂直于 O_1X_1 轴，短轴平行于 O_1X_1 轴。

采用四心法画椭圆时，三个坐标面上椭圆各段圆弧的圆心和半径如图 4-8（b）所示。

2. 圆柱体的正等轴测图

图 4-9 是一个铅垂圆柱的正等轴测图。作图时，可首先按图 4-7 所介绍的方法，作出圆柱顶圆的正等轴测图；再从顶面圆的圆心向下引铅垂线，并量取圆柱的高度尺寸，得底圆的圆心，用同样的方法作底面圆的正等轴测椭圆；然后作出顶面和底面两个椭圆的公切线，就画出圆柱的正等轴测图。

上述方法比较复杂，由于顶面圆和底面圆的两个椭圆完全相同，所以画底面圆正等轴测图时，只需将底面椭圆的可见部分的圆心和切点，从顶面已画出的诸圆弧的圆心和切点下移圆柱的高度尺寸，就能画出底面圆正等轴测的可见轮廓线，如图 4-9 所示。

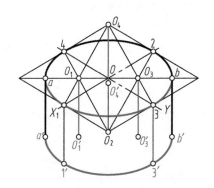

图 4-9　作铅垂圆柱的正等轴测图

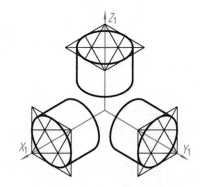

图 4-10　三个方向的圆柱体的正等轴测图

绘制正垂圆柱和侧垂圆柱正等轴测图的方法，与绘制铅垂圆柱正等轴测图的方法基本相同。三个方向的圆柱正等轴测图如图 4-10 所示，请注意椭圆和切线的位置和方向。

（三）带曲面物体正等轴测图的画法

【例 4-4】　如图 4-11（a）所示，已知形体的两面视图，画其正等轴测图。

分析：从图 4-11（a）所示两视图中可以看出，这个物体由底板和竖板叠加而成。底板的左前角和右前角都是 1/4 圆柱面形成的圆角，竖板具有圆柱通孔和半圆柱面的上端。物体左右对称，竖板和底板的后表面平齐。

作图步骤如下：

（1）画矩形底板。在图 4-11（a）的平面图中添加红色图形所示的双点画线，假定它是完整的矩形板，画出它的正等轴测图，如图 4-11（b）所示。

（2）画底板上的圆角。如图 4-11（b）所示，从底板顶面的左右两角点，沿顶面的两边量取圆角半径，得切点。分别由切点作出它所在的边的垂线，交得圆心。由圆心和切点作圆弧。沿高度方向向下平移圆心一个板厚，便可画出底板底面上可见的圆弧轮廓线。沿 O_1Z_1 轴方向作出右前圆角在顶面和底面上的圆弧轮廓线的公切线，即得具有圆角底板的正等轴测图。

（3）画矩形竖板。按平面图、立面图中所添加的红色的双点画线，假定竖板为完整的矩形板，画出其正等轴测图，如图 4-11（c）所示。

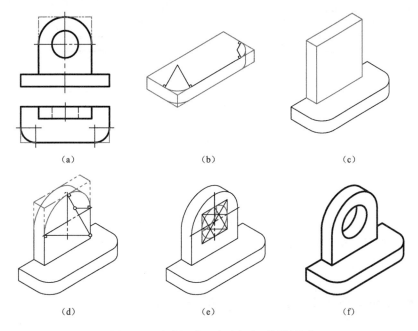

图 4-11　根据已知两视图画正等轴测图

(a) 已知条件和分析；(b) 画矩形底板及板上的圆角；(c) 画矩形竖板；
(d) 在竖板上画半圆柱面；(e) 画圆柱通孔；(f) 校核、清理图面、加深

(4) 在竖板上端画半圆柱面。如图 4-11 (d) 所示，由图 4-11 (a) 中量取尺寸，在矩形竖板的前表面上作出中心线，即过圆孔口中心作 O_1X_1、O_1Z_1 轴测轴方向的平行线，它们与完整的矩形竖板前表面的轮廓线有三个交点，过这三个点分别作所在边的垂线，三条垂线的两个交点即是圆弧的圆心。由此可分别画大弧与小弧。用向后平移这两个圆心一个板厚的方法，即可画出竖板后表面上椭圆的大、小两个圆弧，作 O_1Y_1 方向的公切线，完成竖板上端半圆柱正等轴测图。

(5) 画圆柱通孔。如图 4-11 (e) 所示，圆柱形通孔画法与画正垂圆柱相同，但要注意只画出竖板后表面上圆孔的可见部分。

(6) 完成形体的正等轴测图底稿后，经校核和清理图面，加深诸可见轮廓线，完成全图，如图 4-11 (f) 所示。

第三节 斜 二 轴 测 图

一、轴间角和轴向伸缩系数

绘制斜二轴测图时，使轴测投影面平行于正立投影面，投影方向倾斜于轴测投影面，轴测轴 O_1X_1、O_1Z_1 分别与投影轴（坐标轴）OX、OZ 平行，轴间角 $\angle X_1O_1Z_1 = 90°$，轴间角 $\angle X_1O_1Y_1 = \angle Y_1O_1Z_1 = 135°$，斜二轴测图有两个轴向伸缩系数相等，$p = r = 1$，$q = 0.5$，图 4-12 (a) 为四棱柱的投影图，图 4-12 (b) 为斜二轴测图的轴间角和轴测轴的方向，图 4-12 (c) 是四棱柱的斜二轴测图。

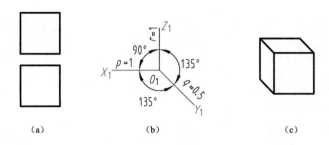

图 4-12　斜二轴测图

(a) 投影图；(b) 轴测轴和轴向伸缩系数；(c) 轴测图

二、斜二轴测图的画法

斜二轴测图的画图方法和步骤与正等轴测图的画法基本相同，不再赘述。由于斜二轴测图的轴测投影面与正立投影面 V 面平行，因此，凡平行于 XOZ 坐标面的平面在斜二轴测图中都反映实形，所以对于主视方向形状比较复杂的形体，采用斜二轴测图可使其作图过程简单易画。

【例 4-5】　画图 4-13（a）所示 V 形块的斜二轴测图。

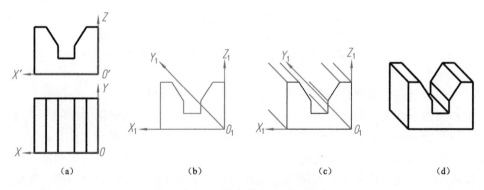

图 4-13　画 V 形块的斜二轴测图

(a) 已知两视图；(b) 画轴测轴并抄画主视图；(c) 画 Y 方向轮廓线；(d) 画后端面、检查、加深图线

分析：由图 4-13（a）可知，V 形块的各侧棱尺寸相同，为作图方便，将 XOZ 坐标面设定在 V 形块的前端面上，并以右下交点作为坐标原点。画斜二轴测图时，可先画出前端面的实形，再作出可见的各侧棱及后端面的轴测投影。

作图步骤如下：

（1）选定坐标原点及坐标轴，如图 4-13（a）所示。

（2）画出轴测轴，在 $X_1O_1Z_1$ 内画出 V 形块前端面的实形，如图 4-13（b）所示。

（3）通过前端面各个顶点做 O_1Y_1 的平行线，并在其上截取 V 形块厚度的一半，如图 4-13（c）所示。

（4）画出后端面可见轮廓线。检查、加深图线，结果如图 4-13（d）所示。

【例 4-6】　画图 4-14（a）所示回转体的斜二轴测图。

分析：该形体由后面大圆盘和前面小圆筒两部分组成，为作图方便，XOZ 坐标面设定在大圆盘的前端面上，并将其圆心作为坐标原点。先沿 Y_1 轴向后量取尺寸画大圆盘部分，然后在沿 Y_1 轴向前量取尺寸画小圆筒部分。

作图步骤如下：

（1）选定坐标原点及坐标轴，如图 4-14（a）所示。

（2）画出轴测轴，在 $X_1O_1Z_1$ 内画出大圆盘前端面的实形，然后通过前端面各个圆的圆心向后作 O_1Y_1 的平行线，并在其上截取大圆盘厚度的一半尺寸，确定大圆盘后端面圆心位置，画出大圆盘后端面的轴测投影，如图 4-14（b）所示。

（3）画出大圆盘外圆的公切线，并擦除后端面不可见部分的轮廓线，结果如图 4-14（c）所示。

（4）在 $X_1O_1Z_1$ 内画出小圆筒后端面的实形，然后通过圆心向前作 O_1Y_1 的平行线，并在其上截取小圆筒厚度的一半尺寸，确定小圆筒前端面圆心位置，画出小圆筒前端面的轴测投影。由于小圆筒的内孔通至大圆盘的后端面，因此，需将 $X_1O_1Z_1$ 内的小圆向后移至大圆盘的后端面上。作外圆的公切线，擦除不可见部分的轮廓线。如图 4-14（d）所示。

（5）整理轮廓线。检查、加深图线。结果如图 4-14（e）所示。

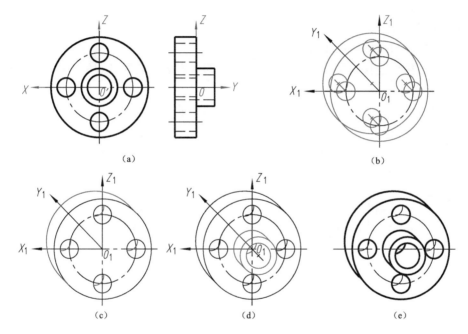

图 4-14 画回转体的斜二轴测图

（a）已知两视图；（b）画轴测轴及大圆盘前后端面
（c）作公切线、整理大圆盘轮廓线；（d）画小圆筒；（e）检查、加深图线

第四节 轴测草图的画法

在设计工作中草拟设计意图或在学习中作为读图的辅助手段，徒手绘制的轴测图就是轴测草图。徒手绘制草图其原理和过程与尺规作图一样，所不同的是不受条件限制，更具灵活快捷的特点，有很大的实用价值。随着计算机技术的普及，徒手画图的应用将更加凸显。

一、绘制草图的几项基本技能

（一）轴测轴画法

正等轴测图的轴测轴 O_1X_1、O_1Y_1 与水平线呈 30°角，可利用直角三角形两条直角边的长度比定出两端点，连成直线，见图 4-15（a）。斜二轴测图的 O_1Y_1 轴测轴与水平线呈 45°，两直角边长度相等，画法如图 4-15（b）所示。通过将 1/4 圆弧二等分或三等分也可以画出 45°和 30°斜线，如图 4-15（c）所示。

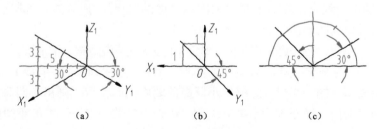

图 4-15　画轴测轴

（二）平面图形草图画法

1. 正三角形画法

徒手绘制正三角形的作图步骤为：

（1）已知三角形边长 AB，过中点 O 作 AB 边的垂直线，五等分 OA，在垂线上截取 3 个单位长，得 N 点，如图 4-16（a）所示。

（2）过 N 点画直线 A_1B_1 长度等于 AB，且与 AB 平行，见图 4-16（b）。

（3）在垂直线的另一边量取 6 个单位长，得 C 点，见图 4-16（c）。

（4）连接 A_1B_1C 作出正三角形，加深等边三角形的边线，结果如图 4-16（d）所示。

（5）按上述步骤在轴测轴上画出正三角形的正等轴测图，如图 4-17 所示。

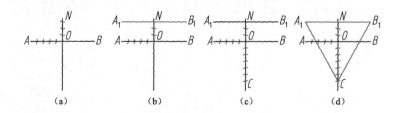

图 4-16　徒手画正三角形

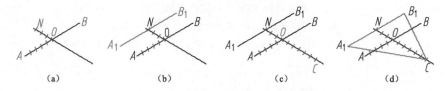

图 4-17　徒手画正三角形的正等轴测图

2. 正六边形画法

徒手绘制正六边形的作图步骤为：

（1）先作出水平和垂直中心线，如图 4-18（a）所示，根据已知的六边形边长截取 OA 和 OK，并分别六等分。

（2）过 OK 上的 N 点（第五等分）和 OA 的中点 M（第三等分），分别作水平线和垂直线相交于 B 点，如图 4-18（b）所示。

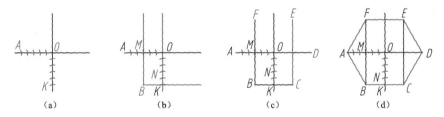

图 4-18　徒手画正六边形

（3）过 A 点和 B 点作出中心线的各对称点 C、D、E、F，如图 4-18（c）所示。

（4）顺次连接 A、B、C、D、E、F 各点，得正六边形，结果如图 4-18（d）所示。

（5）按上述步骤在轴测轴上画出正六边形的正等轴测图，如图 4-19 所示。

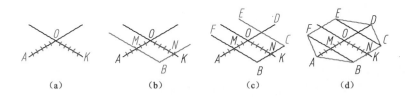

图 4-19　徒手画正六边形的正等轴测图

（三）平行于各坐标面的圆的正等轴测图

平行于各坐标面的圆在正等轴测图中均为椭圆，画较小的椭圆时，根据已知圆的直径作菱形，得椭圆的 4 个切点，并顺势画四段圆弧，如图 4-20 所示。

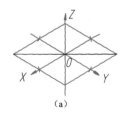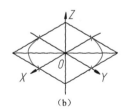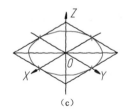

图 4-20　徒手画较小椭圆

画较大的椭圆时，按图 4-21 所示方法，先画出菱形，得椭圆的 4 个切点。然后四等分菱形的边线，并与对角相连，与椭圆的长短轴得到 4 个交点，连接 8 个点即为正等轴测椭圆的近似图形，结果如图 4-21（c）所示。

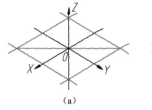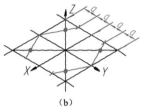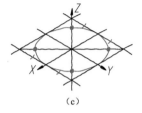

图 4-21　徒手画较大椭圆

（四）圆角的正等轴测草图

画圆角的正等轴测草图时，可先画外切于圆的尖角以帮助确定椭圆曲线的弯曲趋势，然后徒手画圆弧，如图 4-22 所示。

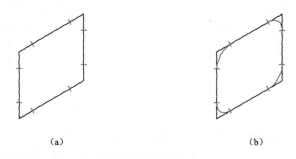

（a）   （b）

图 4-22　徒手画圆角

二、绘制轴测草图的注意事项

1. 空间平行的线段应尽量画的平行

【例 4-7】　徒手绘制如图 4-23（a）所示"L"形柱体的正等轴测图。

作图步骤如下：

（1）按图 4-15 所示画轴测轴的方法，画出轴测轴 X_1、Y_1、Z_1，如图 4-23（b）所示。

（2）如图 4-23（c）所示画出"L"形柱体右侧面的轴测投影，边线分别平行于 Y_1、Z_1 轴测轴。

（3）通过"L"形柱体右侧面的各个顶点画出一组长度相等的 X_1 轴测轴的平行线，如图 4-23（d）所示。

（4）画"L"形柱体左侧面的轴测投影，如图 4-23（e）所示。

（5）擦除轴测轴和不可见的轮廓线，检查、加深可见轮廓线，如图 4-23（f）所示。

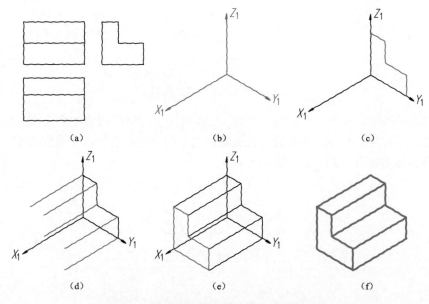

（a）   （b）   （c）

（d）   （e）   （f）

图 4-23　徒手画"L"形柱体正等轴测图

（a）投影图；（b）画轴测轴；（c）画"L"形柱体右侧面

（d）画各侧棱线；（e）画"L"形柱体左侧面；（f）检查、加深

2. 在轴测草图中，物体各部分的大小应大致符合实际比例关系

【例 4-8】 徒手绘制如图 4-24（a）所示切槽圆柱体的正等轴测图。

分析：由投影图可知，圆柱体上切槽的宽度略小于其半径，槽的深度略小于圆柱体的高。圆柱体顶面在轴测投影中为椭圆，准确画出轴测椭圆的关键之一是确定椭圆的长短轴方向；其二是画好同心圆的轴测投影。

作图步骤如下：

（1）按图 4-21 所示方法画出圆柱体顶面的轴测投影，如图 4-24（b）所示。

（2）量取圆柱体的高度尺寸，画出圆柱体底面可见部分的轮廓线，即与顶面椭圆的平行弧线，如图 4-24（c）所示。

（3）在顶面对称量取中间槽的宽度尺寸，约等于圆柱体半径，并画出平行于 Y_1 轴的宽度线，通过宽度线与椭圆的交点沿 Z_1 轴画出槽的高度线，如图 4-24（d）所示。

（4）截取槽的高度尺寸，约等于圆柱体高度的一半，画槽底面可见的轮廓线，应对应与顶面轮廓线平行，检查、加深，如图 4-24（e）所示。

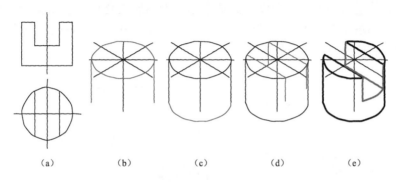

（a） （b） （c） （d） （e）

图 4-24 徒手画切槽圆柱体的正等轴测图

（a）投影图；（b）画圆柱顶面；（c）画圆柱底面；（d）画槽宽度及高度线；（e）画槽底面、检查、加深

图 4-25 所示为徒手画榫头的作图步骤。

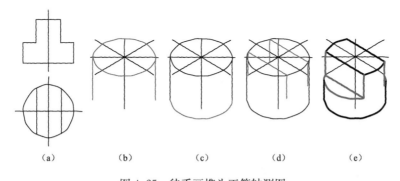

（a） （b） （c） （d） （e）

图 4-25 徒手画榫头正等轴测图

（a）投影图；（b）画圆柱体顶面；（c）画圆柱体底面；（d）画切角宽度及高度线；（e）画中间断面、检查、加深

第五章　组　合　体

任何复杂的物体，从形体角度看，都可以看成是由一些基本体（柱、锥、球等）组成的。由两个或两个以上的基本体组成的物体称为组合体。

第一节　组合体的构成及形体分析

一、组合体的构成形式

组合体的构成形式可分为叠加型、切割型及既有叠加又有切割的混合型。

1. 叠加型组合体

叠加型组合体是由两个或两个以上的基本体按不同形式叠加（包括叠合、相交和相切）而成的组合体。如图 5-1（a）所示的组合体，是由圆台、圆柱及六棱柱三个基本体组成，圆柱左侧面与圆台右侧面重合，圆柱右侧面与六棱柱左侧面重合，如图 5-1（b）所示。

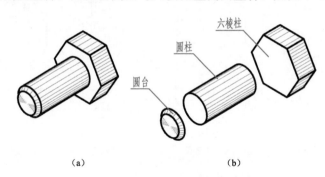

（a）　　　　　　　　　　（b）

图 5-1　叠加型组合体

（a）组合体；（b）形体分析

2. 切割型组合体

切割型组合体是由一个立体切割掉若干个基本体而形成的组合体。如图 5-2 所示，基本体为圆柱，在其左侧中间位置切割去一个上下为弧面的四棱柱，在其右侧上、下对称各切割去一个弧形柱。

3. 混合型组合体

混合型组合体是指形状比较复杂的形体，组合体的各个组成部分之间既有叠加又有切割特征。如图 5-3 所示组合体，可看成由上部、中部、下部各一个基本体叠加而成。上部是一个铅垂圆柱体，中部是一个具有圆柱孔的拱形柱，在其上切挖一个圆柱孔；下部是一个四棱柱。

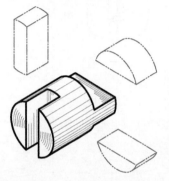

图 5-2　切割型组合体

二、形体分析与线面分析

在分析组合体的视图时，最常用的方法有两种：

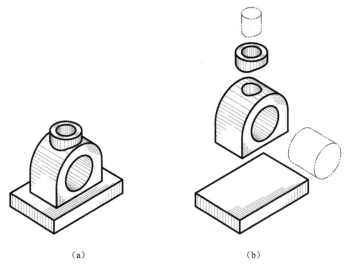

图 5-3 混合型组合体

(a) 组合体；(b) 形体分析

1. 形体分析法

将组合体分解为若干个基本体，分析这些基本体的形状和它们的相对位置，并想出组合体的完整形状，这种方法称为形体分析法。

2. 线面分析法

应用线、面的投影规律，分析视图中的某些图线和线框，构思出它们的空间形状和相对位置，在此基础上归纳想象获得组合体的形状，这种方法称为线面分析法。

三、组合体相邻表面之间的连接关系

1. 平行

(1) 共面。当两个基本体表面平齐时，它们之间没有分界线，在视图上不应画线，如图 5-4 所示。

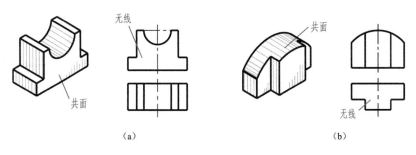

图 5-4 形体表面连接关系——共面

(a) 两平面共面；(b) 两曲面共面

(2) 不共面。当两个基本体表面不平齐时，视图中两个基本体之间有分界线，视图上应画线，如图 5-5 所示。

2. 相切

当两个基本体的连接表面（平面与曲面或曲面与曲面）光滑过渡时称相切。相切处没有分界线，如图 5-6 所示。

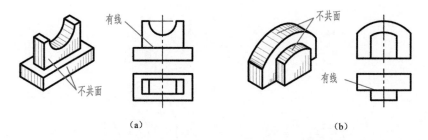

图 5-5　形体表面连接关系——不共面

（a）两平面不共面；（b）两曲面不共面

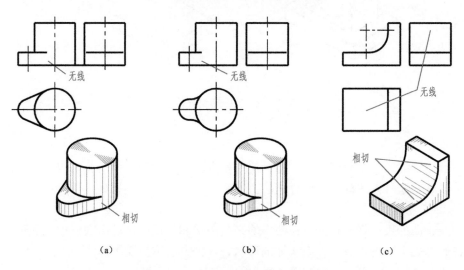

图 5-6　形体表面连接关系——相切

（a）平面与曲面相切；（b）曲面与曲面相切；（c）平面与曲面相切

3. 相交

当两基本体相交，则在立体的表面产生交线，画图时应画出交线的投影，如图 5-7 所示。

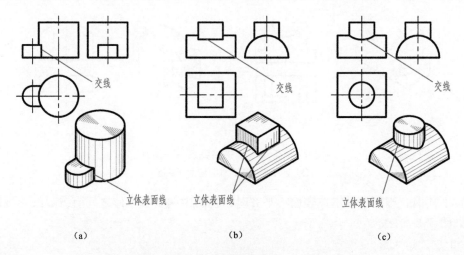

图 5-7　形体表面连接关系——相交

（a）平面与曲面相交；（b）平面与曲面相交；（c）曲面与曲面相交

第二节 组合体三视图的画法

画组合体三视图时，首先要运用形体分析法，将组合体分解为若干个基本体，分析组成组合体的各个基本体的组合形式和相对位置，判断形体间相邻表面是否处于共面、相切或相交的关系，然后逐一绘制其三视图。必要时还要对组合体中投影面的垂直面或一般位置平面及其相邻表面关系进行线面分析。

一、以叠加为主的组合体三视图的绘图方法和步骤

【例 5-1】 绘制如图 5-8（a）所示支座的三视图。

1. 形体分析

图 5-8（a）所示支座是由直立大圆筒Ⅰ、底板Ⅱ、小圆筒Ⅲ及肋板Ⅳ四个基本体组成，如图 5-8（b）所示。底板位于大筒的左侧，与大圆筒相切，底板的底面与大圆筒的底面共面。小圆筒位于大圆筒的前方偏上，与大圆筒正交，同时它们的内孔也正交。肋板位于底板的上方、大圆筒的左侧前后对称的位置上，底面与底板顶面重合，右侧面与大圆筒外圆柱面重合。

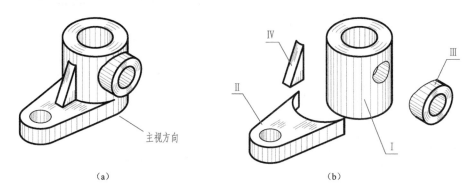

图 5-8 支座的形体分析
（a）组合体；（b）形体分析

2. 选择主视图

主视图主要由组合体的安放位置和投影方向两个因素决定。其中安放位置由作图方便与形体放置稳定来确定；投影方向应选择较多地表达组合体的形状特征及各组成部分相对位置关系的方向，并使其他视图中虚线尽量减少。图 5-8（a）所示支座主视图方向确定之后，相应的俯视图、左视图的投射方向也就确定了。

3. 画图步骤

（1）布置图面，如图 5-9（a）所示。画组合体视图时，首先选择适当的比例，按图纸幅面布置视图位置。视图布置要匀称美观，便于标注尺寸及阅读，视图间不应间隔太密或集中于图纸一侧，也不要太分散。安排视图的位置时应以中心线、对称线、底面等为画图的基准线，定出各视图之间的位置。

（2）画大圆筒的三视图，如图 5-9（b）所示。画回转体视图时，对圆形投影则应画出其中心线，对非圆形投影，则用点画线画出回转轴的投影。

（3）画底板的三视图，如图 5-9（c）所示。绘制底板时，应注意底板右侧与大圆筒相

切，相切处不应画线。

　　（4）画小圆筒的三视图，如图 5-9（d）所示。大圆筒的外圆柱面与小圆筒的外圆柱面相交，生成外相贯线；大圆筒的内圆柱面与小圆筒的内圆柱面相交，生成内相贯线。可根据第三章介绍的正交圆柱体相贯线的近似画法，画出外、内相贯线的投影。注意，内相贯线为不可见，画图时应画成虚线。

　　由于小圆筒位于底板之上，因此在俯视图中底板被小圆筒遮挡部分应画成虚线。见图 5-9 中红色虚线。

　　（5）画肋板的三视图，如图 5-9（e）所示。肋板前后表面与大圆柱面相交，其交线可由

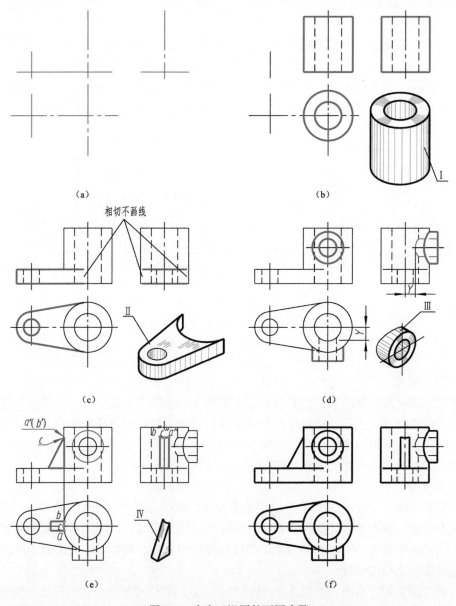

图 5-9　支座三视图的画图步骤

（a）画基准线；（b）画大圆筒；（c）画底板；（d）画小圆筒；（e）画肋板；（f）检查、加深图线

点的投影，光滑连接各点即为所求，结果如图 5-9（d）所示。

（6）最后校核、修正，加深图线，如图 5-9（f）所示。

4. 注意事项

（1）绘制组合体的各组成部分时，应将各基本体的三视图联系起来，同时作图，不仅能保证各基本体的三视图符合"长对正，高平齐，宽相等"的投影关系，而且能够提高画图速度。

（2）在画基本体的三视图时，一般应先画反映形状特征的视图，而对于切口、槽、孔等被切割部分的表面，则应先从反映切割特征的投影画起。

（3）注意叠合、相切、相交时表面连接关系的画法。

二、以切割为主的组合体三视图的画图方法和步骤

【例 5-2】 绘制图 5-10（a）所示压块的三视图。

1. 形体分析

图 5-10（a）所示压块，是由四棱柱分别切去基本体Ⅰ、Ⅱ、Ⅲ、Ⅳ四个部分而形成的，如图 5-10（b）所示。作图时，可先画出完整四棱柱的三视图，然后分别画出切割形体Ⅰ、Ⅱ、Ⅲ、Ⅳ后的视图。

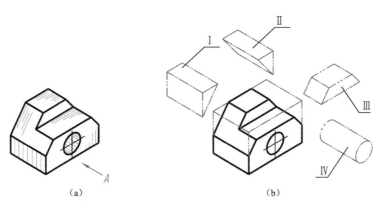

图 5-10 压块的形体分析

（a）组合体；（b）形体分析

2. 选择主视图

A 方向能较多地表达组合体的形状特征及各组成部分相对位置关系，选择箭头 A 所指方向作为主视图的投射方向。

3. 画图步骤

（1）图面布置。以组合体的底面、左右对称线和后表面为作图基准线，如图 5-11（a）所示。

（2）画四棱柱三视图，如图 5-11（b）所示。

（3）画切去形体Ⅰ、Ⅱ后的三视图，应先画主视图，然后画出俯视图和左视图中交线的投影，如图 5-11（c）所示。

（4）画切去形体Ⅲ后的三视图，绘图时应先画出反映其形状特征的左视图，然后利用三视图的三等关系分别画出其在主视图和俯视图上的投影。如图 5-11（d）所示。

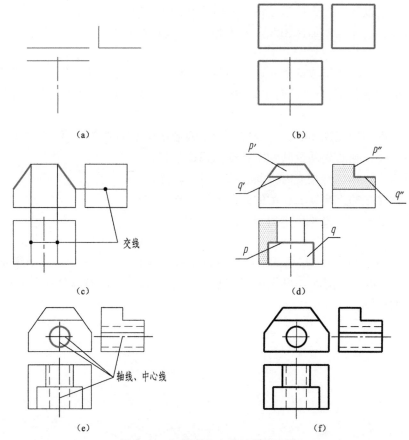

图 5-11　切割型组合体的画图步骤

（a）画基准线；（b）画切割前形体的投影；（c）画被两正垂面 P 截切后的投影；
（d）画被水平面 Q 和正平面 R 截切后的投影；（e）画圆柱孔的投影；（f）检查、加深

 注意

　　切去形体Ⅲ后，应对物体左侧面，进行线面分析，以便视图交互印证，完成对复杂局部结构的正确表达。如图 5-11（d）所示左侧面是投影面的垂直面，该表面除主视图中具有积聚性外，俯视图和左视图都表现为与原形状类似的六边形。

　　（5）画切去形体Ⅳ形成的圆柱孔的三视图，注意：绘制回转体的视图时，必须画出其轴线和圆的中心线。如图 5-11（e）所示。

　　（6）最后校核、修正，加深图线，如图 5-11（f）所示。

 注意

　　对于切割型组合体来说，在挖切的过程中形成的断面和交线较多，形体不完整。绘制切割型组合体三视图时，对需要在用形体分析法分析形体的基础上，根据线、面的空间性质和投影规律，分析形体的表面或表面间的交线的投影。作图时，一般先画出组合体被切割前的原形，然后按切割顺序，画切割后形成的各个表面。注意应先画有积聚性的线、面的投影，然后再按投影规律画出其他投影。

第三节 组合体的尺寸标注

组合体的三视图只能表达物体的结构和形状，它的各组成部分的真实大小及相对位置，必须通过尺寸标注来确定。对组合体尺寸标注的基本要求如下：

(1) 正确：尺寸标注应符合制图标准中的相关规定（参见第一章）。

(2) 完整：标注的尺寸要完整，不遗漏，不重复。

(3) 清晰：尺寸的布置应清楚、整齐、匀称，便于查找和阅读。

一、尺寸的种类及尺寸基准

1. 尺寸的种类

(1) 定形尺寸。确定组合体中各组成部分形状大小的尺寸，称为定形尺寸。如图 5-12（a）所示，底板的长、宽、高尺寸（50、58、12），底板上半圆槽尺寸（R8），侧板的厚度尺寸（12），侧板上圆孔尺寸（2×φ12），各圆角尺寸（R10、R14）等。

(2) 定位尺寸。确定组合体中各组成部分之间相对位置的尺寸，称为定位尺寸。如图 5-12（a）所示，底板半圆槽的定位尺寸（20），侧板圆孔的定位尺寸（30、34）。

(3) 总体尺寸。确定组合体外形的总长、总宽、总高的尺寸，称为总体尺寸。当总体尺寸与组合体中某基本体的定形尺寸相同时，无须重复标注。本例组合体的总长和总宽与底板相同，在此不再重复标注，只需标注总高尺寸（48）。

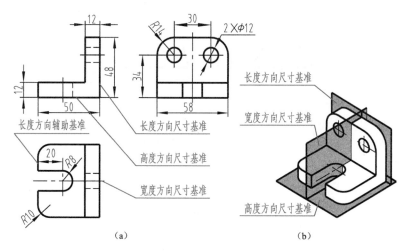

图 5-12 组合体的尺寸

(a) 组合体尺寸标注；(b) 尺寸基准

2. 尺寸基准

确定尺寸位置的几何元素（点、直线、平面等）称为尺寸基准。组合体有长、宽、高三个方向的尺寸，所以一般有三个方向的基准，如图 5-12（b）所示。常采用组合体的对称面（中心对称线）、较大端面、底面或回转体的轴线等作为主要尺寸基准，根据需要，还可选其他几何元素作为辅助基准。标注定位尺寸时，首先要选好尺寸基准，以便从基准出发确定各基本体之间的定位尺寸。

二、组合体的尺寸标注

1. 基本体的尺寸标注

标注基本体的尺寸，一般要注出长、宽、高三个方向的尺寸，常见的几种基本体的尺寸标注如图 5-13 所示。

图 5-13（a）～（d）为平面立体，其长、宽尺寸宜注写在能反映其底面实形的俯视图上。高度尺寸宜写在反映高度方向的主视图上。

图 5-13（e）～（h）为回转体，对于回转体，可在其非圆视图上注出直径方向（简称"径向"）尺寸"ϕ"，这样不仅可以减少一个方向的尺寸，而且还可以省略一个视图。球的尺寸应在直径或半径符号前加注球的符号"S"，即 $S\phi$ 或 SR，如图 5-13（h）所示。

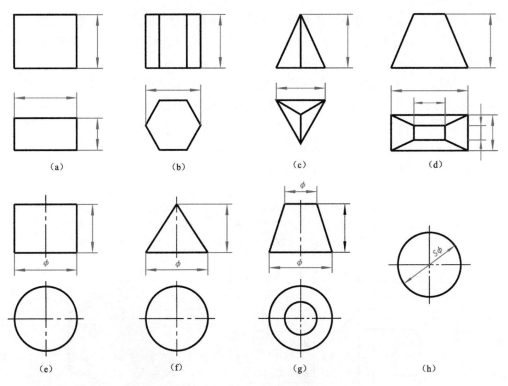

图 5-13　基本体的尺寸标注
（a）四棱柱；（b）六棱柱；（c）三棱锥；（d）四棱台；
（e）圆柱；（f）圆锥；（g）圆台；（h）球

2. 常见底板的尺寸标注

常见形体的尺寸标注有其一定的标注形式和规律。图 5-14 所示是零件中常见的一些底板的尺寸标注形式。当遇到图中所示的底板时，应按图中所示的标注形式进行标注。

3. 组合体尺寸标注的方法步骤

标注组合体尺寸的基本方法是形体分析法。首先，逐个标出各个反映基本体形状和大小的定形尺寸，然后标注反映各基本体间相对位置的定位尺寸，最后标注组合体的总体尺寸。

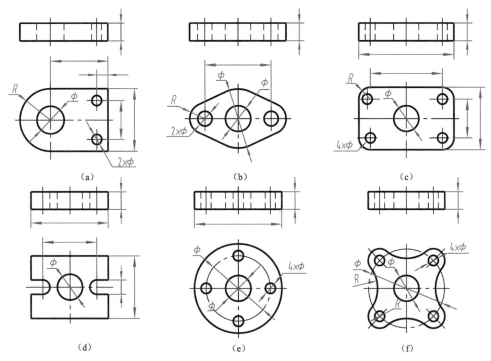

图 5-14 常见底板的尺寸标注

【例 5-3】 如图 5-15 所示,已知支座的三视图,试标注其尺寸。

(1) 形体分析。在标注组合体尺寸之前,首先要进行形体分析,明确组合体是由哪些基本体组成,以什么样的方式组合而成,也就是要读懂三视图,想象出组合体的结构形状。支座的形体分析同［例 5-1］,这里就不再重复。

(2) 选择尺寸基准。选用底板的底面为高度方向的尺寸基准;支座前后基本对称,选用基本对称面为宽度方向的尺寸基准;选用大圆筒和小圆筒轴线所在的平面可作为长度方向的尺寸基准,如图 5-15（a）所示。

(3) 逐个标出组成支座各基本体的尺寸。

1) 标注大圆筒的尺寸,如图 5-15（b）所示;

2) 标注底板的尺寸,如图 5-15（c）所示;

3) 标注小圆筒的尺寸,如图 5-15（d）所示;

4) 标注肋板的尺寸,如图 5-15（e）所示。

(4) 标出组合体的总体尺寸,并进行必要的尺寸调整。一般应直接标出组合体长、宽、高三个方向的总体尺寸,但当在某个方向上组合体的一端或两端为回转体时,则应该标出回转体的定形尺寸和定位尺寸。如支座长度方向标出了定位尺寸 38 及定形尺寸 R10 和 φ32,通过计算可间接得到总体尺寸 64（38＋10＋32/2＝64）,而不是直接注出总长度尺寸 64。同理,支座宽度方向应标出 22 和 φ32。高度方向大圆筒的高度尺寸 35,同时又是形体的总高尺寸,如图 5-15（e）所示。

(5) 检查、修改、完成尺寸的标注。尺寸标注完以后,要进行仔细的检查和修改,去除多余的重复尺寸,补上遗漏尺寸,改正不符合国家标准规定的尺寸标注之处,做到正确无误。

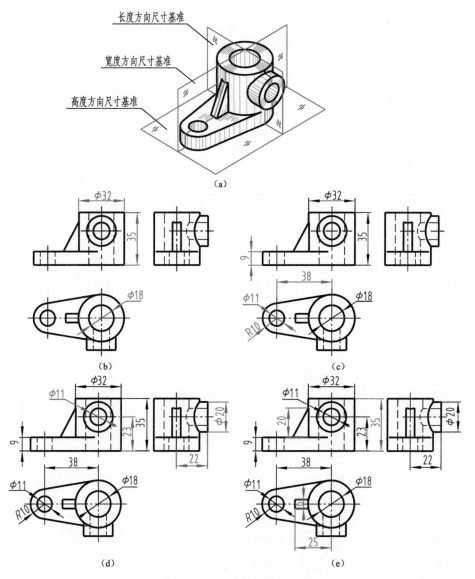

图 5-15　组合体尺寸标注示例

（a）确定尺寸基准；（b）标注大圆筒尺寸；（c）标注底板尺寸

（d）标注小圆筒尺寸；（e）标注肋板尺寸、总体尺寸

4. 合理布置尺寸的注意事项

组合体的尺寸标注，除应遵守第一章中所述尺寸注法的规定外，还应注意做到：

（1）应尽可能地将尺寸标注在反映基本体形状特征明显的视图上，如图 5-16 所示。

（2）尺寸应尽量注写在图形之外，有些小尺寸，为了避免引出标注的距离太远，也可标注在图形之内。同一方向的并列尺寸，小尺寸在内，大尺寸在外，间隔要均匀，应避免尺寸线与尺寸界限交叉。同一方向串列的尺寸，箭头应相互对齐，排列在一条线上，如图 5-17 所示。

（3）同轴圆柱、圆锥的尺寸尽量注在非圆视图上，圆弧的半径尺寸则必须标注在投影为圆弧的视图上，如图 5-18 所示。

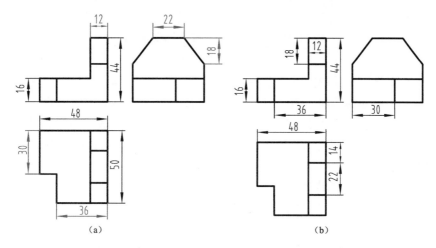

图 5-16　尺寸标注在形状特征视图上

(a) 好；(b) 不好

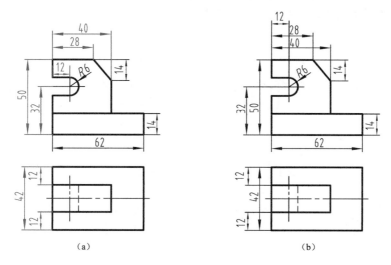

图 5-17　尺寸排列应整齐

(a) 好；(b) 不好

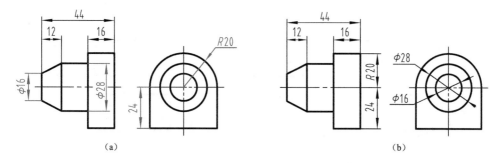

图 5-18　组合体上直径、半径尺寸的标注

(a) 好；(b) 不好

第四节　组合体视图的识读

读图和画图是学习工程制图的两个主要内容。画图是将形体用正投影的方法表达在平面上，即实现空间到平面的转换；而读图则是根据视图想象出形体的空间形状，即实现平面到空间的转换。为了正确而迅速地读懂视图，想象出物体的空间形状，必须掌握读图的基本要领和基本方法，并通过反复实践，不断培养空间想象力，才能提高读图能力。

一、读图要点

1. 将几个视图联系起来读图

组合体的三视图中，每个视图只能表达物体长、宽、高三个方向中的两个方向，读图时，不能只看一个视图，要把各个视图按三等关系联系起来看图，切忌看了一个视图就下结论。如图 5-19 所示，各形体形状不相同，却具有完全相同的主视图。

2. 抓住特征视图阅读

视图中，形体特征是对形体进行识别的关键信息。为了快速、准确地识别各形体，要从反映形体特征的视图入手，联系其他视图来看图。

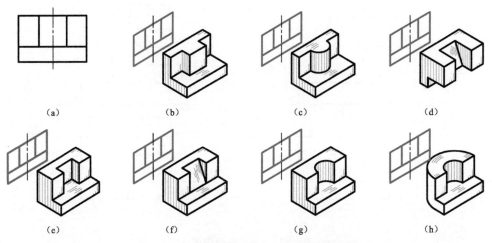

（a）　　　　（b）　　　　（c）　　　　（d）

（e）　　　　（f）　　　　（g）　　　　（h）

图 5-19　一个视图不能唯一确定组合体的形状

（1）形状特征投影。如图 5-20 中所示的三个形体，分别是主视图、俯视图和左视图形状特征明显。读图时先看形状特征明显的视图，再对照其他视图，这样可较快地识别组合体的形状。

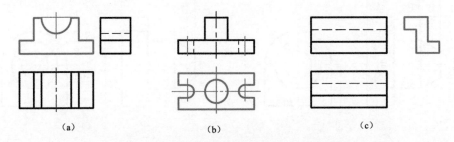

（a）　　　　　　　　（b）　　　　　　　　（c）

图 5-20　反映形状特征的组合体视图读图示例

（a）主视图反映形状特征；（b）俯视图反映形状特征；（c）左视图反映形状特征

（2）位置特征投影。如图 5-21（a）所示，如只看组合体的主视图和俯视图，不能确定其唯一形状。如图 5-21（b）所示，是根据给出的主视图和俯视图画出的形状不同的两个左视图。其立体图分别如图 5-21（c）、(d) 所示。若给出主视图和左视图，则根据主视图和左视图，就可以确定组合体的形状。因此，主视图是反映形状特征的视图，而左视图是反映位置特征的视图。

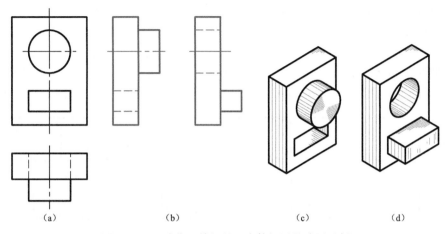

（a） （b） （c） （d）

图 5-21　反映位置特征的组合体视图的读图示例

（a）主视图和俯视图；（b）两个形状不同的左视图；（c）形状一；（d）形状二

3. 分析视图中的图线和线框

（1）视图中的每条图线和每个线框所代表的含义。视图是由图线及线框构成的，读图时要正确读懂每条图线和每个线框所代表的含义，如图 5-22 所示。

视图中的图线有下述几种含义：

1）表示投影有积聚性的平面或曲面；

2）表示两个面的交线；

3）表示回转体的转向轮廓素线。

视图中的线框有下述几种含义：

1）表示一个投影为实形或类似形的平面；

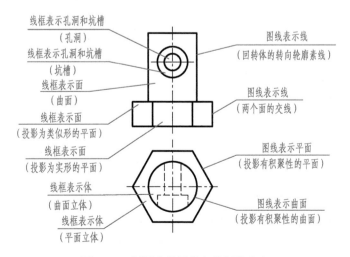

图 5-22　视图中的图线与线框的含义

2) 表示一个曲面;

3) 表示一个平面立体或曲面立体;

4) 表示某一形体上的一个孔洞或坑槽。

(2) 分析视图中的线框,识别形体表面的相对位置关系。

1) 相邻的两个封闭线框,表示物体上两个面的投影。两个线框的公共边线,表示错位两个面之间的第三面的积聚投影,如图 5-23 (a)、(b) 所示,或者表示两个面的交线的投影,如图 5-23 (c)、(d) 所示。由于不同的线框代表不同的面,相邻的线框可能表示平行的两个面,如图 5-23 (a) 所示;也可能是相交的两个面,如图 5-23 (c) 所示;或者是交错的两个面,如图 5-23 (b) 所示;也有可能分别是不相切的平面和曲面,如图 5-23 (d) 所示。

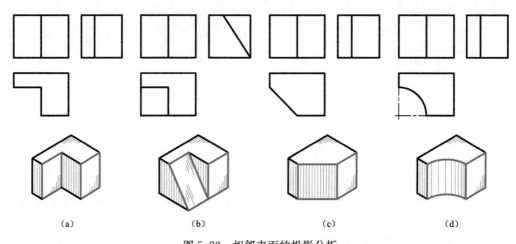

图 5-23　相邻表面的投影分析

(a) 两平面平行;(b) 两平面交错;(c) 两平面相交;(d) 平面与曲面

2) 两个同心圆,一般情况下表示凸起、凹槽面,或通孔,如图 5-24 所示。

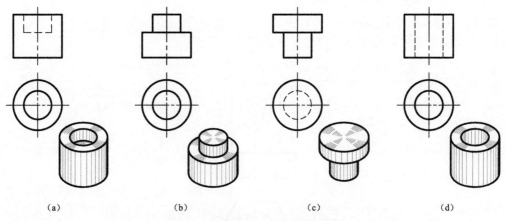

图 5-24　视图中同心圆的投影分析

(a) 凹起;(b) 凸槽;(c) 下方凸起;(d) 圆筒

(3) 视图中虚线的分析。虚线在视图中表示不可见的结构,通过虚线投影可确定几个表面的位置关系。如图 5-25 所示。图 5-25 (a)、(b) 所示两个组合体的主视图和俯视图完全相同,均为左右对称形体。图 5-25 (a) 左视图内部的两条粗实线,表示三棱柱左侧面与"L"六棱柱的左侧面是错位的，故三棱柱放置在形体正中位置。图 5-25（b）左视图在此处为两条虚线，说明三棱柱左侧面与"L"六棱柱的左侧面对齐，故形体上左右对称放置两个三棱柱。图 5-25（c）、（d）所示两个形体，可借助视图中画出的虚线判断组合体各组成部分的位置关系。

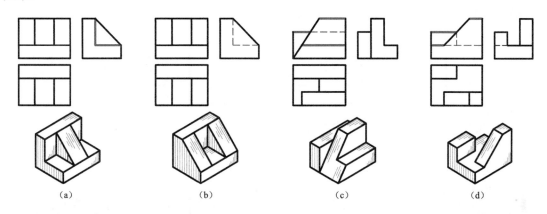

图 5-25 视图中虚线的投影分析

（4）分析面的形状，找出类似形投影。当基本体被投影面垂直面截切时，根据投影面垂直面的投影特性，截断面在与截平面垂直的投影面上的投影积聚成直线，而在另两个与截平面倾斜的投影面上的投影则是类似形。如图 5-26（a）～（c）中，分别有"L"形铅垂面、"工"字形正垂面、"凹"字形侧垂面。在三视图中，截断面除了在与其垂直的投影面上的投影积聚成一直线外，在其他两个视图中都是类似形。图 5-26（d）中平行四边形为一般位置平面，其在三视图中的投影均为类似形。

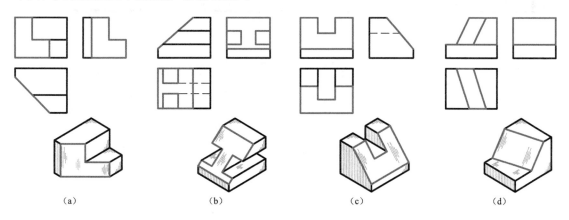

图 5-26 倾斜于投影面的断面的投影分析

二、形体分析法识读组合体视图

形体分析法是读图的基本方法。形体分析法是根据视图特点，将比较复杂的组合体视图，按线框分成几个部分，应用三视图的投影规律，逐个想象出它们的形状，再根据各部分的相对位置关系、组合方式、表面连接关系，综合想象出整体的结构形状。

形体分析法识读组合体视图的步骤如下：

（1）从主视图入手，参照特征视图，分解形体。

（2）对投影，想形状。利用"三等"关系，找出每一部分的三个视图，想象出每一部分的空间形状。

（3）综合起来想整体。根据每一部分的形状和相对位置、组合方式和表面连接关系想出整个组合体的空间形状。

【例 5-4】　读如图 5-27（a）所示组合体三视图。

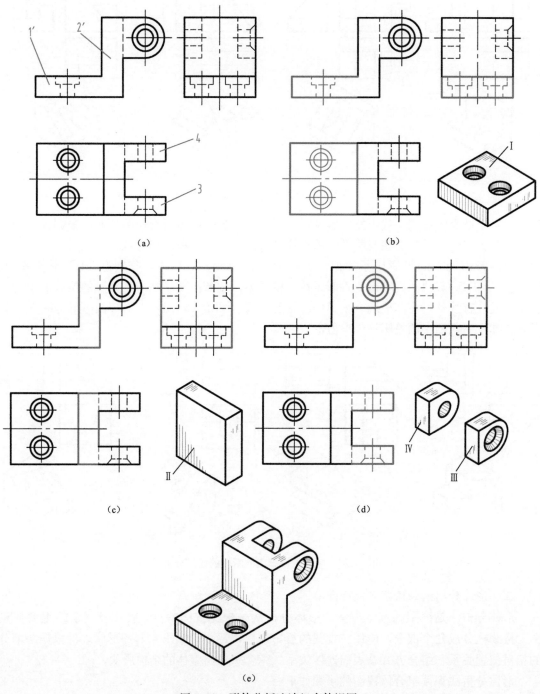

图 5-27　形体分析法读组合体视图

分析：由主视图可以看出，该形体是以叠加为主的组合体，可采用形体分析法进行读图。

读图方法和步骤如下：

（1）从主视图入手，将三个视图按"三等关系"粗略看一遍，以对该组合体有一个概括的了解。以特征明显、容易划分的视图为基础，结合其他视图将组合体视图分解为Ⅰ、Ⅱ、Ⅲ、Ⅳ四个部分，如图 5-27（a）所示。

（2）先易后难的逐次找出每一个基本形体的三视图，从而想象出它们的形状，如图 5-27（b）~（d）所示：Ⅰ是水平长方形板，上有两个阶梯孔；Ⅱ是竖立的长方形板；Ⅲ和Ⅳ是前后两个半圆形耳板，但前后孔略有不同。

（3）综合想象组合体的形状。分析各基本体之间的组合方式与相对位置。通过组合体三视图的分析可确定，形体Ⅰ和Ⅱ是前面、后面对齐叠加；形体Ⅱ和Ⅲ是顶面、前面对齐叠加；形体Ⅱ和Ⅳ是顶面、后面对齐叠加。组合体整体形状如图 5-27（e）所示。

三、线面分析法识读组合体视图

对于切割面较多的组合体，读图时往往需要在形体分析法的基础上进行线面分析。线面分析法就是运用线、面的投影理论来分析物体各表面的形状和相对位置，并在此基础上综合归纳想象出组合体形状的方法。

线面分析法识读组合体视图的步骤如下：

（1）概括了解，想象切割前基本体形状。

（2）运用线、面的投影特性，分析线、线框的含义。

（3）综合想象整体形状。

【例 5-5】　读图 5-28 所示组合体三视图。

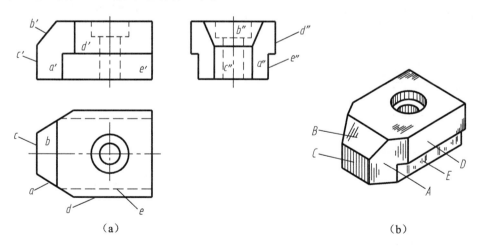

图 5-28　线面分析法读组合体视图
（a）投影图；（b）立体图

分析：对照三个视图可以看出，该物体是切割型组合体，适合采用线面分析法读图。

读图的方法和步骤如下：

（1）从主视图入手，对照俯视图和左视图，由于三个视图外轮廓基本都是矩形，因此可知该形体是由四棱柱切割而成的组合体。

（2）依次对应找出各视图中尚未读懂的多边形线框的另两个投影，以判断这些线框所表示的表面空间情况。

若一多边形线框在另两视图中投影均为类似形，则该面为投影面一般位置面；若一多边形线框在另两视图中，一投影积聚为斜线，另一投影为类似形，则该面为投影面垂直面；若一多边形线框在另两视图中，投影均积聚为直线，则该面为投影面平行面，此多边形线框即为其实形。

图 5-28（a）主视图中多边形线框 a'，在俯视图中只能找到斜线 a 与之投影相对应，在左视图中则有类似形 a'' 与之相对应，则可确定 A 面为铅垂面。

又如俯视图中多边形线框 b，在主视图中只能找到斜线 b' 与之投影相对应，在左视图中则有类似形 b'' 与之相对应，则可确定 B 面为正垂面。

依此类推，可逐步看懂组合体各表面形状。

（3）比较相邻两线框的相对位置，逐步构思组合体。两个封闭线框表示两个表面。主视图中的两相邻线框应注意区分其在空间的前后关系；俯视图中的两相邻线框应注意区分其空间的上下关系；左视图两相邻线框应注意区分其在空间的左右关系。图 5-28（a）主视图中的线框 d' 和 e' 必有前后之分，对照俯、左视图可知，D 面和 E 面均为正平面，D 面在前，E 面在后。相邻两线框还可能是空与实的相间，一个代表空的，一个代表实的，如俯视图中大小两圆组成的线框表示一个水平面，但小圆线框内却是空的，是一个通孔，没有平面，应注意鉴别。

（4）综合想象组合体的整体形状。组合体的整体形状如图 5-28（b）所示。

四、补图、补漏线

【例 5-6】 补画如图 5-29（a）所示轴承盖的左视图。

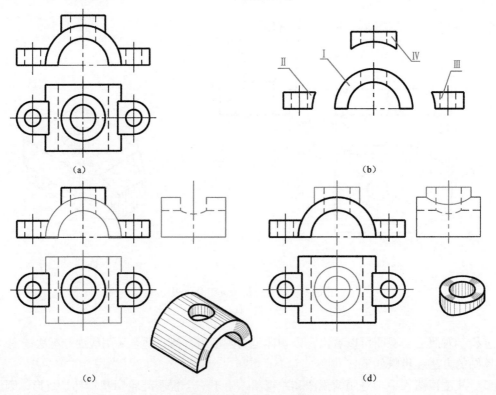

图 5-29　补画轴承盖左视图（一）

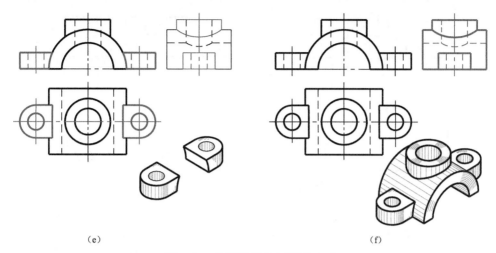

（e）　　　　　　　　　　　　　　　　　　　（f）

图 5-29　补画轴承盖左视图（二）

分析：根据组合体的两个视图求第三视图，是画图和读图的综合练习。首先要读懂给出的两个视图，想象组合体的空间形状，然后按画组合体视图的方法，画出第三视图。

作图方法和步骤如下：

（1）主视图反映了轴承盖的主要特征，从图 5-29（a）可以看出空心半圆柱部分是轴承座的主体部分，上面是油孔凸台部分，其左右耳板是连接部分。

（2）以特征明显、容易划分的主视图入手，结合俯视图把轴承盖主视图拆分成Ⅰ、Ⅱ、Ⅲ、Ⅳ四个部分。如图 5-29（b）所示。

（3）对照两个视图，想象出各组成部分的形状，依次补画其左视图，如图 5-29（c）～（e）所示。补画左视图时，应注意分析各基本体之间的组合方式与相对位置，明确表面的连接关系。如：形体Ⅱ、Ⅲ（左右耳板）相对形体Ⅰ（空心半圆柱）是前后、左右对称放置；形体Ⅳ（空心小圆柱体）在形体Ⅰ（空心半圆柱）的上方，与形体Ⅰ正交，应画出其上外相贯线和内相贯线在左视图上的投影。

（4）检查、加深轮廓线。如图 5-29（f）所示。

【例 5-7】 补画图 5-30（a）所示支架左视图。

分析：读图时应善于抓住反映各组成部分的特征投影，如图 5-30（a）所示，主视图中放倒的"L"形、直角梯形和俯视图中的同心圆，可以初步确定其基本体的形状分别为"L"

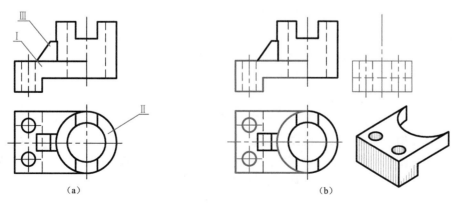

（a）　　　　　　　　　　　　　　　　　　　（b）

图 5-30　补画支架左视图（一）

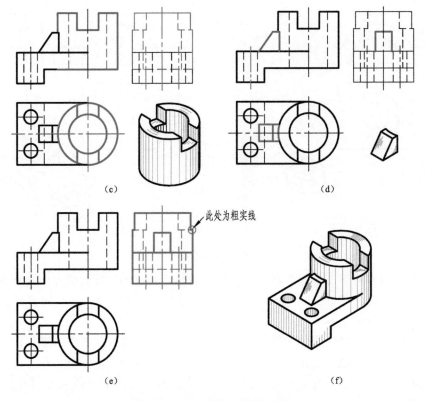

图 5-30　补画支架左视图（二）

形柱、梯形柱和圆筒，然后对照其他视图进一步确定其形状。

作图方法和步骤如下：

（1）根据支架的特征投影，将该形体拆分成Ⅰ、Ⅱ、Ⅲ三个部分，如图 5-30（a）所示。

（2）补画各组成部分的左视图，如图 5-30（b）~（d）所示。注意在形体Ⅱ上截交线的画法。

（3）检查、加深轮廓线，如图 5-30（e）所示。

组合体的整体结构，如图 5-30（f）所示。

【例 5-8】 已知组合体三视图如图 5-31（a）所示，补画其主视图和左视图中的漏线。

分析：补全组合体视图中漏画的图线是提高读图能力，检验读、画图效果常用的方法。将主、俯、左三个视图联系起来看，利用"三等"规律和形体分析法，找出视图中各线框对应的结构并想出空间立体形状，从而补全漏画的图线。

（1）由三个视图中对应的矩形线框可知，该组合体是由四棱柱上下叠加而成，故主、左视图均漏画接合部分图线，补画结果如图 5-31（b）所示。

（2）由主视图中的两条虚线与俯视图中与其对应的半圆可知，在组合体后面挖掉一个轴线铅垂的半圆柱槽，需补画其左视图中漏画的图线，补画结果如图 5-31（c）所示。

（3）由主视图和俯视图中间对应的矩形线框可知，该处自前向后切掉一个矩形槽，并与半圆柱相交，左视图漏画其交线，补画结果如图 5-31（d）所示。

（4）构思组合体的整体结构，如图 5-31（e）所示。

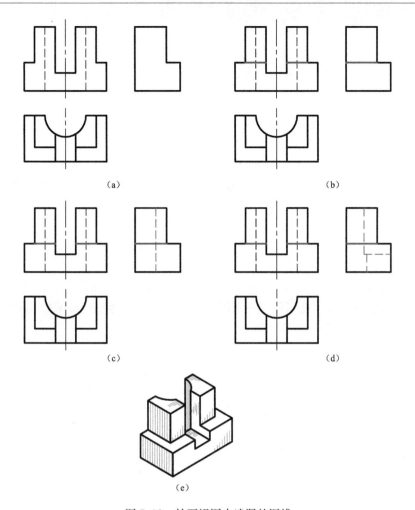

图 5-31 补画视图中遗漏的图线

第六章　机件的表达方法

在生产实践中，机件的形状和结构复杂多样，为了正确、完整、清晰地表达机件的内外结构和形状，国家标准《技术制图　图样画法》《机械制图　图样画法》及《技术制图　简化表示法》规定了各种表达方法。在绘制工程图样时，应选用适当的表达方法，用尽可能少的视图，将机件的内外结构和形状表达清楚。本章将介绍视图、剖视图、断面图、局部放大图以及规定画法和简化画法。

第一节　视　　图

视图是指根据有关标准和规定用正投影法所绘制的物体的图形，它包括三视图、剖视图、断面图等。但本节中，"视图"这一术语专指主要用于表达机件外部结构和形状的图形，包括基本视图、向视图、局部视图和斜视图。

一、基本视图

机件向基本投影面投影所得到的视图，称为基本视图。

为了表达形状比较复杂的机件，制图标准规定，以正六面体的六个面作为基本投影面，将机件置于六面体中间，分别向各投影面进行投射，得到六个基本视图，如图 6-1（a）所示。

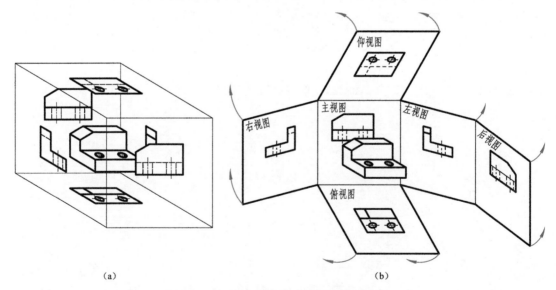

(a)　　　　　　　　　　　　　　　　(b)

图 6-1　六个基本视图的形成与投影面的展开

(a) 立体图；(b) 投影展开图

主视图——由前向后投射得到的视图；

俯视图——由上向下投射得到的视图；

左视图——由左向右投射得到的视图；

后视图——由后向前投射得到的视图；

仰视图——由下向上投射得到的视图；

右视图——由右向左投射得到的视图。

六个投影面展开时，规定正立投影面不动，其余各投影面按图6-1（b）所示方向，展开到与正立投影面在同一平面上。

在同一张图纸内，六个基本视图的配置关系按图6-2所示。此时，可不标注视图的名称。

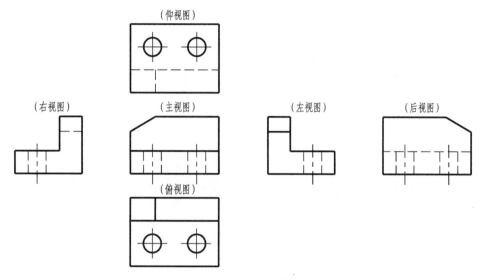

图6-2 六个基本视图的配置

二、向视图

在实际设计绘图中，为了合理地利用图纸，可以自由配置的视图称为向视图，它是基本视图的另一种配置形式。

向视图需进行标注。在向视图的上方标注"*X*"（"*X*"为大写拉丁字母 *A*，*B*，*C*…），为向视图名称。在相应视图的附近用箭头指明投射方向，并标注相同的字母，如图6-3所示。

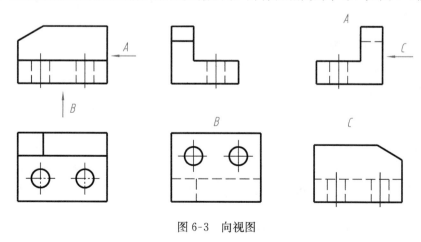

图6-3 向视图

三、局部视图和斜视图

1. 局部视图

当机件在平行于某基本投影面的方向上仅有局部结构形状需要表达，而又没有必要画出其完整的基本视图时，可将机件的局部结构形状向基本投影面投射，这样得到的视图，称为局部视图。如图 6-4 所示，机件的左右凸缘的形状在主视图中没有表达清楚，也没必要画出左视图和右视图。将左右凸缘向基本投影面投射，便得到"A"和"B"局部视图。

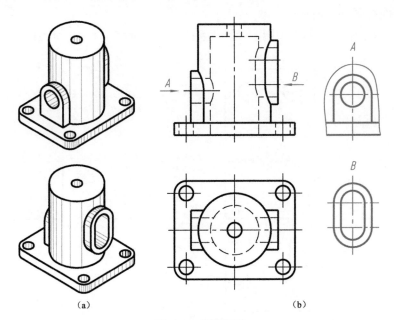

图 6-4　局部视图
(a) 立体图；(b) 投影图

局部视图的画法和标注应符合如下规定：

(1) 局部视图的断裂边界应以波浪线表示，见图 6-4（b）"A"局部视图。

(2) 当表达的局部结构是完整的，且外轮廓线呈封闭时，波浪线省略不画，见图 6-4（b）中"B"局部视图。

(3) 局部视图尽量配置在箭头所指的投射方向上，并画在有关视图附近，以便于看图，见图 6-4（b）中"A"局部视图。必要时也允许配置在其他位置，以便于布置图面，见图 6-4（b）中"B"局部视图。

(4) 画局部视图时，一般要在局部视图上方标注视图名称，如"A""B"等。在相应视图附近用箭头指明投射方向，并标注同样的字母。若局部视图按基本视图位置配置，中间又没有其他视图隔开时，可省略标注，图 6-4（b）中"A"局部视图的标注就可以省略。

2. 斜视图

当机件具有倾斜结构，如图 6-5（a）所示，该部分在基本投影面上既不反映实形，又不便于标注尺寸。为了表达倾斜部分的真实形状，设置一个与倾斜部分平行且与基本投影面垂直的新投影面（P 投影面），将该倾斜部分向新投影面进行投射，这样得到的视图称为斜视图，见图 6-5（b）中的"A"视图。

斜视图的画法和标注应符合如下规定：

(1) 斜视图只表达机件上倾斜结构的局部形状，而不需表达的部分不必画出，用波浪线断开，见图 6-5（b）中的"A"视图。

(2) 画斜视图时，必须在视图上方标注视图的名称"X"，在相应的视图附近用箭头指明投射方向，并标注上同样的字母。字母一律水平书写。

（3）斜视图一般按投影关系配置，见图 6-5（b）中"A"视图。必要时也可以配置在其他适当的位置，为了便于画图，允许将图形旋转放正，旋转配置的斜视图名称要加注旋转符号"⌒"或"⌒"，且旋转符号的箭头要靠近表示该视图名称的字母。旋转符号表示的旋转方向应与图形的旋转方向相同，见图 6-5（c）中的"A⌒"视图。

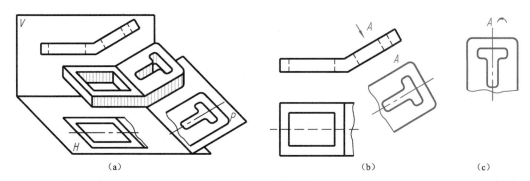

图 6-5 斜视图
(a) 立体图；(b) 斜视图按投影配置；(c) 斜视图旋转配置

第二节 剖 视 图

当机件的内部结构比较复杂时，视图中虚线过多，影响图面的清晰程度，既不便于标注尺寸，又不利于读图，如图 6-6（a）所示。为了清晰地表达机件的内部结构，国家标准规定采用剖视图来表达。

一、剖视图的概念

假想用剖切面（平面或柱面）在适当的位置剖开机件，将处于观察者和剖切面之间的部分移去，而将剩余部分向投影面进行投射所得到的图形，称为剖视图，简称剖视，如图 6-6（b）、（c）所示。

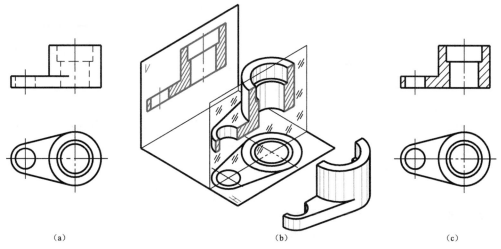

图 6-6 剖视图的概念
(a) 视图；(b) 剖视图的形成；(c) 剖视图

二、剖视图的画法

1. 剖视图的画法

（1）确定剖切平面的位置。为了表达机件内部的真实形状，剖切平面应平行于投影面并通过机件对称面或孔的轴线。

（2）画剖视图。剖切平面剖切到的机件断面轮廓和其后面的可见轮廓线，都用粗实线画出。不可见部分不能省略的轮廓画成虚线。

（3）画剖面符号。在剖切平面与机件接触面区域画出剖面符号。剖面符号与材料有关，表 6-1 是国家标准规定常用材料的剖面符号。其中金属材料的剖面符号称为剖面线。剖面线一般应画成与主要轮廓线或剖面区域对称线呈 45°的平行细实线。同一机件在各个视图中的剖面线间隔、角度及倾斜方向均应一致。特殊情况剖面线的角度可画成 30°或 60°。

表 6-1 剖 面 符 号

材料		图例	材料	图例
金属材料（已有规定剖面符号除外）			基础周围的泥土	
非金属材料（已有规定剖面符号除外）			混凝土	
固体材料			钢筋混凝土	
液体材料			型砂、填砂、粉末冶金、砂轮、陶瓷刀片等	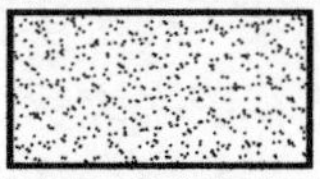
木质胶合板			玻璃及其他透明材料	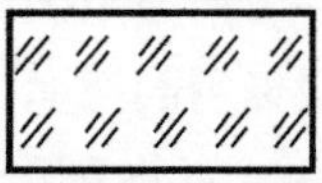
木材	纵剖面	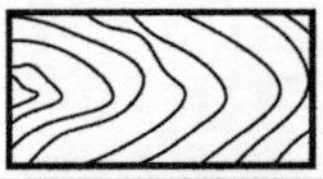	转子、电枢、变压器和电抗器等叠钢片	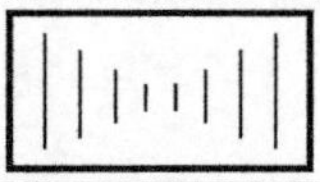
	横剖面		线圈绕组元件	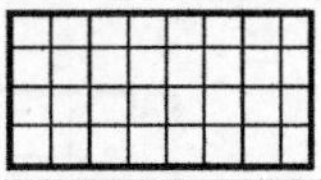

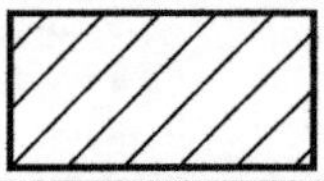

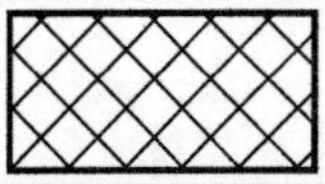

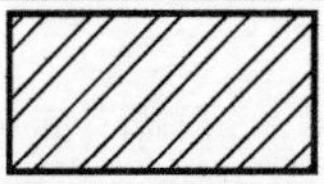

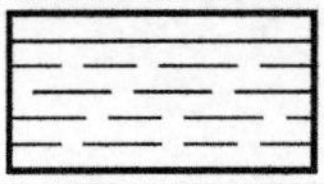

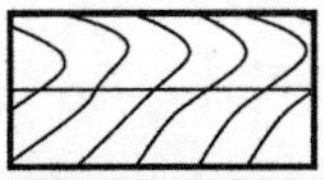

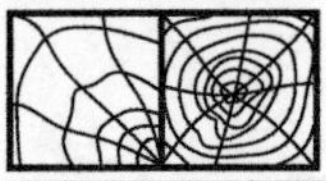

（4）剖视图的标注。为了便于看图，在画剖视图时，应标注剖切位置，投射方向和剖视图名称，如图 6-7（a）所示。

1）剖切符号。用以表示剖切面的位置。剖切符号长为 5～10mm 的粗短线，并尽量避免与图形轮廓线相交。

2）投射方向。在剖切符号的外侧用与其垂直的箭头，表示剖切后的投射方向。

3）剖视图名称。在剖视图上方用大写拉丁字母标注剖视图的名称"X—X"，并在剖切符号的起止及转折处的外侧注写同样的字母。

4）简化标注。用单一剖切平面通过机件的对称平面或基本对称平面，且剖视图按投射关系配置，而中间又没有其他视图隔开时，可省略标注，如图 6-7（b）所示。当剖切平面处图形不对称，剖视图按投影关系配置，而中间又没有其他视图隔开，可省略箭头，如图 6-7（c）所示。

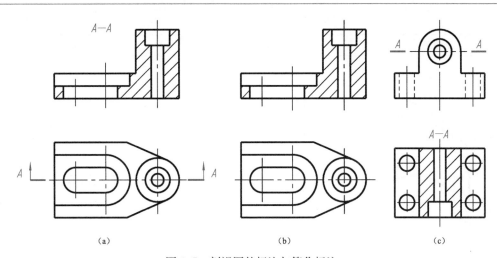

图 6-7　剖视图的标注与简化标注

(a) 剖视图的标注；(b) 标注全部省略；(c) 省略投影方向

2. 画剖视图应注意的问题

(1) 剖视图是假想把机件剖切后画出的投影，其余未剖切视图仍按完整机件画出。

(2) 在剖切面后的可见轮廓线，应全部用粗实线画出，不能遗漏，见表 6-2。

(3) 在剖视图中，一般应省略虚线，只有当机件形状没有表达清楚，尚可在视图中画出少量虚线。

表 6-2　　　　　　　　　　　剖视图中容易漏画线的示例

剖切图	错误	正确

续表

轴测图	错误	正确
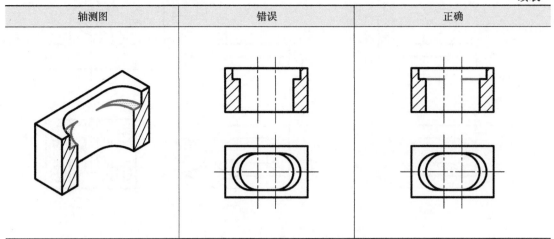		

三、剖视图的种类

剖视图按机件被剖切的范围可分为全剖视图、半剖视图和局部剖视图。

1. 全剖视图

用剖切面完全地剖开机件所得到的剖视图，称为全剖视图，如图 6-8 所示。

全剖视图适用于内部结构复杂而外形简单的机件。

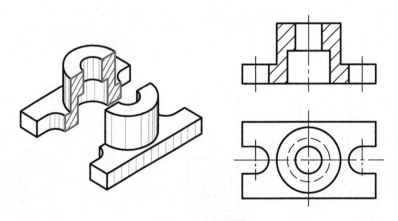

图 6-8　全剖视图

2. 半剖视图

当机件具有对称平面时，在垂直于机件对称平面的投影面上投射所得到的图形，以对称中心线（细点画线）为界，一半画成剖视以表达内部结构，另一半画成视图以表达外形，这种图形称为半剖视图，如图 6-9 所示。

半剖视图适用于内外结构都需要表达且具有对称平面的机件。如图 6-9（b）中的主、俯、左视图所示。

当机件形状接近对称，如图 6-10（a）所示，且不对称部分已另有视图表达清楚时，也可画成半剖视图，如图 6-10（b）所示。

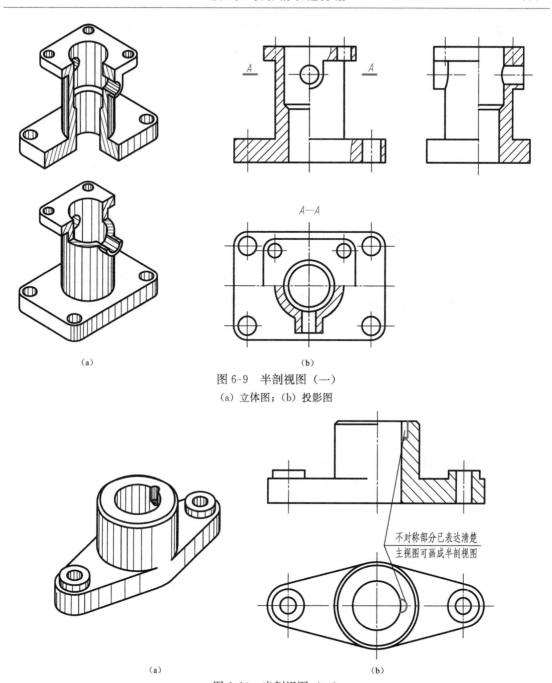

图 6-9　半剖视图（一）

（a）立体图；（b）投影图

图 6-10　半剖视图（二）

（a）立体图；（b）投影图

不对称部分已表达清楚
主视图可画成半剖视图

画半剖视图时应注意：

（1）以对称中心线作为视图与剖视图的分界线。

（2）由于机件对称，其内部结构如果在剖开的视图中表达清楚，则在未剖开的半个视图中不再画细虚线。

3. 局部剖视图

用剖切面将机件局部地剖开，以波浪线（或双折线）为分界线，一部分画成视图以表达外形，其余部分画成剖视图以表达内部结构，这样所得到的剖视图称为局部剖视图，如图 6-11 所示。

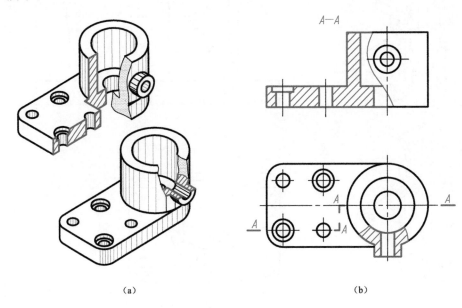

（a）　　　　　　　　　　　　　　　　　（b）

图 6-11　局部剖视图（一）
（a）立体图；（b）投影图

局部剖视图主要用于以下几种情况：

（1）机件上只有局部的内部结构形状需要表达，而不必画成全剖视图。

（2）机件具有对称面，但不宜采用半剖视图表达内部形状。

（3）不对称机件的内、外形状都需表达。

对称平面的外形或内部结构上有轮廓线时，不能画成半剖视图，只能用局部剖视图表达，如图 6-12 所示。

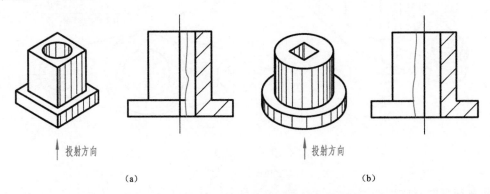

↑ 投射方向　　　　　　　　　　　　　　　↑ 投射方向

（a）　　　　　　　　　　　　　　　　　（b）

图 6-12　局部剖视图（二）
（a）外轮廓与对称轴线重合；（b）内轮廓与对称轴线重合

局部剖视图中，剖视图部分与视图部分之间应以波浪线为界，波浪线表示机件断裂处的边界线。

画局部剖视图时应注意：

（1）波浪线不能超出图形轮廓线，波浪线不应穿空而过，波浪线不应与其他图线重合，也不要画在其他图线的延长线上，如图 6-13 所示。

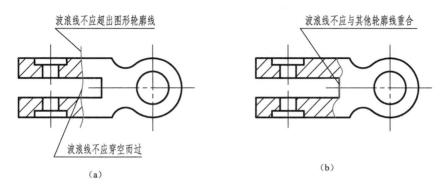

图 6-13　局部剖视图中波浪线画法（一）

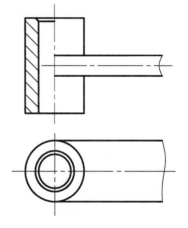

（2）当被剖切的局部结构为回转体时，允许以该结构的中心线作为局部剖视图与视图的分界线，如图 6-14 所示。

（3）局部剖视图一般可省略标注，但当剖切位置不明显或局部剖视图没有按投影关系配置时，则必须加以标注，如图 6-11 所示。

（4）局部剖视图剖切范围的大小，可根据表达机件的内外形状需要而定。但在同一个视图中，不宜采用过多局部剖视图，否则会显得零乱以致影响图形清晰。

四、剖切面的种类和剖切方法

为表达机件的内部结构，可根据机件的结构与特点，选用平面或曲面作为剖切面。平面剖切面分为以下三种。

1. 单一剖切面

用一个剖切面剖开机件。剖切面可与基本投影面平行，也可与基本投影面不平行。

图 6-14　局部剖视图中波浪线画法（二）

（1）单一剖切面与基本投影面平行。当机件上需表达的结构均在平行于基本投影面的同一轴线或同一平面上时，常用与基本投影面平行的单一剖切面剖切，这是最常用的画法。图 6-8～图 6-11 分别为用此类剖切而画的全剖视图、半剖视图和局部剖视图。

（2）单一剖切面与基本投影面倾斜。当机件上有倾斜的内部结构需要表达时，常用此类剖切面剖切，如图 6-15 所示。

剖切后的视图一般按投影关系配置，如图 6-15（b）所示，也可以将剖视图移至其他适当位置，如图 6-15（c）所示。有时为了绘图简便，允许把剖视图旋转摆正画出，此时还应加注旋转符号"⌒"或"⌒"，如图 6-15（d）中"⌒ B—B"所示。

用此剖切面剖切必须标注剖切平面位置、投射方向及视图名称。

2. 几个平行剖切平面

用两个或多个平行的剖切平面剖开机件。当机件需表达的结构层次较多，且又相互平行时，常用此类剖切面剖切，如图 6-16 所示。

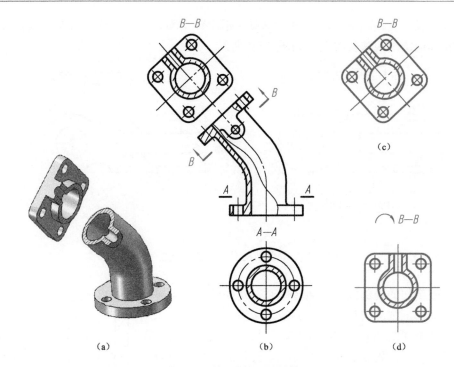

图 6-15　单一剖切平面剖切

（a）立体图；（b）按投影关系配置；（c）任意配置；（d）旋转配置

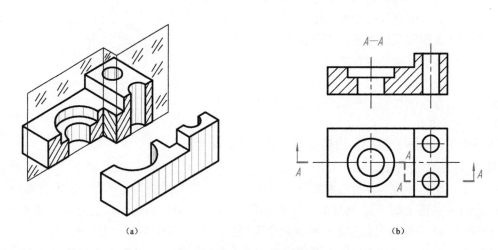

图 6-16　两平行剖切平面剖切

（a）立体图；（b）投影图

画剖视图时，在剖切平面起讫和转折处应标注剖切符号、表示投射方向的箭头，并在剖视图的上方注明剖视图的名称。并应注意：

（1）不应画出剖切平面转折处的分界面的投影，如图 6-17（a）所示。

（2）剖切面的转折处不应与图中的轮廓线重合，如图 6-17（b）所示。

（3）在图形内不应出现不完整的要素，如图 6-18（a）所示。只有当两个要素在图形上具有公共对称中心线时，才可以出现不完整要素。这时，应以对称中心线或轴线为界，各画一半，如图 6-18（b）所示。

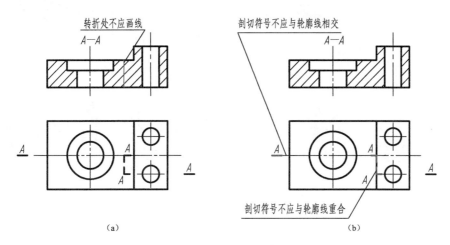

图 6-17　平行剖切面获得剖视图注意点（一）

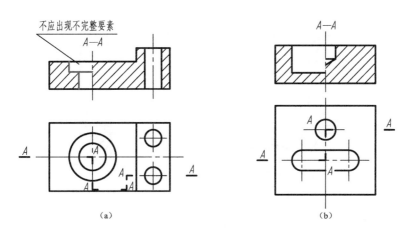

图 6-18　平行剖切面获得剖视图注意点（二）

3. 几个相交的剖切面

用几个相交的剖切面（交线垂直于某一投影面）剖开机件。当机件在整体结构上有明显的旋转轴线，而需表达的结构又必须用几个剖切面剖切，剖切面的交线能通过这轴线时，常用此类剖切面剖切。如用于表达轮、盘机件上的一些孔、槽等结构。

画图时，应使剖切平面的交线与机件的回转轴线重合，将机件被剖切到的倾斜部分结构旋转到与选定的投影面平行，再进行投射画图，如图 6-19 所示。

用相交的剖切平面剖切画剖视图应标注剖切符号、箭头及视图名称。并应注意：

（1）几个相交的剖切面应同时垂直于某一基本投影面，并采用旋转或展开的方法绘制剖视图。

（2）在剖切平面后的其他结构形状一般按原来位置投射画出，如图 6-19 所示。

图 6-20 中的剖视图采用了展开画法。

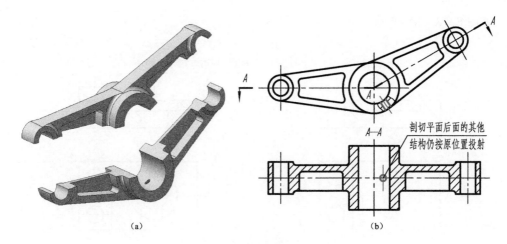

图 6-19　两相交剖切平面剖切

(*a*) 立体图；(*b*) 投影图

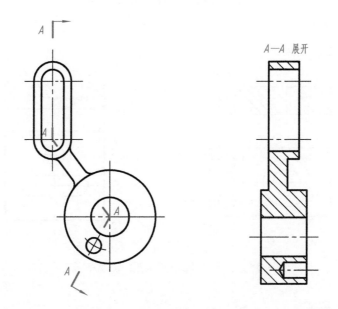

图 6-20　多个相交的剖切平面剖切

第三节　断　面　图

一、断面图的概念

假想用剖切面将机件某处切断，仅画出剖切面与机件接触部分的图形，称为断面图，简称断面，如图 6-21 所示。

断面图常用于表达机件上的肋板、轮辐、键槽、小孔、型材等的断面形状。

根据断面图配置在视图中的位置，断面图分为移出断面和重合断面两种。

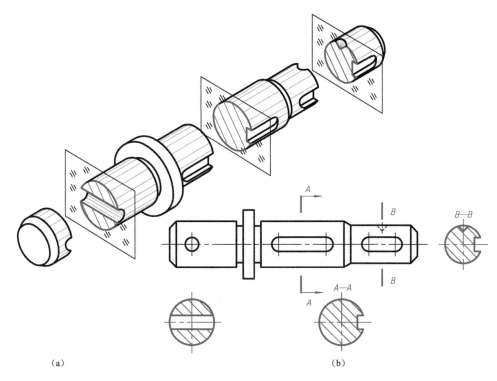

图 6-21　断面图的概念

(a) 立体图；(b) 视图及断面图

二、移出断面图

1. 移出断面图的画法

(1) 移出断面图画在视图之外，轮廓线用粗实线绘制。

(2) 移出断面图可画在剖切平面延长线上，如图 6-21 (b) 左边的断面图所示；可画在基本视图的位置，如图 6-21 (b) 中"B—B"所示；可画在视图中间断开处，如图 6-22 (a) 所示；以及其他适当位置上，如图 6-21 (b) 中"A—A"所示。

(3) 由两个或多个剖切平面剖切机件得到的移出断面图，中间一般应断开绘制，如图 6-22 (b) 所示。

(4) 当剖切平面通过回转面形成的孔或凹坑的轴线时，断面图中的这些结构按剖视图画出，如图 6-22 (c) 所示。

(5) 当剖切平面通过非圆孔，会导致出现完全分离的两个断面时，则这些结构应按剖视图绘制，在不致引起误解时，允许将图形旋转，如图 6-22 (d) 所示。

2. 移出断面图的标注

移出断面图的标注省略与否，视断面图的所在位置及其图形本身是否对称而定。

(1) 完整标注。配置在任意位置的不对称断面图，如图 6-21 (b) 中"A—A"所示。

(2) 全部省略。配置在视图中断处及配置在剖切平面迹线延长线上的对称断面图，均不必标注，如图 6-22 (a)、(b) 所示。

(3) 省略箭头。配置在视图位置的断面图，不论图形对称与否均可省略箭头，如图 6-22 (c) 中"A—A"所示。

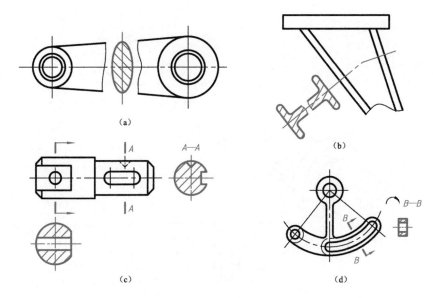

图 6-22　移出断面图的画法与标注
(a) 断面图画在视图中断处；(b) 断面图画在剖切面延长线上；(c) 断面图按投影关系配置；(d) 断面图旋转配置

（4）省略字母。配置在剖切平面延长线上的断面图，不论图形对称与否均可省略字母，如图 6-22（c）下面的断面图所示。

（5）经旋转后画出的断面图，须加注旋转符号，如图 6-22（d）中"⌒B—B"所示。

三、重合断面图

1. 重合断面图的画法

重合断面图画在视图之内，断面图轮廓线用细实线绘制。当视图轮廓线与断面图轮廓线重叠时，视图轮廓线应完整画出，不可间断，如图 6-23 所示。

2. 重合断面图的标注

重合断面图图形对称时省略标注，如图 6-23（a）所示。图形不对称时可省略字母，如图 6-23（b）所示。

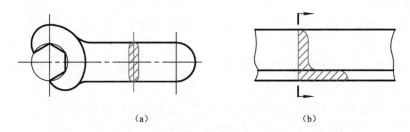

图 6-23　重合断面图的画法与标注
(a) 重合断面对称省略标注；(b) 重合断面不对称省略字母

第四节　局部放大图和其他表达方法

一、局部放大图

用大于原图形的比例画出机件上较小部分结构的图形，称为局部放大图，如图 6-24 所示。

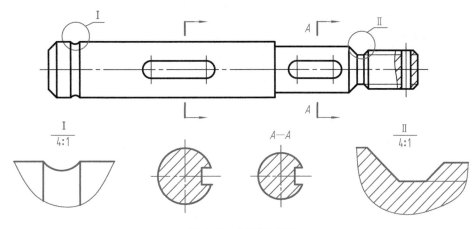

图 6-24　局部放大图

局部放大图可以画成视图、剖视图或断面图，它与被放大部位的表达方法及原比例无关。

被放大部位用细实线圈出，如有多处需要放大，则应引出相应编号。局部放大图应尽量配置在被放大部位的附近，上方应标注所采用的比例及被放大部位的编号（用罗马数字表示），比例及编号间用细实线隔开。

二、规定画法和简化画法

为了简化作图、提高绘图效率，在不妨碍将机件的形状表达完整、清晰的前提下，对机件的某些结构在图形表达上进行简化。现将一些常用的规定画法和简化画法介绍如下：

1. 肋、轮辐及薄壁的画法

对于机件上的肋、轮辐及薄壁等如按纵向剖切，这些结构都不画剖面符号，可用粗实线将它与邻接部分分开，如图 6-25 所示。

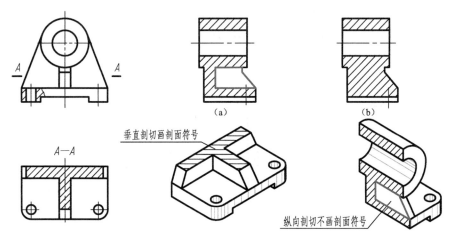

图 6-25　肋板的剖切画法

（a）正确；（b）错误

2. 均匀分布的肋板和孔的画法

当机件回转体上均匀分布的孔、肋和轮辐等结构不处于剖切平面上时，可将这些结构旋转到剖切平面上画出，如图 6-26 所示。圆柱形法兰盘上均匀分布的孔可按图 6-27 绘制。

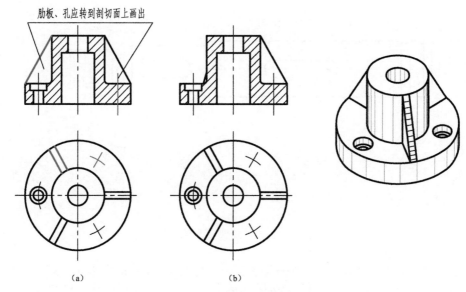

图 6-26　均布肋板、孔的剖切画法

（a）正确；（b）错误

3. 相同结构要素的画法

当机件上有相同的结构要素（如孔、槽等）并按一定规律分布时，只需画出几个完整的结构，其余的可用细实线连接，或用点画线表示其中心位置，并在图中注明其总数，如图 6-28 所示。

4. 断开画法

较长的机件（如轴、杆、型材等）沿长度方向的形状相同或按一定规律变化时，可断开后缩短绘制，断开后的结构应按实际长度标注尺寸。断裂边界用波浪线、细双点画线或双折线绘制，如图 6-29 所示。

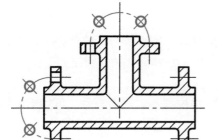

图 6-27　圆柱形法兰上均布孔的简化画法

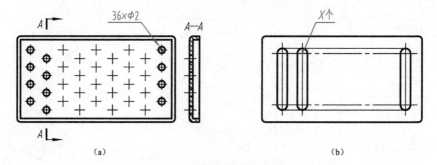

图 6-28　相同要素的简化画法

5. 较小结构的画法

（1）回转体上的孔、键槽等较小结构产生的表面交线，其画法允许简化成直线，但必须有一个视图能表达清楚这些结构的形状，如图 6-30（a）主视图所示。

（2）与投影面倾斜角度小于或等于 30°的圆或圆弧，其投影可用圆或圆弧代替，如图 6-30（b）所示。

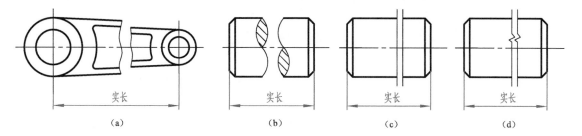

图 6-29 较长机件断开画法

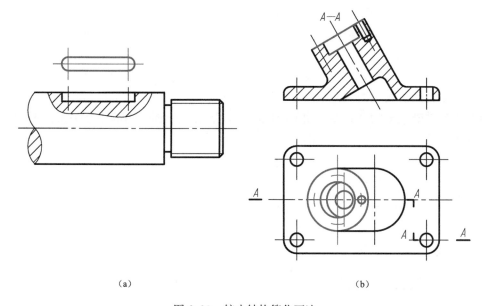

（a）   （b）

图 6-30 较小结构简化画法

6. 其他简化画法

（1）机件表面的滚花、网状物等不必画全，可在图上或技术要求中注明具体要求，如图 6-31（a）所示。

（2）机件表面上的平面，如果没有其他视图表达清楚时，可用平面符号（相交的两细实线）表达该平面，如图 6-31（b）所示。

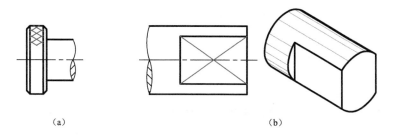

（a）   （b）

图 6-31 其他简化画法

第五节　第三角投影法简介

根据国家标准 GB/T 17451—1998《技术制图　图样画法　视图》规定，我国工程图样按正投影绘制，并优先采用第一角投影，而美国、英国等其他国家采用第三角投影。为了便于国际间交流，对第三角投影原理及画法作简要介绍。

一、第三角投影基本知识

本书第二章中介绍三面投影体系是由三个互相垂直的投影面 V、H、W 将空间分为八个区域，每个区域称为一个分角，若将物体放在 H 面之上，V 面之前和 W 面之左进行投射，则称为第一角投影。若将物体放在 H 面之下，V 面之后 W 面之左进行投射，则称第三角投影，如图 6-32（a）所示。

在第一角投影中，物体放置在观察者与投影面之间，形成人—物—面的相互关系，得到的三视图是主视图、俯视图和左视图。在第三角投影中，投影面位于观察者和物体之间，如同观察者隔着玻璃观察物体并在玻璃上绘图一样，形成人—面—物的相互关系，得到的三视图是前视图、顶视图和右视图，如图 6-32（b）所示。

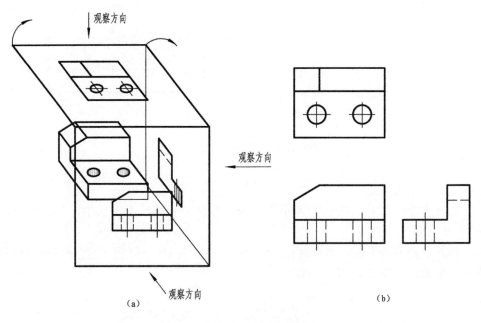

图 6-32　第三角投影及三视图
(a) 立体图；(b) 投影图

二、基本视图的配置

如同第一角投影一样，第三角投影也可以从物体的前、后、上、下、左、右六个方向，向基本投影面投射得到六个基本视图，它们分别是前视图、后视图、顶视图、底视图、左视图和右视图，展开后各基本视图的配置如图 6-33 所示。

第三角投影法仍采用正投影，故"长对正、高平齐、宽相等"的投影规律仍然适用。

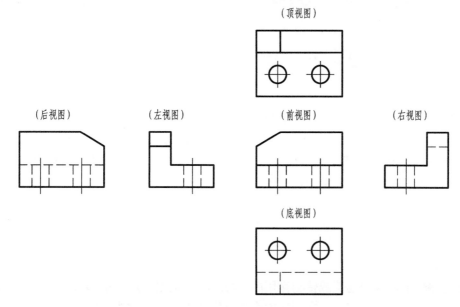

图 6-33 第三角投影中六个基本视图的配置

为了说明图样采用第三角画法或第一角画法，可在图样上用特征标记加以区别。特征标记如图 6-34 所示。

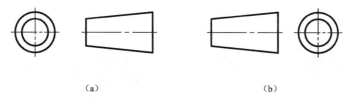

图 6-34 特征标记

(a) 第三角画法标记；(b) 第一角画法标记

第七章 标准件和常用件

在机器或仪器中，一些大量使用的机件，如螺栓、螺柱、螺钉、螺母、垫圈、键、销、滚动轴承等应用广泛，它们的结构、尺寸、规格、标记和技术要求均已标准化，系列化，这类机件称为标准件。另有一些零件，如齿轮、弹簧等，它们的部分参数已标准化，称为常用件。

本章将分别介绍标准件、常用件的规定画法及其标记规则。

第一节 螺纹及螺纹紧固件

一、螺纹的基本要素

螺纹是零件上用来起连接或传动作用的一种结构。根据螺旋线的形成原理，在圆柱外表面上所形成的螺纹称为外螺纹，在圆柱内表面上所形成的螺纹称为内螺纹。内、外螺纹总是成对使用。

1. 牙型

在通过回转体轴线的断面上，螺纹断面轮廓的形状称为螺纹牙型。常见的螺纹牙型有三角形、梯形、锯齿形等，如图 7-1 所示。

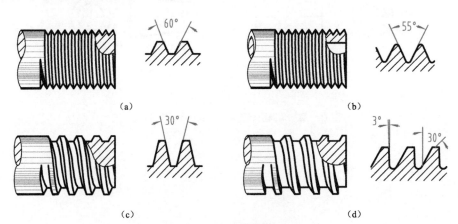

图 7-1　常用标准螺纹牙型

(a) 三角形螺纹；(b) 英制管螺纹；(c) 梯形螺纹；(d) 锯齿形螺纹

2. 直径

外螺纹牙顶圆和内螺纹的牙底圆直径为螺纹的大径，分别以 d 和 D 表示；外螺纹的牙底圆和内螺纹的牙顶圆直径为螺纹的小径；分别以 d_1 和 D_1 表示，在大径和小径之间，母线通过牙型上沟槽和凸起宽度相等处的假想圆柱面的直径，称为中径，分别以 d_2 和 D_2 表示，如图 7-2 所示。

3. 线数

螺纹有单线和多线之分。沿一条螺旋线所形成的螺纹称为单线螺纹；沿两条或两条以上，在轴向等距分布的螺旋线所形成的螺纹称为双线或多线螺纹。

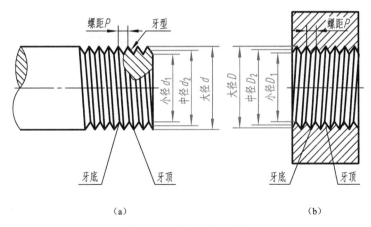

图 7-2 螺纹直径和螺距

(a) 外螺纹直径；(b) 内螺纹直径

4. 螺距（P）、导程（P_h）

螺纹相邻两牙在中径线上对应两点间的轴向距离称为螺距，以 P 表示，如图 7-2 所示；在同一条螺旋线上相邻两牙在中径线上对应两点间的轴向距离，称为导程，以 P_h 表示；单线螺纹 $P_h = P$，多线螺纹 $P_h = nP$。

5. 旋向

螺纹的旋向分右旋和左旋。顺时针旋转时旋入的螺纹称为右旋螺纹；逆时针旋转时旋入的螺纹称为左旋螺纹。

螺纹旋合连接的条件是：螺纹五要素均相同。

二、螺纹的规定画法

GB/T 4459.1—1995《机械制图　螺纹及螺纹紧固件表示法》规定了螺纹及螺纹紧固件在图样中的表达方法。

1. 外螺纹的规定画法

如图 7-3（a）所示，在投影为非圆的视图上，螺纹的大径用粗实线表示；螺纹的小径用细实线表示，小径约是大径的 0.85，螺纹小径画到倒角或倒圆内；当外螺纹终止线处被剖开时，螺纹终止线画到小径处［见图 7-3（b）］。在投影为圆的视图中，大径用粗实线画整圆，小径用细实线画约 3/4 圈，螺纹端部的倒角投影省略不画。

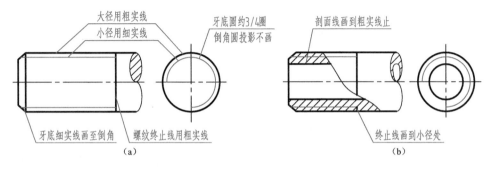

图 7-3　外螺纹的规定画法

(a) 圆柱外螺纹；(b) 圆筒外螺纹

2. 内螺纹的规定画法

如图 7-4 所示，在投影为非圆的视图上，画剖视图时，螺纹大径用细实线绘制，小径用粗实线绘制，螺纹终止线用粗实线绘制，剖面线画到小径的粗实线为止，如图 7-4（a）所示。当内螺纹不可见时，所有图线全部用虚线绘制，如图 7-4（c）所示。在投影为圆的视图上，小径用粗实线画整圆，大径用细实线画约 3/4 圈，螺纹端部的倒角圆省略不画，如图 7-4（b）所示。

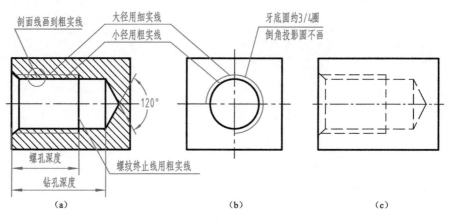

图 7-4　内螺纹的规定画法
（a）剖视图；（b）端面视图；（c）未剖视图

在绘制不穿通的螺孔时，钻孔深度和螺孔深度应分别画出。钻孔深度应大于螺纹深 $0.5D$，钻孔底部顶角画成 $120°$，如图 7-4（a）所示。

3. 螺纹连接的规定画法

内外螺纹旋合在一起，称为螺纹连接。内外螺纹旋合一般画成剖视图，旋合部分按外螺纹的画法绘制，其余部分仍按各自的画法表示，如图 7-5 所示。因为只有螺纹五要素相同的螺纹才能旋合，所以绘图时应注意表示内、外螺纹大、小径的粗、细实线应分别对齐。

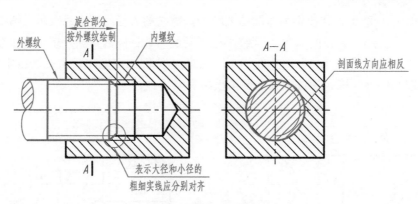

图 7-5　螺纹连接的画法

三、螺纹的规定标注

图样中螺纹采用了规定画法，无法表示其种类和要素，国家标准规定应在图上注出标准螺纹的相应代号以区别不同类型和规格的螺纹。

国家标准规定普通螺纹、梯形螺纹、锯齿形螺纹代号标注顺序和格式为：

$$\boxed{特征代号}-\boxed{尺寸代号}-\boxed{公差带代号}-\boxed{旋合长度}-\boxed{旋转方向}$$

各项说明如下：

（1）螺纹的特征代号见表 7-1。

（2）尺寸代号单线螺纹标注"公称直径×螺距"，螺纹的公称直径为螺纹大径，普通螺纹的螺距有粗牙和细牙之分，粗牙普通螺纹不标螺距，细牙普通螺纹必须标注螺距；对双线或多线螺纹标注"公称直径×导程"。

（3）螺纹公差带代号表示尺寸的误差范围，由公差等级数字和基本偏差代号组成。大写字母表示内螺纹，小写字母表示外螺纹。公差带代号由中径和顶径公差带组成，两公差带相同时只标注一个代号。

（4）旋合长度有短（用 S 表示）、中（用 N 表示）、长（用 L 表示）之分，中等旋合长度可省略"N"。

（5）右旋螺纹不标注旋向，左旋螺纹标注旋向标代号"LH"。

表 7-1　　　　　　　　　　　　　　　螺纹标注示例

螺纹种类	标注内容和方式	图例	标注说明
普通螺纹 M	M10-5g6g-S 旋合长度代号 中、顶径公差带代号 公称直径 特征代号	M10-5g6g-S	粗牙普通外螺纹 公称直径为 10mm；中径公差带代号为 5g，顶径公差带代号为 6g；旋向为右旋；旋合长度为短旋合长度
	M10-7H-L-LH 旋合长度代号 中、顶径公差带代号 旋向 公称直径 特征代号	M10LH-7H-L	粗牙普通内螺纹 公称直径为 10mm；中、顶径公差带代号均为 7H；旋向为左旋；旋合长度为长旋合长度
	M10×1.5-5g6g-S 旋合长度代号 中、顶径公差带代号 螺距 公称直径 特征代号	M10×1.5-5g6g-S	细牙普通外螺纹 公称直径为 10mm；螺距为 1.5mm；中径公差带代号为 5g，顶径公差带代号为 6g；旋向为右旋；旋合长度为短旋合长度
梯形螺纹 Tr	Tr40×7-7e 公差带代号 螺距 公称直径 特征代号	Tr40×7-7e	单线梯形螺纹 公称直径为 40mm；螺距为 7mm；中径公差带代号为 7e；旋向为右旋；旋合长度为中旋合长度
	Tr40×14(P7) LH-7c 公差带代号 旋向 螺距 导程 公称直径 特征代号	Tr40×14(P7)LH-7c	多线梯形螺纹 公称直径为 40mm；导程为 14mm，螺距为 7mm；中径公差带代号为 7c；旋向为左旋；旋合长度为中旋合长度

续表

螺纹种类	标注内容和方式	图例	标注说明
非螺纹密封的管螺纹 G	G1/2 — 尺寸代号 — 特征代号	G1/2	非螺纹密封圆柱内螺纹 尺寸代号为 1/2；旋向为右旋；内螺纹公差等级只有一种，不需标注
	G1/2 A — 外螺纹公差带等级代号 — 尺寸代号 — 特征代号	G1/2A	非螺纹密封圆柱外螺纹 尺寸代号为 1/2；螺纹公差带等级为 A；旋向为右旋。外螺纹公差等级有 A、B 两种

四、常用螺纹紧固件的规定画法和标注

常用的螺纹紧固件有：螺栓、双头螺柱、螺钉、螺母和垫圈等。在工程图样中选择这些紧固件时，不需画零件图，但需要写出规定的标记，便于外购。GB/T 1237—2000《紧固件标记方法》规定了螺纹紧固件的标记方法，常用的螺纹紧固件的规定标记与比例画法见表 7-2。

表 7-2　　　　　　　　　　　常用螺纹紧固件的画法

名称及国标号	图例	规定标记示例	说明
六角头螺栓 A 级或 B 级 GB/T 5782—2016	M12　50	螺栓 GB/T 5782 M12×50	表示 A 级六角头螺栓，螺纹规格 M12，公称长度 $l=50$mm
双头螺柱 ($b_m=d$) GB/T 897—1988	M12　40	螺柱 GB/T 897 M12×40	表示 B 型双头螺柱，两端均为粗牙普通螺纹，规格是 M12，公称长度 $l=40$mm
开槽沉头螺钉 GB/T 68—2016	M12　50	螺钉 GB/T 68 M12×50	表示开槽沉头螺钉，螺纹规格是 M12，公称长度 $l=50$mm
开槽平端紧定螺钉 GB/T 73—2017	M12　35	螺钉 GB/T 73 M12×35	表示开槽平端紧定螺钉，螺纹规格是 M12，公称长度 $l=35$mm
1 型六角螺母 A 级和 B 级 GB/T 6170—2015	M12	螺母 GB/T 6170　M12	表示 A 级 1 型六角头螺母，螺纹规格是 M12

续表

名称及国标号	图例	规定标记示例	说明
标准型弹簧垫圈 GB 93—1987		螺母 GB 93-20	20 表示标准弹簧垫圈的规格（螺纹大径）是 20mm
平垫圈 A 级 GB/T 97.1—2002		垫圈 GB/T 97.1　12	表示 A 级平垫圈，公称尺寸（螺纹规格）12mm

五、螺纹紧固件的连接画法

1. 基本规定

在螺纹紧固件的连接画法中，两零件的接触表面画一条线，不接触表面画两条线；两零件相邻时，不同零件的剖面线方向应相反或方向相同而间隔不等。同一零件在各剖视图上的剖面线方向、角度和间隔必须一致；对于螺纹紧固件，若剖切面通过它们的轴线时，则这些零件按不剖绘制。当剖切面垂直轴线时，在其断面上需绘制剖面线。

2. 螺栓连接画法

螺栓连接由螺栓、垫圈、螺母组成，常用于连接两个不太厚并允许钻成通孔的零件，螺栓连接中各零件的画法及螺栓、螺母、垫圈的比例画法如图 7-6（a）所示。螺栓连接的画法如图 7-6（b）所示。

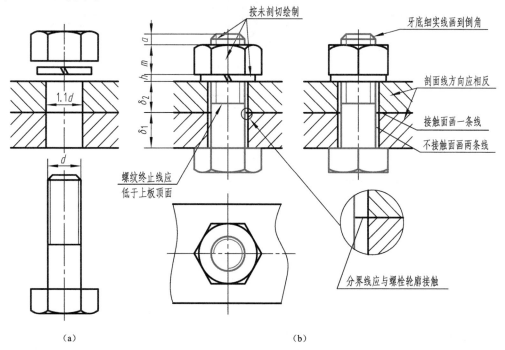

图 7-6　螺栓连接画法
（a）螺栓连接中各零件的画法；（b）螺栓连接的画法

画螺栓连接图时应注意以下几点：

（1）为了保证总装配工艺合理，被连接件上钻有略大于螺杆直径的通孔〔画图时取孔径＝$1.1d$，如图 7-6（a）所示〕。

（2）螺栓螺纹长度应按下式计算：

螺栓长度（l）≈被连接零件的总厚度（$\delta_1+\delta_2$）＋垫圈厚度（h）＋螺母厚度（m）＋螺栓伸出螺母的长度（$0.3\sim0.4$）d

根据上式算出的螺栓长度，再从相应的螺栓标准所规定的长度系列中选取接近的标准长度。

3. 螺柱连接画法

当被连接的两个零件中有一个较厚，不允许钻成通孔或因拆卸频繁不宜用螺钉时可用螺柱连接。螺柱的两端均制有螺纹，一端为旋入端，全部旋入螺孔内；另一端为紧固端。被连接的较厚零件加工螺孔，另一零件加工通孔。双头螺柱连接中各零件的画法及螺柱、螺母、垫圈的比例画法如图 7-7（a）所示。双头螺柱连接的画法如图 7-7（b）所示。

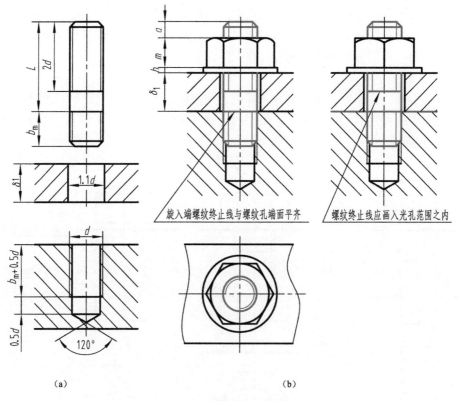

图 7-7　螺柱连接画法

(a) 螺柱连接各零件的画法；(b) 螺柱连接的画法

4. 螺钉连接画法

螺钉连接常用在受力不太大且不经常拆卸的地方，它不需用螺母，而是将螺钉直接拧入螺孔。图 7-8（a）所示为沉头螺钉的连接画法，图 7-8（b）所示为紧定螺钉的连接画法。

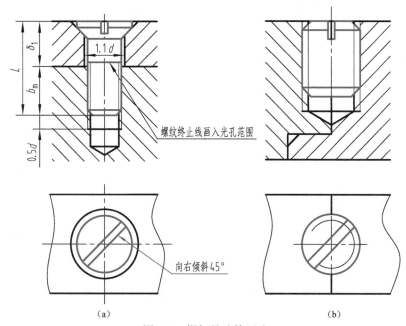

螺纹终止线画入光孔范围

1.1d

向右倾斜45°

（a） （b）

图 7-8 螺钉的连接画法

（a）沉头螺钉连接画法；（b）紧定螺钉连接画法

第二节 齿 轮

齿轮是机械传动中广泛使用的传动零件，用来传递动力，改变转速和回转方向。根据传动的情况，齿轮可分为以下三类：

圆柱齿轮——用于两轴平行时的传动，如图 7-9（a）所示；

圆锥齿轮——用于两轴相交时的传动，如图 7-9（b）所示；

蜗轮蜗杆——用于两轴交叉时的传动，如图 7-9（c）所示。

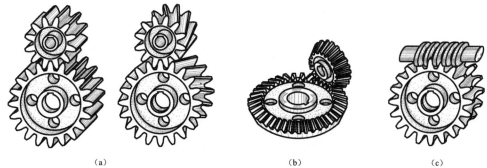

（a） （b） （c）

图 7-9 常见的齿轮传动

（a）圆柱齿轮；（b）圆锥齿轮；（c）蜗轮和蜗杆

本节主要介绍直齿圆柱齿轮的基本参数和规定画法。

一、标准直齿圆柱齿轮各部分的名称及尺寸关系（见图 7-10）

（1）齿顶圆。通过齿轮轮齿顶部的圆称为齿顶圆，其直径以 d_a 表示。

（2）齿根圆。通过轮齿根部的圆，称为齿根圆，其直径以 d_f 表示。

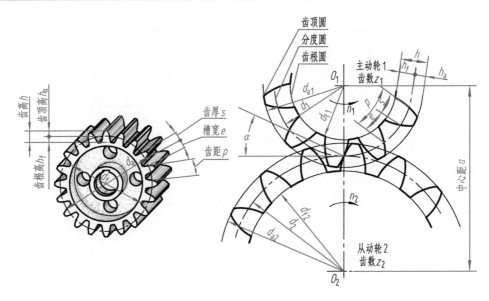

图 7-10　圆柱齿轮各部分名称和代号

（3）分度圆。设计和加工计算时的基准圆，对标准齿轮来说是齿厚与齿间相等时所在位置的圆称为分度圆，其直径以 d 表示。

（4）齿高。齿顶圆与齿根圆之间的径向距离称为齿高，以 h 表示。齿顶圆与分度圆之间的径向距离称为齿顶高，以 h_a 表示。分度圆与齿根圆之间的径向距离称为齿根高，以 h_f 表示。齿高是齿顶高与齿根高之和，即 $h=h_a+h_f$。

（5）齿距。分度圆上相邻两齿对应点之间的弧长称为齿距，以 p 表示。

（6）模数。模数是设计、制造齿轮的一个重要参数。如齿轮的齿数 z 已知，则分度圆的周长 $\pi d=zp$，为了计算和测量方便。

令 $m=\dfrac{p}{\pi}$，式中 m 称为模数，是设计和制造时的重要参数。

在齿数一定情况下，m 越大，其分度圆直径就越大，轮齿也越大，齿轮的承载能力也越大。

（7）压力角。两相啮合的轮齿齿廓在接触点 p 处的公法线与分度圆公切线的夹角，称为压力角，用 α 表示。我国标准齿轮的压力角为 $20°$。

只有模数和压力角相等的齿轮，才能正确啮合。

标准直齿圆柱齿轮各部分的尺寸代号及计算公式见表 7-3。

表 7-3　　　　　　　　　　标准直齿圆柱齿轮各部分的尺寸代号及计算公式

名称	代号	说明	计算公式
模数	m	基本几何要素	由设计给定
齿数	z	基本几何要素	由设计给定
齿顶圆直径	d_a	通过轮齿顶部的圆周直径	$d_a=d+2h_a=m(z+2)$
齿根圆直径	d_f	通过轮齿根部的圆周直径	$d_f=d-2h_f=m(z-2.5)$
分度圆直径	d	齿轮尺寸计算的基准	$d=mz$
齿顶高	h_a	分度圆到齿顶圆的径向距离	$h_a=m$

名称	代号	说明	计算公式
齿根高	h_f	分度圆到齿根圆的径向距离	$h_f = 1.25m$
齿高	h	齿顶高与齿根高之和	$h = h_a + h_f = 2.25m$
齿距	p	分度圆上相邻两齿间对应点的弧长	$p = \pi m$
中心距	a	啮合圆柱齿轮轴线间距离	$a = (d_1 + d_2)/2 = m(z_1 + z_2)$

二、单个圆柱齿轮的规定画法

国家标准 GB/T 4459.2—2003《机械制图 齿轮表示法》规定了齿轮的画法。单个圆柱齿轮的画法如图 7-11 所示。

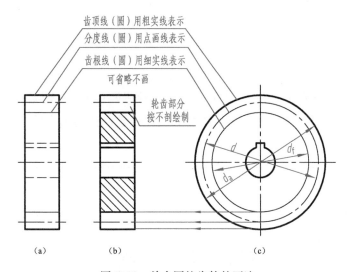

图 7-11 单个圆柱齿轮的画法

(a) 视图画法；(b) 剖视画法；(c) 端面画法

（1）在视图中，齿顶圆和齿顶线用粗实线绘制；齿根圆和齿根线用细实线绘制，也可省略不画；分度圆和分度线用点画线绘制，如图 7-11 (a)、(c) 所示。

（2）在剖视图中，当剖切平面通过齿轮的轴线时，轮齿部分按不剖绘制，齿根线用粗实线绘制，如图 7-11 (b) 所示。

三、齿轮啮合的画法

两标准齿轮相互啮合时，两分度圆相切。非啮合区均按单个齿轮的画法绘制，啮合区的画法如图 7-12 所示。

国家标准中对齿轮啮合画法规定如下：

（1）在平行于轴线的投影面的剖视图中，当剖切平面通过两啮合齿轮的轴线进行剖切时，啮合区内两分度线重合，用点画线画出。一般把主动齿轮的齿顶线用粗实线绘制，从动齿轮的齿顶线用虚线绘制。两个齿轮的齿根线均用粗实线绘制，如图 7-12 (a) 所示。

（2）在垂直于轴线的投影面视图上分度圆相切，齿顶圆在啮合区内均用粗实线画出或省略不画，齿根圆用细实线画出或省略不画，如图 7-12 (b)、(c) 所示。

（3）在平行于轴线投影面的视图中，啮合区内的齿顶线不需画出，而分度线用粗实线表示，如图 7-12 (d) 所示。

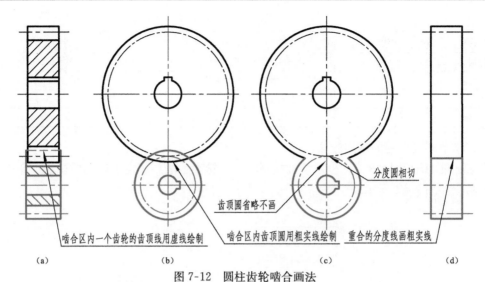

（a）   （b）   （c）   （d）

图 7-12　圆柱齿轮啮合画法

（a）剖视画法；（b）端面画法（一）；（c）端面画法（二）；（d）视图画法

图 7-13 是齿轮的零件图。齿轮零件图中除了按规定画法绘出齿轮的图形外，还必须标注出齿顶圆直径和分度圆直径尺寸。对模数 m、齿数 z 及其他必要的数据需列表说明。

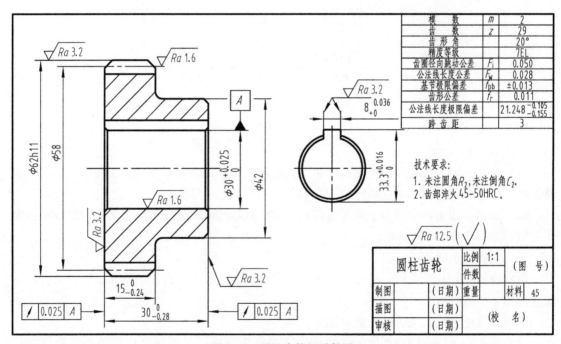

模　　数	m	2
齿　　数	z	29
齿　形　角		20°
精度等级		7EL
齿圈径向跳动公差	F_i	0.050
公法线长度公差	F_w	0.028
基节极限偏差	f_{pb}	±0.013
齿形公差	f_f	0.011
公法线长度极限偏差		$21.248^{-0.105}_{-0.155}$
跨　齿　距		3

技术要求：
1. 未注圆角 R_2，未注倒角 C_2。
2. 齿部淬火 45-50HRC。

圆柱齿轮		比例	1:1	（图　号）
		件数		
制图	（日期）	重量		材料　45
描图	（日期）			（校　名）
审核	（日期）			

图 7-13　圆柱齿轮的零件图

第三节　键　和　销

键和销都是标准件。它们的结构形式和尺寸，均可以从相关标准中查阅。

一、键连接

键用于连接轴和安装在轴上的零件（如齿轮、带轮等），使它们一起转动，起传递转矩的作用。

1. 常用键及标记

常用的键有普通平键、半圆键和钩头楔键。每一种形式的键，都有一个标准号和规定的标记，见表 7-4。选用时，根据传动情况确定键的形式，根据轴径查标准手册，选定键宽 b 和键高 h，再根据轮毂长度选定长度 L 的标准值。

表 7-4   常 用 键 的 标 记

名称及标准	图例	标记示例	说明
普通平键A型 GB/T 1096—2003		GB/T 1096 键 10×8×36	A 极普通平键，键宽 $b=$ 10mm，键高 $h=$ 8mm，有效长度 $L=$ 36mm
半圆键 GB/T 1099.1—2003		GB/T 1099.1 键 6×10×22	半圆键，键宽 $b=$ 6mm，键高 $h=$ 10mm，直径 $d=$ 22mm
钩头楔键 GB/T 1565—2003		GB/T 1565 键 18×11×100	钩头楔键，键宽 $b=$ 18mm，键高 $h=$ 11mm，有效长度 $L=$ 100mm

2. 普通平键连接

键连接时，应在轴和轮毂上加工键槽，轴和轮毂上的键槽是标准结构，如图 7-14 (a)、(b) 所示，它的尺寸根据轴径查阅 GB/T 1095—2003《平键 键槽的剖面尺寸》。

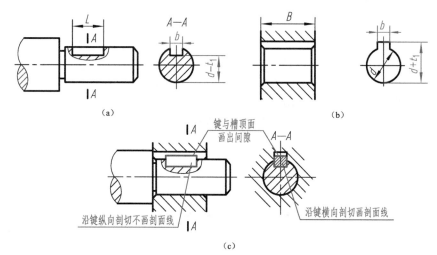

（a）轴上键槽结构；（b）轮毂上键槽结构；（c）平键连接轴和轮毂

图 7-14 普通平键连接画法

普通平键的两侧面为工作面，连接时与轴和轮毂的键槽侧面接触；键的底面也与轴上键槽底面接触，绘制连接图时，这些接触的表面均应画成一条线。键的顶面与轮毂顶面之间不接触，应画两条线表示其间隙，如图 7-14（c）所示。

半圆键与钩头楔键连接的画法可查阅国家标准，此处略。

二、销连接

常用的销有圆柱销、圆锥销和开口销，见表 7-5。前两种销主要用于零件间的连接或固定，后一种销用来防止螺母松动。

表 7-5　　　　　　　　　　　　　常 用 销 的 标 记

名称及标准	图例	标记示例	说明
圆柱销 销GB/T 119.1—2000		销 GB/T 119.1 B6×32	圆柱销，B 型，公称直径 d=6mm，公称长度 l=32mm
圆锥销 销GB/T 117—2000		销 GB/T 117 A6×30	圆锥销，A 型，公称直径 d=6mm，公称长度 l=30mm
开口销 销GB/T 91—2000		销 GB/T 91 5×32	开口销，公称规格（开口销孔直径）d=5mm，公称长度 l=32mm

圆柱销与圆锥销的连接画法如图 7-15（a）、（b）所示。

绘制销连接图时应注意：

（1）当剖切面沿销的轴线剖切时，销按不剖绘制。

（2）用销连接和定位的两个零件上的销孔，通常是一起加工的。在零件图上应当注写"装配时作"或"与××配件作"，如图 7-15（c）所示。

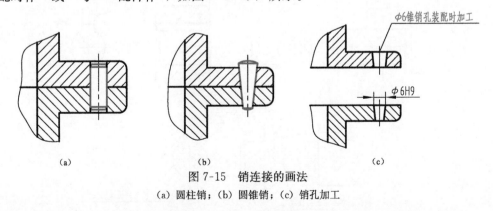

图 7-15　销连接的画法
（a）圆柱销；（b）圆锥销；（c）销孔加工

第四节 滚 动 轴 承

滚动轴承是支承旋转轴的组件，因其具有结构紧凑、摩擦阻力小、转动灵活、使用寿命长等特点，在机械设备中被广泛应用。

一、滚动轴承的画法

滚动轴承种类很多，但其结构大致相同，通常由外圈、内圈、滚动体及保持架组成。

滚动轴承是标准件，一般不需画零件图。当在装配图中需要较详细地表示滚动轴承的主要结构时，可采用规定画法、特征画法。

表 7-6 列出了常用滚动轴承的结构特征和规定画法、特征画法。

表 7-6　　　　　　　　　　　　　　　　常用滚动轴承的画法

轴承名称和代号	主体图	主要数据	规定画法	特征画法
深沟球轴承 GB/T 276—2013 60000 型	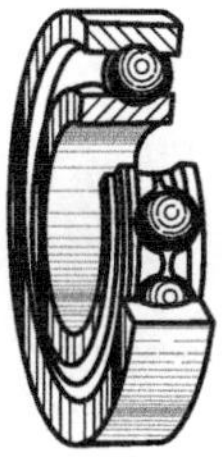	D d B	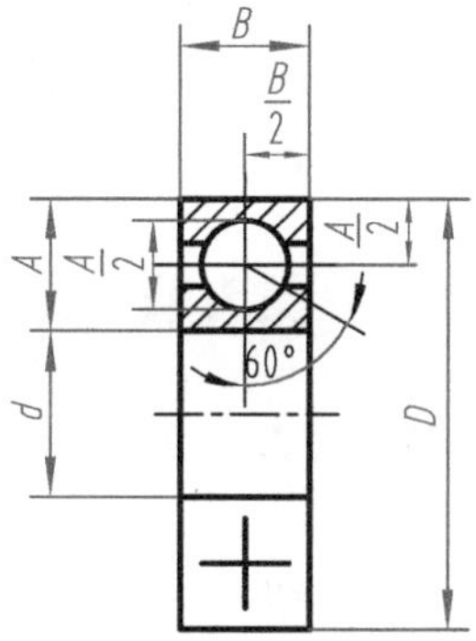	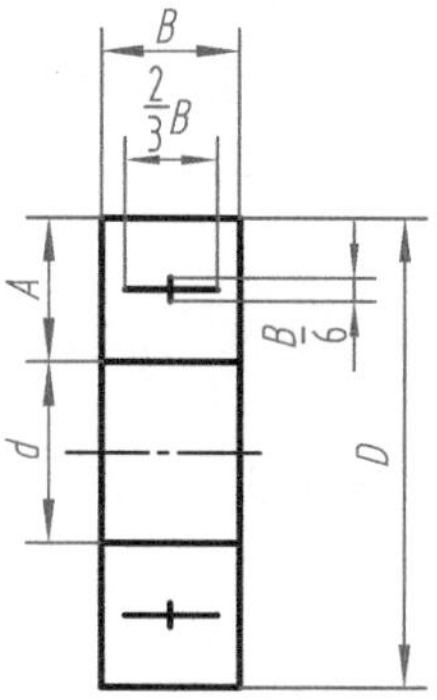
圆锥滚子轴承 GB/T 297—2015 30000 型	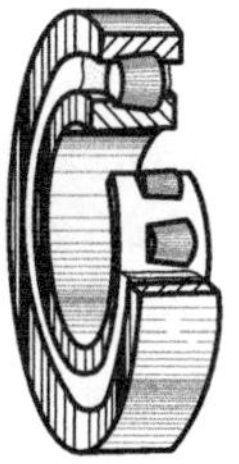	D d B T C	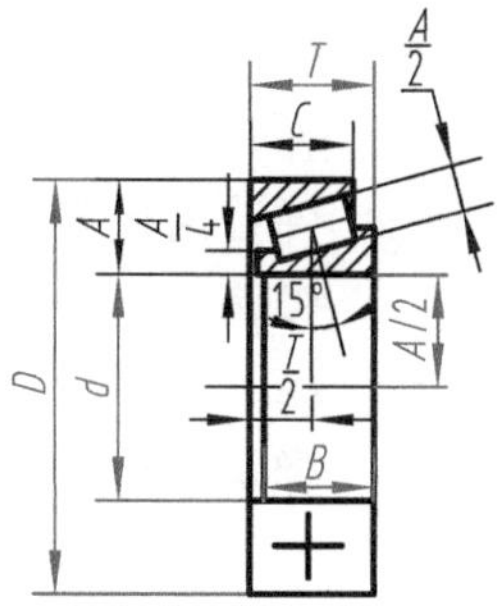	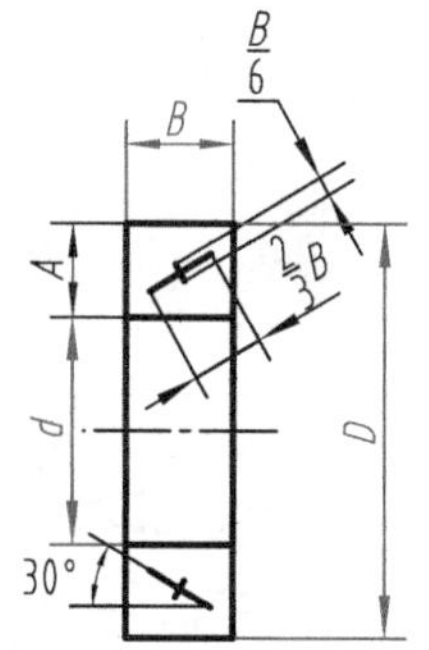
推力球轴承 GB/T 301—2015 51000 型	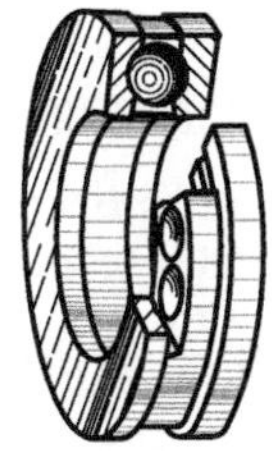	D d T	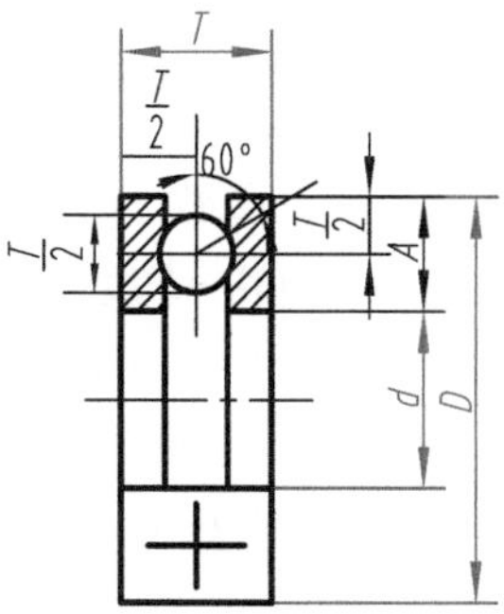	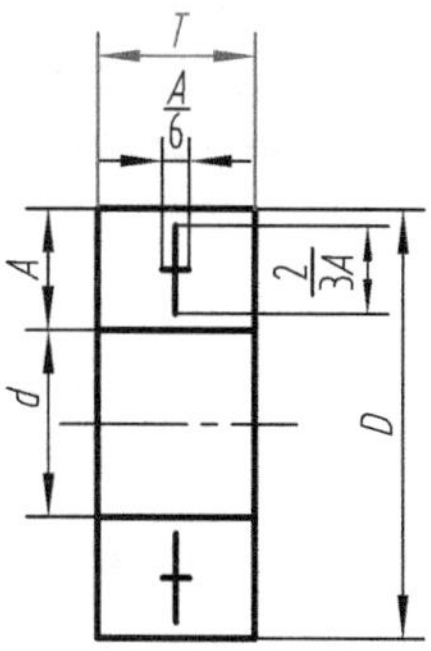

二、滚动轴承的代号及标记

滚动轴承的代号由基本代号、前置代号和后置代号构成，其排列如下：

　　　前置代号　　　　　基本代号　　　　　后置代号

轴承代号中，一般只标注基本代号。前置、后置代号是当滚动轴承的结构形状、尺寸和技术要求有改变时，在基本代号前后添加的补充代号。本章仅介绍基本代号的相关内容，补充代号的内容可由 GB/T 272—2017 查得。

基本代号一般由 5 位数字组成，它们的含义为：右数第 1、2 位数字表示轴承内径（当此两位数＜04 时，如 00、01、02、03 分别表示内径 $d=10$、12、15、17mm；当此两位数＞04 时，用此数乘以 5 即为滚动轴承内径）。右起第三位数字表示轴承直径系列，右起第四位数字表示轴承的宽度系列（如 2 为轻窄、3 为中窄、4 为重窄）。右起第五位数字为轴承的类型代号，如 6 为深沟球轴承（可省略不写），7 为圆锥滚子轴承，8 为平底推力球轴承。

如：滚动轴承 6208 GB/T 276—2013，该标记表示轴承内径，$d=8×5=40$（mm），02 表示轻窄系列，首位是 0 省略，6 表示深沟球轴承。

又如：滚动轴承 7306 GB/T 297—2015，该标记表示轴承内径 $d=6×5=30$（mm），03 表示中窄系列，7 表示圆锥滚子轴承。

第五节　弹　　簧

弹簧是一种常用件，可用来减震、夹紧、储能、测力等。其主要特点是当外力去除后，能立即恢复原状。

弹簧的种类很多，本节主要介绍普通圆柱螺旋压缩弹簧的画法。

一、圆柱螺旋压缩弹簧各部分的名称和尺寸关系（见图 7-16）

簧丝直径 d：制造弹簧的钢丝直径；

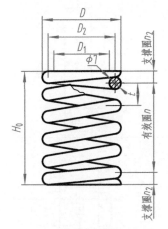

图 7-16　圆柱螺旋压缩
弹簧术语图解

弹簧外径 D：弹簧的最大直径；

弹簧内径 D_1：弹簧的最小直径，$D_1=D-2d$；

弹簧中径 D_2：弹簧的平均直径，$D_2=(D_1+D)/2=D-d=D_1+d$；

弹簧节距 t：除支承圈外，相邻两圈对应点间的轴向距离；

有效圈数 n：除支承圈以外，保持弹簧等节距的圈数；

支承圈数 n_z：为使压缩弹簧支承平稳，制造时需将弹簧两端并紧磨平，这部分圈数仅起支承作用，故称支承圈，一般支承圈有 1.5 圈、2 圈、2.5 圈三种，其中较常见的是 2.5 圈；

总圈数 n_1：有效圈数和支承圈数的总和；

自由高度 H_0：弹簧在无外力作用下的高度，$H_0=nt+(n_2-0.5)d$。

二、圆柱螺旋压缩弹簧的规定画法（GB/T 4459.4—2003）

若已知弹簧的中径 D 线径 d、节距 t 和圈数，先算出自由高度 H，然后按下列步骤作图：

（1）以 D 和 H_0 为边长画出矩形，如图 7-17（a）所示。

（2）根据材料直径 d 画出两端支承部分的圆和半圆，如图 7-17（b）所示。

（3）根据节距 t 画有效圈部分的圈数（省略中间各圈），如图 7-17（c）所示。

（4）按右旋画弹簧钢丝断面圆的切线，并画剖面线，如图 7-17（d）所示。

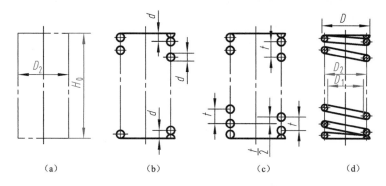

图 7-17　圆柱螺旋压缩弹簧的各部分名称及画图步骤

绘制圆柱螺旋弹簧时，应注意以下几点：

（1）在平行于圆柱螺旋弹簧轴线投影面上的投影，弹簧各圈的轮廓线（即螺旋线）应画成直线。

（2）螺旋弹簧均可画成右旋。若是左旋弹簧，只需在图中标注旋向"左"字。

（3）螺旋压缩弹簧，如果要求两端并紧且磨平时，不论支承圈多少，均可按图 7-17 所示支撑圈为 2.5 圈的形式绘制。

（4）有效圈数在四圈以上的弹簧，允许两端只画 1～2 圈（不包括支承圈），中间各圈可省略不画，只画通过弹簧钢丝剖面中心的两条点画线，当中间各圈省略后，图形长度可适当缩短。

（5）在装配图中，被弹簧挡住的结构一般不画出，可见部分应从弹簧的外轮廓线或从弹簧钢丝剖面的中心线画起，如图 7-18（a）所示。当弹簧被剖切时，弹簧钢丝直径在图形上等于或小于 2mm 时，其剖面可涂黑表示，如图 7-18（b）所示。弹簧钢丝直径或型材厚度在图形上等于或小于 2mm 的弹簧，允许采用示意画法，如图 7-18（c）所示。

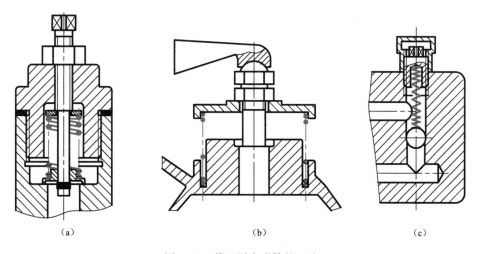

图 7-18　装配图中弹簧的画法
（a）基本画法；（b）涂黑画法；（c）示意画法

第八章 零件图

任何机器或部件都是由若干个零件装配而成，表示零件结构、大小及技术要求的图样称为零件图。

第一节 零件图概述

如图 8-1 所示，一张完整的零件图应包括以下内容。

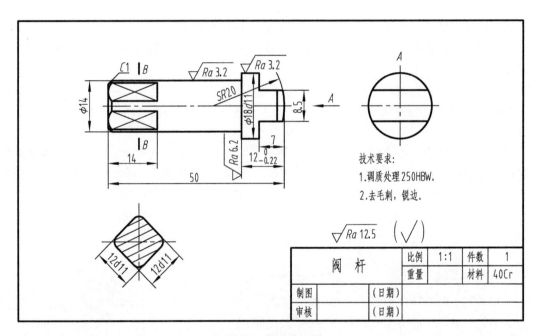

图 8-1 阀杆零件图

1. 一组图形

综合运用基本视图、剖视图、断面图及其他表达方法，将零件的内、外形状和结构完整、正确、清晰地表达出来。

2. 完整的尺寸

正确、完整、清晰、合理地标注出制造和检验零件时所必需的全部尺寸。

3. 技术要求

用规定的符号、代号、文字说明零件在制造、检验过程中应达到的技术指标，如表面粗糙度、极限与配合、几何公差、材料热处理等要求。

4. 标题栏

标题栏中填写零件的名称、材料、数量、图样比例、图号、设计单位等内容。

零件图是制造和检验零件的主要依据，是指导生产零件的重要技术文件之一。机械或部件中，除标准件外，其余零件均应绘制零件图。

一、零件图视图的选择

零件图的视图选择，应在深入细致地分析零件结构形状特点的基础上，选择适当的表达方法，完整、清晰地表达出零件的内外结构和形状。

零件视图选择的总的原则是：恰当、灵活地运用各种表达方法，结合零件的功用和工艺过程，用最少数目的图形将零件的结构形状正确、清晰、完整地表达出来，并使看图方便、绘图简便。

1. 主视图的选择

主视图是一组视图的核心，主视图的选择是否合理，直接影响着其他视图的数量和配置关系。

主视图选择的投射方向应最能反映零件各组成部分的形状特征和位置特征。图 8-2 所示轴承座的轴测图，选择主视图时有 A、B、C 三种投射方向，但 A 向最能反映零件的主要形状特征和各组成部分的位置特征。

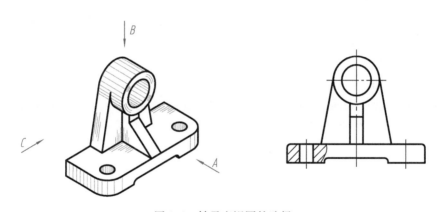

图 8-2　轴承座视图的选择

2. 其他视图的选择

主视图确定以后，应仔细分析零件在主视图中尚未表达清楚的部分，根据零件的结构特点及内、外形状的复杂程度来考虑增加其他视图、剖视图、断面图和局部放大图等。应使每个所选视图应具有独立存在的意义及明确的表达重点，注意避免不必要的细节重复，在明确表达零件的前提下，使视图数量为最少。

轴承座主视图确定后，俯视图主要反映底板的形状特征和支承部分的结构形式，左视图主要反映圆筒内腔的结构形状，并反映轴承座各组成部分的连接关系，如图 8-3 所示。

二、零件图的尺寸标注

零件图上标注的尺寸是加工和检验的重要依据。零件图尺寸标注的基本要求是：正确、完整、清晰、合理。"正确"尺寸注法要符合国家标准的规定；"完整"尺寸必须注写齐全，不遗漏，不重复；"清晰"尺寸的布局要整齐清晰，便于阅读；"合理"是指零件图上标注的尺寸既要能满足设计要求，又能满足零件在加工、测量和装配等生产工艺的要求。

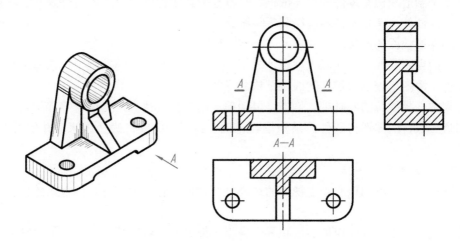

图 8-3　轴承座视图的选择

1. 合理选择尺寸标准

尺寸基准是尺寸标注和测量尺寸的起点。它可以是零件上对称平面、安装底面、端面、零件的结合面、主要孔和轴的轴线等。每个零件均有长、宽、高三个方向，每个方向至少有一个主要基准，必要时，可设置辅助基准。

如图 8-4 所示轴承座，因为一根轴要由两个轴承支撑，所以两者的轴孔应在同一轴线上，标注高度尺寸应以底面为基准，才能确保轴孔到底面的距离。长度方向以左右对称面为基准，以保证底板上两孔之间的距离以及与轴孔的对称关系，宽度方向以后端面为基准。

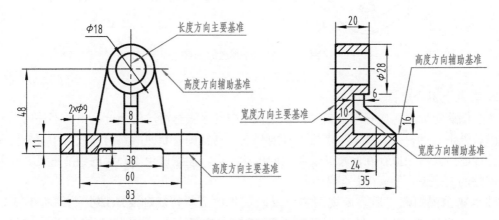

图 8-4　零件的尺寸基准

2. 尺寸标注的一般原则

(1) 重要尺寸应直接注出。重要尺寸应直接注出，以保证加工时直接达到尺寸要求。图 8-5（a）所示尺寸 A 必须从基准（底面）直接注出，而不能用标注 B 和 C 来代替。同理，安装时为保证轴承上两个 $\phi9$ 孔与机座上的孔准确装配，两个 $\phi9$ 孔的定位尺寸应按图 8-5（a）所示直接注出中心距 D，而不用图 8-5（b）所示注出两个 E。

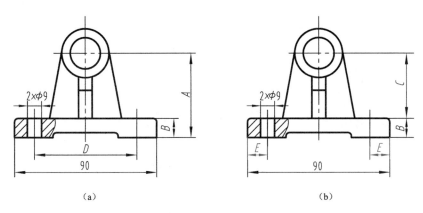

图 8-5 重要尺寸应直接标注
(a) 正确；(b) 错误

（2）避免出现封闭的尺寸链。零件在同一方向的尺寸首尾相接，称为尺寸链。标注尺寸时，应选择不太重要的一段不注尺寸，使所有的尺寸误差都积累在此处，以保证重要尺寸的精度，如图 8-6（a）所示。当尺寸注成如图 8-6（b）所示的封闭形式时，尺寸链中任一环尺寸的误差都是其他各环尺寸误差之和，会给加工带来困难。例如尺寸 A 为尺寸 B、C、D 之和，在加工时，尺寸 B、C、D 产生的误差，便会积累到尺寸 A 上，不能保证尺寸 A 的精度要求。

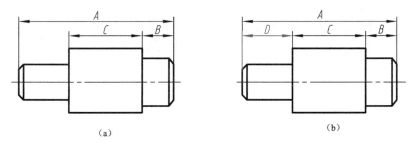

图 8-6 避免注成封闭的尺寸链
(a) 正确；(b) 错误

（3）尺寸标注要便于测量。标注套筒尺寸时，应按图 8-7（a）所示标注尺寸。图 8-7（b）所示尺寸 A 不便于测量。

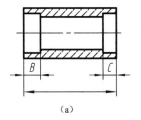 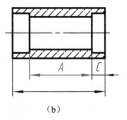

图 8-7 尺寸标注要便于测量
(a) 合理；(b) 不合理

（4）零件上常见孔的尺寸标注。零件上常有光孔、锥销孔、螺纹孔、沉孔等结构，国家《技术制图　简化表示法》中，规定了符号和缩写词，标注见表 8-1。

表 8-1　　　　　　　　　　　　零件上常见孔的尺寸标注方法

类型		旁注法	普通注法	说明
光孔	一般孔	4×φ8▽10　　4×φ8▽10	4×φ8	"▽"为深度符号，4个均匀分布的φ8光孔，深度为10mm
	锥销孔	锥销孔φ5 装配时作　锥销孔φ5 装配时作	锥销孔φ5 装配时作	φ5为锥销孔相配合的圆锥销小头直径，锥销孔通常是将连接的两零件装在一起时加工
螺孔	通孔	4×M8–7H　　4×M8–7H	4×M8–7H	4个均匀分布的M8-7H的螺纹孔
	不通孔	4×M8–7H▽10　　4×M8–7H▽10	4×M8–7H	4个均匀分布的M8-7H的螺纹孔，螺纹孔深为10mm
		4×M8–7H▽10 ▽12　　4×M8–7H▽10 ▽12	4×M8–7H	4个均匀分布的M8-7H的螺纹孔，钻光孔深度为12mm，螺纹深为10mm
沉孔	锥形沉孔	4×φ8 ∨φ13×90°　　4×φ8 ∨φ13×90°	90° 13 4×φ8	"∨"为埋头孔符号，4个均匀分布的φ8孔，沉孔直径为φ13，锥角90°
沉孔	柱形沉孔	4×φ8 ⊔φ13　　4×φ8 ⊔φ13	4×φ8 ⊔φ13 4×φ8	"⊔"为锪平孔符号，4个均匀分布的φ8孔及锪平孔φ13

三、零件图上技术要求的注写

零件图上需采用规定的符号、代号或文字，说明零件在制造、检验过程中应达到的技术指标。技术要求主要有表面粗糙度、极限与配合、几何公差等。

图 8-8　零件表面
微观不平情况

1. 表面粗糙度（GB/T 3505—2009）

表面粗糙度是指零件表面不光滑的程度。经过加工的零件表面在放大镜（或显微镜）下观察，可以看到高、低不平的峰、谷，如图 8-8 所示。

评定表面粗糙度的主要参数是轮廓算数平均值（Ra），如图 8-9 所示。Ra 值越小，表面结构质量要求越高，零件表面越光滑，反之亦然。

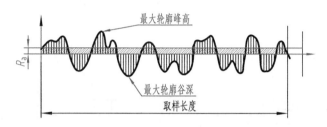

图 8-9　轮廓的算术平均值 Ra

表面粗糙度符号及其标注。

（1）表面粗糙度图形符号的画法如图 8-10 所示。

（2）表面粗糙度符号在图样上的标注方法。在图样上标注表面粗糙度的基本原则是：

1）表面粗糙度要求对每一表面一般只标注一次，并应尽可能标注在相应尺寸及其公差的同一视图上，除非另有说明，所标注的表面粗糙度要求是对加工后表面的要求。

2）根据 GB/T 4458.4—2003《机械制图　尺寸注法》的规定，使表面粗糙度的注写和读取方向与尺寸的注写和读取方向一致，如图 8-11 所示。

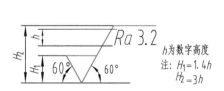

图 8-10　表面粗糙度图形符号的画法

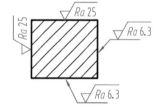

图 8-11　表面粗糙度符号的标注方向

3）表面粗糙度可注写在可见轮廓线或延长线上。必要时，符号可用带箭头或黑点的指引线引出标注，如图 8-12（a）所示。在不致引起误解时，表面粗糙度可标注在给定的尺寸线上，如图 8-12（b）所示。

4）当零件所有表面具有相同的表面粗糙度要求时，可统一标注在标题栏附近，如图 8-13（a）所示。当零件大部分结构具有相同的表面粗糙度要求时，则其相同的表面粗糙度要求可统一标注在标题栏附近，且在其符号后面括号内给出无任何其他标注的基本符号，如图 8-13（b）所示。

2. 极限与配合

在零件的加工过程中，由于受机床精度、刀具磨损、测量误差等多种因素的影响，零件不可能制造得绝对准确。对于有配合关系的尺寸，为了满足配合要求，给定的尺寸往往有最

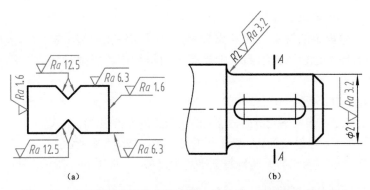

图 8-12　表面粗糙度标注在轮廓线、延长线、指引线、尺寸线上

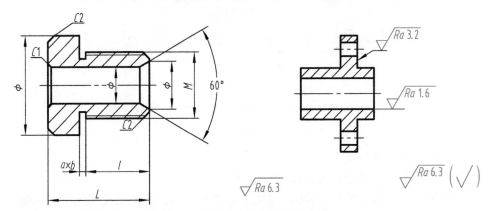

图 8-13　表面粗糙度要求的简化标注

大值和最小值。零件的实际尺寸只要在这个规定范围内就是合格产品。这个允许的尺寸变动量称为尺寸公差，简称公差。

（1）极限与配合的定义及术语。

下面以图 8-14 为例说明尺寸公差的定义及术语。

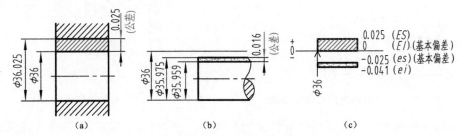

图 8-14　尺寸公差术语

(a) 孔的公差；(b) 轴的公差；(c) 公差带图

1）公称尺寸。根据零件的强度、结构及工艺要求确定的设计尺寸，如图 8-14 中尺寸 $\phi36$。

2）极限尺寸。以公称尺寸为基准，允许零件尺寸变动的两个界限值。两个界限值中较大的一个为最大极限尺寸，如图 8-14（a）中 $\phi36.025$；较小的一个为最小极限尺寸，如图 8-14（b）中 $\phi35.959$。

3）实际尺寸。通过测量所获得的尺寸。由于存在测量误差，实际尺寸并不是零件的真实尺寸。

4）尺寸偏差（简称偏差）。某一尺寸减其公称尺寸所得的代数差。最大极限尺寸减其公称尺寸所得的代数差称为上偏差。孔的上偏差代号 ES，轴的上偏差代号 es。最小极限尺寸减其公称尺寸所得的代数差称为下偏差。孔的下偏差代号 EI，轴的下偏差用代号 ei。

国家标准中规定偏差可以同时为正，同时为负，或一正一负，或其中一个为零，但不能同时为零。图 8-14 中，孔的上偏差 $ES = 36.025 - 36 = +0.025$，孔的下偏差为 $EI = 0$。轴的上偏差 $es = 35.975 - 36 = -0.025$，轴的下偏差 $ei = 35.959 - 36 = -0.041$。

5）尺寸公差（简称公差）。允许尺寸的变动量。尺寸公差＝最大极限尺寸－最小极限尺寸＝上偏差－下偏差。

6）零线、公差带、公差带图。

零线：在公差与配合图解（公差带图）中，确定偏差的一条基准直线，即表示公称尺寸或零偏差的线称为零线。

公差带：表示公差大小的由上、下偏差的两条直线所限定的区域为公差带。如图 8-14（c）所示。

7）标准公差及等级。由国家标准所列的，用以确定公差带大小的公差称为标准公差。它决定了公差带的大小。公差等级是用于确定尺寸精度高低的等级。常用标准公差分为 20 个等级，即 IT01，IT0，IT1，…，IT18，IT 表示标准公差，数字表示精度等级。对于一定的公称尺寸，公差等级越高，标准公差越小，尺寸精度越高，其中 IT01 最高，依次递降，IT18 最低。标准公差数值由公称尺寸和公差等级确定，实际应用时，可查阅相关标准（见附表 5-1）。

8）基本偏差。用以确定公差带的相对零线位置的偏差为基本偏差。它可以是上偏差或下偏差，一般为靠近零线的那个偏差。图 8-14 所示孔的下偏差是基本偏差，轴的上偏差是基本偏差。

国家标准根据不同的使用要求，对轴和孔分别规定了不同的基本偏差。基本偏差代号用拉丁字母表示，大写表示孔，小写代表轴。国家标准分别对孔和轴各规定了 28 个不同的基本偏差，如图 8-15 所示。

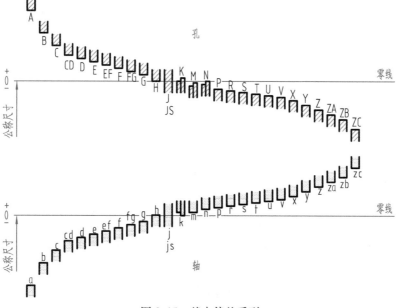

图 8-15 基本偏差系列

（2）公差带代号。

孔、轴的公差带代号由基本偏差代号和公差等级组成，如 $\phi 36H6$，因 H 为大写，则 H6 为孔的公差带代号；$\phi 36h7$，因 h 为小写，h7 为轴的公差带代号。公差带代号的含义为

根据公差带代号，可在附表 5-2（优先配合中孔的极限偏差）和附表 5-3（优先配合中轴的极限偏差）中查得孔和轴的上偏差和下偏差数值。如：$\phi 36H6$，查附表 5-2 得出其上偏差为 $+25\mu m$，下偏差为 $0\mu m$。$\phi 36h7$，查附表 5-3 得出其上偏差为 0，下偏差为 $-25\mu m$。

（3）配合的基本概念。

公称尺寸相同的相互结合的孔和轴公差带之间的关系称为配合。根据孔、轴配合松紧程度的不同，可将配合分为间隙配合、过盈配合和过渡配合三类，如图 8-16 所示。

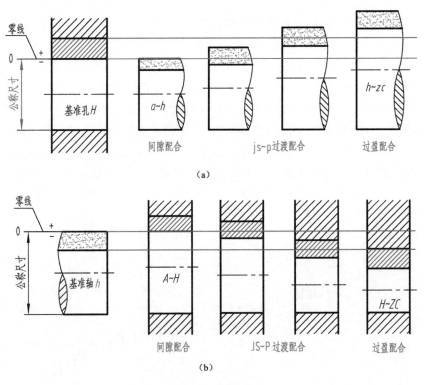

图 8-16　基准制

(a) 基孔制；(b) 基轴制

1）间隙配合。孔的尺寸减去相配合的轴的尺寸之差为正，此时轴和孔之间始终具有间隙（包括最小间隙等于零），为间隙配合。

2）过盈配合。孔的尺寸减去相配合的轴的尺寸之差为负，此时轴和孔之间配合始终具有过盈（包括最小过盈等于零），为过盈配合。

3）过渡配合。孔的尺寸减去相配合的轴的尺寸之差可能为正，也可能为负，轴和孔之间可能具有间隙（较小）或具有过盈（较小），为过渡配合。

（4）配合基准制。

1）基孔制配合。基本偏差为一定的孔与不同基本偏差的轴形成各种配合的一种制度。也就是固定孔的公差带位置不变，改变轴的公差带位置而得到不同松紧程度的配合。基孔制的孔称为基准孔。国家标准规定基准孔的基本偏差代号是"H"，其下偏差为零，如图 8-16（a）所示。

2）基轴制配合。基本偏差为一定的轴，与不同基本偏差的孔形成各种配合的一种制度。也就是固定轴的公差带位置不变，改变孔的公差带位置而得到不同松紧程度的配合。基轴制的轴称为基准轴。国家标准规定基准轴的基本偏差代号是"h"，其上偏差为零，如图 8-16（b）所示。

考虑零件在加工制造过程中的方便、经济、合理等因素，一般优先采用基孔制。为了便于使用，国家标准规定了常用的基孔制配合 59 种，详见附表 5-4。

（5）极限与配合在图样上的标注。

国家标准规定，极限与配合尺寸，在零件图上采用公称尺寸后面加公差带代号［图 8-17（a）、（b）］或对应的偏差数值［图 8-17（c）、（d）］表示。

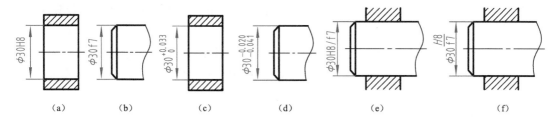

图 8-17 极限与配合在零件图上的标注

国家标准规定，在装配图上采用分数形式标注，见图 8-17（e）、（f）。分子为孔的公差带代号，分母为轴的公差带代号。

3. 几何公差

几何公差是指零件表面的实际要素对其于理想要素在形状、位置、方向的允许偏差。如图 8-18（a）所示圆柱体，在零件加工时，即使在尺寸合格时，也有可能出现一端粗一端细或中间粗两端细等情况，其截面也有可能不圆，这种现象属于形状误差。再如图 8-18（b）所示的阶梯轴，加工后可能出现各轴段不同轴线的情况，这种现象属于位置误差。

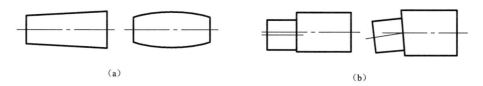

图 8-18 几何公差
(a) 形状误差；(b) 位置误差

（1）几何公差特征项目符号。

国家标准 GB/T 1182—2008 规定用代号来标注几何公差。在实际生产中，当无法用代号标注几何公差时，允许在技术要求中用文字说明。几何公差特征项目符号见表 8-2。

表 8-2   几何公差特征项目符号

公差类型		特征项目	符号	有或无基准	公差类型		特征项目	符号	有或无基准
形状公差	形状	直线度	—	无	位置公差	定向	平行度	//	有
		平面度	▱	无			垂直度	⊥	有
		圆度	○	无			倾斜度	∠	有
		圆柱度	⌭	无		定位	位置度	⊕	有或无
							同轴（同心）度	◎	有
形状或位置公差	轮廓	线轮廓度	⌒	有或无			对称度	═	有
		面轮廓度	⌓	有或无		跳动	圆跳动	↗	有
							全跳动	↗↗	有

（2）几何公差代号。

几何公差代号由公差框格和带箭头的指引线组成。公差框格由两格或多格组成，用细实线绘制，可水平或垂直放置。框格中的内容从左到右填写几何公差符号、公差数值、基准要素的代号及有关符号，如图 8-19 所示。框格的高为图纸数字高的二倍（2h）。框格中字母和数字高为h。若公差带为圆或圆柱形，则在公差值前面加注φ。若公差带为圆球，则在公差值前面加注 Sφ。

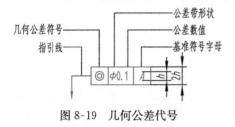

图 8-19 几何公差代号

指引线用细实线绘制，一端与公差框格相连，另一端用箭头指向被测要素。

（3）基准代号。

基准代号由基准符号（等腰三角形）、正方形框格、连线和字母组成，如图 8-20（a）所示。基准符号在图例上应靠近基准要素。无论基准要素的方向如何，正方形框格内的字母都应水平书写，如图 8-20（b）所示。

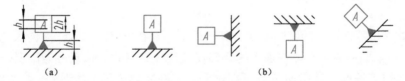

图 8-20 基准代号

（4）几何公差的标注方法。

1）当基准要素或被测要素为轴线、球心或中心平面时，基准符号连线及框格指引线箭头应与相应要素的尺寸线对齐，如图 8-21 所示。

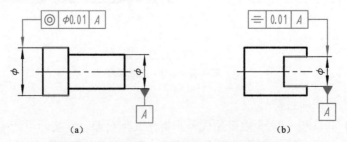

图 8-21 基准要素、被测要素为轴线或中心平面

2) 当基准要素或被测要素为轮廓线或表面时，基准符号应靠近基准要素，指引线箭头应指向相应被测要素的轮廓线或其引出线上，并应明显地与尺寸线错开，如图 8-22 所示。

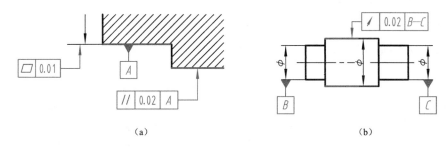

图 8-22 基准要素、被测要素为轮廓线或表面

四、零件结构工艺性简介

零件的结构形状是根据它在机器中的作用设计的，在设计零件时，除了考虑满足工作性能外，还应使零件的结构满足制造和装配，适应加工工艺的要求，以提高产品质量，降低成本。

1. 铸造零件的工艺结构

铸件表面转折处的圆角过渡称为铸造圆角。铸造圆角可防止铸件浇注时转角处出现落沙现象，避免金属冷却时产生缩孔和裂纹，如图 8-23 (a) 所示。

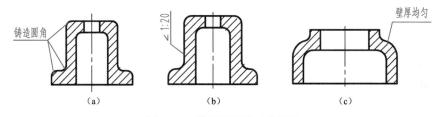

图 8-23 铸造零件的工艺结构
(a) 铸造圆角；(b) 拔模斜度；(c) 铸件壁厚应均匀

铸造零件毛坯时，为了便于取模，一般沿模型拔模方向做成约 1:20 的斜度，称为拔模斜度，一般这种斜度在图上不画，也不标出，如图 8-23 (b) 所示。

铸造零件的壁厚应尽量均匀，避免或减少金属冷却速度不均匀时产生内应力，形成缩孔或裂纹现象，如图 8-23 (c) 所示。

2. 倒角和圆角

为了去除毛刺、锐边和便于装配，在孔和轴的端部，一般都应加工成倒角，如图 8-24 (a)、(b)、(c) 所示。

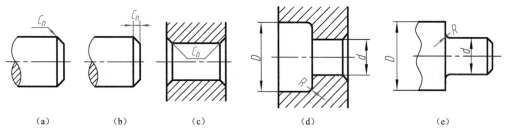

图 8-24 倒角和圆角的画法及标注方法

　　在阶梯的轴和孔，在轴肩处为避免应力集中而产生裂纹，应加工成圆角，如图 8-24（d）、(e)所示，倒角和圆角的画法及标注形式见图 8-24。

　　3. 退刀槽和砂轮越程槽

　　在切削加工零件时，为了便于退出刀具及保证装配时相关零件的接触面靠紧，在被加工表面台阶处应预先加工出退刀槽或砂轮越程槽。退刀槽和砂轮越程槽的画法和尺寸标注如图 8-25 所示。

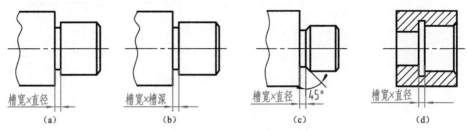

图 8-25　退刀槽和砂轮越程槽的画法及标注方法

　　4. 钻孔结构

　　用钻头钻孔时，要求钻头尽量垂直于被加工的表面，如图 8-26（a）、(b) 所示。

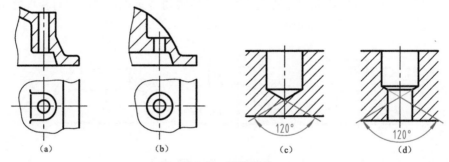

图 8-26　钻孔结构

　　因钻头的顶角约为 120°，所以用钻头钻出的盲孔，在底部相应有一个 120° 的锥角。在阶梯形钻孔的过渡处，也存在锥角 120° 的圆台，其画法及尺寸标注如图 8-26（c）、(d) 所示。

　　5. 凸台、凹坑、凹槽

　　零件之间相互接触的表面一般都要进行切削加工，为保证接触良好，减少切削加工面积，降低加工费用，零件上应设计出凸台、凹坑和凹槽结构。图 8-27（a）、(b) 是螺栓连接的支撑面，为接触良好，做成凸台或凹坑的形式，图 8-27（c）是为了减少加工面积，而做成凹槽结构。

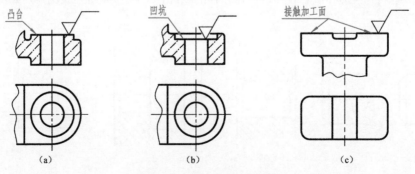

图 8-27　凸台、凹坑和凹槽

第二节 读 零 件 图

本节结合零件的结构分析、视图选择、尺寸标注和技术要求，以图 8-28 所示阀体零件图为例说明阅读零件图的方法和步骤。

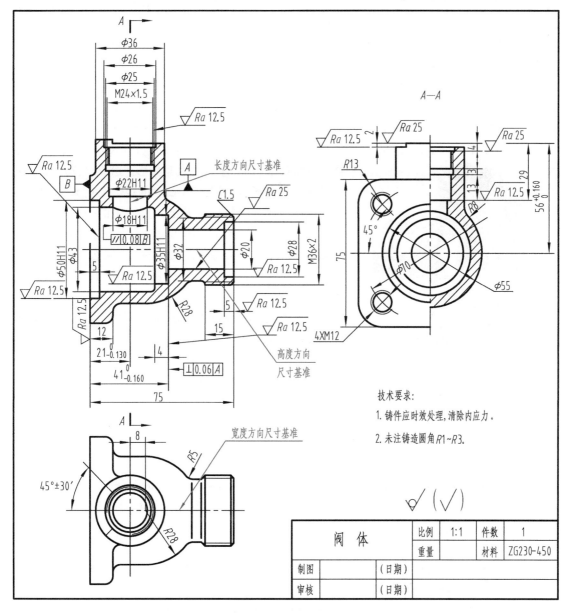

图 8-28 阀体零件图

(1) 概括了解。由标题栏中可知零件名称为阀体，选用的材料为 ZG230-450。阀体的内、外表面都有加工部分。绘图比例为 1∶1。

(2) 分析视图，想象零件的结构形状。读图时从主视图入手，确定各视图的名称及相对位置关系、表达方法和图示内容。

图 8-28 所示阀体采用三个基本视图表达阀体内外结构形状。主视图采用全剖视，主要表达内部结构形状。俯视图表达外形。左视图采用 $A—A$ 半剖视，补充表达内部形状及连接板的形状。

对照阀体的主、俯、左视图分析可知，阀体的主体结构为球形，在其左端是方形法兰盘，法兰盘上有 4 个 M12 的螺纹孔，中间有一 $\phi50H11$ 圆柱形凹孔；阀体的右端是一圆柱形凸缘，用于连接的外螺纹 M36×2，内部阶梯孔 $\phi28$、$\phi20$ 与空腔相通；在阀体上部的 $\phi36$ 圆柱体中，有 $\phi26$、$\phi22H11$、$\phi18H11$ 的阶梯孔与空腔相通，阶梯孔顶端 90°扇形限位凸台，对照俯视图可知其位置相对阀体前后对称。

（3）分析尺寸和技术要求。阀体的结构形状比较复杂，标注尺寸很多，这里仅分析其主要尺寸。以阀体水平轴线为高度方向尺寸基准，标注 $\phi50H11$、$\phi35H11$、$\phi20$ 和 M36，轴线定位尺寸 56 等尺寸；以阀体竖直孔的轴线为长度方向的尺寸基准，标注 $\phi26$、M24×1.5、$\phi22H11$、$\phi18H11$，轴线定位尺寸 21 等尺寸；以阀体前后对称面为宽度方向尺寸基准，标注阀体的外形尺寸 $\phi55$、左侧法兰盘外形尺寸 75×75，4 个螺孔的定位尺寸 $\phi70$，以及扇形凸台的定位尺寸 45°等尺寸。

从上述尺寸分析可以看出，阀体中的一些主要尺寸都标注了公差带代号，相应的表面粗糙度要求都较高，阀体空腔右端面与其轴线的垂直度公差为 0.06，$\phi18H11$ 圆柱孔轴线与 $\phi35H11$ 圆柱孔端面的垂直度公差为 0.08。

（4）综合上述分析，想象零件形状，轴测图如图 8-29 所示。

图 8-29　阀体轴测图

第三节　零件测绘及绘制零件图

根据已有零件画出零件图的过程称为零件测绘。这一过程包括测量零件的尺寸、绘制零件草图和确定技术要求等。

一、常用的测量工具及测量方法

测量尺寸是零件测绘过程中的一个必要步骤。零件上全部尺寸的测量应集中进行，这样，不但可以提高工作效率，还可以避免错误和遗漏。测量零件尺寸时，应根据零件尺寸的精确程度选用相应的量具。

1. 常用测量工具

在零件测绘中，常用的测量工具、量具有：直尺、内卡钳、外卡钳、游标卡尺、千分尺、角度规、螺纹规、圆角规等。

对于精度要求不高的尺寸，一般用直尺、内外卡钳等即可。对于精确度要求较高的尺寸，一般用游标卡尺、千分尺等测量工具。对于特殊结构，一般要用特殊工具如螺纹规、圆角规来测量。

2. 常用的测量方法

（1）测量线性尺寸。一般可用直尺或游标卡尺直接测量，有时也可用三角板与直尺配合进行，如图 8-30 所示。

（2）测量回转体的直径。测量外径和内径分别用外卡钳和内卡
钳。测量时要把内、外卡钳上下、前后移动，量得的最大值为其内径
或外径。一般也可用游标卡尺和千分尺直接测量，如图8-31所示。

（3）测量壁厚。可用外卡钳与直尺配合测量，如图8-32所示。

（4）测量孔间距。可用外卡钳，游标卡尺或直尺测量相关尺
寸，再进行计算，如图8-33所示。

（5）测量轴孔中心高。一般可用外卡钳配合直尺或游标卡尺
测量，如图8-34所示。

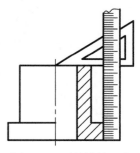

图 8-30　测量线性尺寸

（6）测量圆角。可直接用半径规测量。一套半径规有两组，一组测量外圆，一组测量内
圆。测量圆角时，只要在圆角规中找出与被测量部分完全吻合的一片，则片上的读数即为圆
角半径的大小，如图8-35所示。铸造圆角一般目测估计其大小即可，若手头有工艺资料则
应选取相应的数值而不必测量。

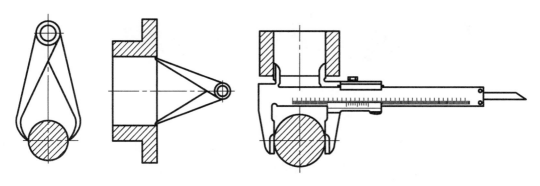

图 8-31　测量内外径

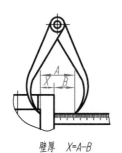

壁厚　$X=A-B$

图 8-32　测量壁厚

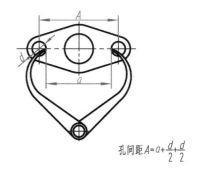

孔间距$A=a+\dfrac{d}{2}+\dfrac{d}{2}$

图 8-33　测量孔间距

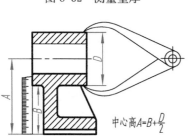

中心高$A=B+\dfrac{D}{2}$

图 8-34　测轴孔中心高

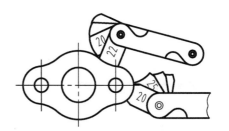

图 8-35　测量圆角图

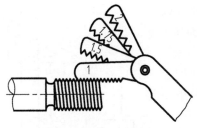

图 8-36　螺纹规测螺距

（7）测量螺纹。测量螺纹要测出直径和螺距，对于外螺纹测大径和螺距，对于内螺纹测小径和螺距，然后查手册取标准值。螺距 t 的测量，可用螺纹规或直尺。螺纹规由一组钢片组成，每一钢片的螺距大小均不相同，测量时只要某一钢片上的牙型与被测量的螺纹牙型完全吻合，则钢片上的读数即为其螺距大小，如图 8-36 所示。

（8）曲面轮廓。对精确度要求不高的曲面轮廓，可以用拓印法在纸上拓出它的轮廓形状，然后用几何作图的方法求出各连接圆弧的尺寸和中心位置，如图 8-37 所示。

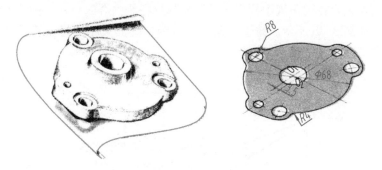

图 8-37　拓印法测曲面轮廓图

（9）齿轮的模数。对于标准齿轮，其轮齿的模数可以先用游标卡尺测得 d_a，再计算得到模数初始值 $[m=d_a/(z+2)]$，然后查表取标准模数，如图 8-38 所示。

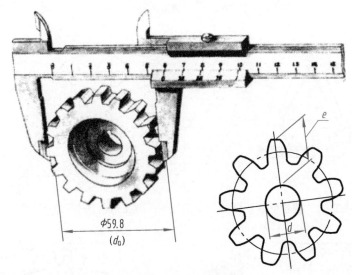

图 8-38　测量齿轮模数

二、零件测绘的方法和步骤

1. 分析零件、确定表达方案

在零件测绘以前，必须对零件进行详细分析，分析的步骤及内容如下：

（1）了解该零件的名称、用途、材料。

（2）对该零件进行结构分析。分析零件结构时，应结合零件在机器上的安装、定位、运动方式进行。通过分析，还必须弄清楚零件上每一结构的功用，并确定为实现这一功能所采用的技术保证。

（3）根据每一类零件的结构特点选择适当的视图。主视图的选择一定要从投影方向和零件安放位置两方面考虑，再按零件的内外结构特点选用必要的其他视图，各视图的表达方法都应有一定的目的。视图表达方案要求正确、完整、清晰和简便。

2. 画零件草图

零件草图并不是"潦草的图"，它具有与零件工作图一样的全部内容，包括一组视图、完整的尺寸、技术要求和标题栏。它与手工尺规绘图的区别是：画图时目估比例，只用铅笔、橡皮，不使用尺规，徒手画出图形。它同样要求视图正确、表达清楚、线型分明、尺寸齐全、图面整齐、技术要求完全。画零件草图的步骤如下（见图 8-39）。

（1）在图纸上确定各个视图的位置，画出各视图的中心线、轴线、基准线。注意合理安排图幅，视图之间留有标注尺寸空间，并留出标题栏位置，如图 8-39（a）所示。

（2）从主视图开始，先画各视图的主要轮廓线，后画细部，并且详细画出零件的内、外部结构形状。画图时要注意各视图间要保证"长对正，高平齐，宽相等"的投影关系，如图 8-39（b）所示。

（3）选择基准，画出全部尺寸界线，尺寸线和箭头。此时注意，全部尺寸指能确定该零件形状、结构的所有定形尺寸、定位尺寸及总体尺寸，如图 8-39（c）所示。

（4）逐个量注尺寸，结合国家相关标准，确定数据。尺寸的标注与测量的结构有关：

1）对于一般结构，即没有配合关系的结构，测量后采用"四舍五入"圆整的原则，圆整后的公称尺寸要符合国标规定。

2）对于标准结构，如螺纹、倒角、倒圆、退刀槽、中心孔、键槽等，测量后应查表取标准值。

3）对于配合结构，首先确定轴孔公称尺寸（公称尺寸相同），其次确定配合性质（根据拆卸时零件之间松紧程度，可初步判断出是有间隙的配合还是有过盈的配合），最后确定基准制（一般取基孔制，但也要看零件的作用来决定）及公差等级（在满足使用要求的前提下，尽量选择较低等级）。

此外，对于齿轮，应按齿轮的测量方法先确定其模数（模数查表取标准模数），然后按齿轮各部分计算公式计算各部分尺寸。

（5）确定技术要求。技术要求包括表面粗糙度、尺寸公差、几何公差及文字说明。零件各表面的粗糙度数值和其他技术要求，应根据零件的作用和装配要求来确定。通常可查阅有关手册或参考同类产品的图纸确定，如图 8-39（c）所示。

（6）仔细检查草图后，描深并画剖面线，填写标题栏，如图 8-39（d）所示。

3. 零件测绘注意事项

（1）测量尺寸时，应正确选择测量基准，以减少测量误差。零件上磨损部位的尺寸，应参考其配合零件的相关尺寸，或参考有关的技术资料予以确定。

（2）零件间相配合结构的公称尺寸必须一致，并应精确测量，查阅有关手册，给出恰当的尺寸偏差。

（3）零件上的非配合尺寸，如果测得为小数，则应圆整为整数标出。

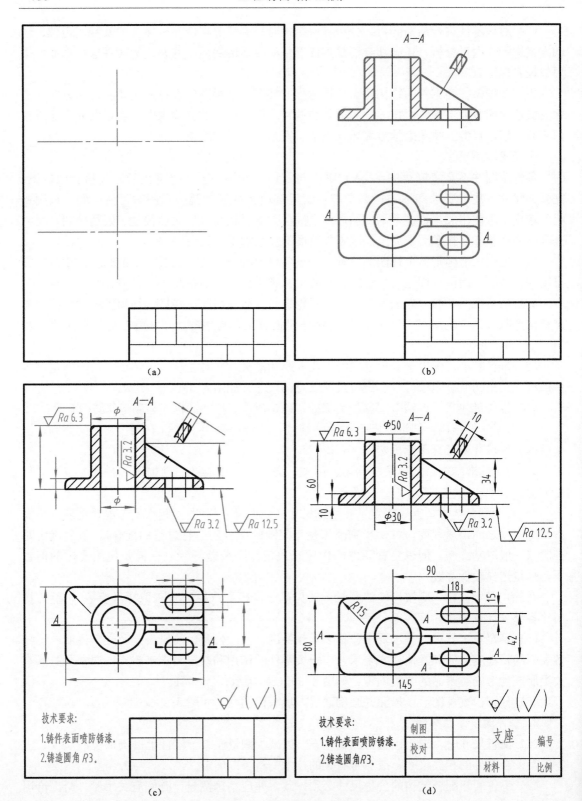

图 8-39　画零件草图的步骤

（4）零件上的截交线和相贯线，不能机械地照实物绘制。因为它们常常由于制造上的缺陷而被歪曲。画图时要分析弄清它们是怎样形成的，然后用学过的相应方法画出。

（5）要重视零件上的一些细小结构，如倒角、圆角、凹坑、凸台和退刀槽、中心孔等。如是标准结构，在测得尺寸后，应参照相应的标准查出其标准值，注写在图纸上。

（6）对于零件上的缺陷，如铸造缩孔、砂眼、加工的疵点、磨损等，不要在图上画出。

三、画零件图

由于零件测绘往往在现场，时间不长，有些问题虽已表达清楚，尚不一定最完善。同时，零件草图一般不直接用于指导生产，因此需要根据草图做进一步完善，画出零件工作图。画零件图之前应对零件草图进行复检，检查草图表达是否完整、清晰、简便；尺寸标注是否正确、合理、完整；技术要求是否完整、合理等，从而对草图进行修改、调整和补充。然后选择适当的比例和图幅，按草图画零件图。

第九章　装　配　图

装配图是用来表达机器或部件的工作原理、性能要求及各组成部分的相对位置、连接装配关系等内容的图样。一般把表达整台机器的图样称为总装配图，表达部件的图样称为部件装配图。

第一节　装配图概述

一、装配图的内容

图 9-1 所示是滑动轴承的装配图。从图中可以看出，一张完整的装配图应该包括下列四项内容。

1. 一组图形

利用机件表达方法（视图、剖视图、断面图等），正确、完整、清晰地表达出机器或部件的工作原理与结构、零件间的装配关系、连接方式及主要零件的结构形状等。

2. 必要的尺寸

装配图只需要标注机器或部件的性能（规格）尺寸、装配尺寸、安装尺寸、外形尺寸及其他重要尺寸等。

3. 技术要求

用规定的文字或符号说明机器或部件的规格性能、装配、检验、安装、调试等方面的要求；以及在包装运输、使用管理中所要注意的事项等。

4. 标题栏，零件序号和明细栏

为了方便图样管理和生产管理，在装配图中必须对所有零件按种类编写序号，并按规定填写明细栏和标题栏。

二、装配图的表达方法

1. 装配图的一般表达方法

装配图和零件图一样，也是按正投影的原理和《机械制图》国家标准的有关规定绘制的。零件图的表达方法（视图、剖视图、断面图等）及视图选用原则，一般都适用于装配图。

2. 装配图的规定画法

装配图表达的重点在于反映机器或部件的工作原理、装配连接关系和主要零件结构特征，因此，国家标准《机械制图》对绘制装配图又制定了一些规定画法和特殊表达方法。

（1）两相邻零件的接触表面和配合表面只画一条线，非接触表面即使间隙很小，也应画两条线，如图 9-2 所示。

（2）在剖视图中，两个（或两个以上）相邻金属零件的剖面线的倾斜方向应相反，或者

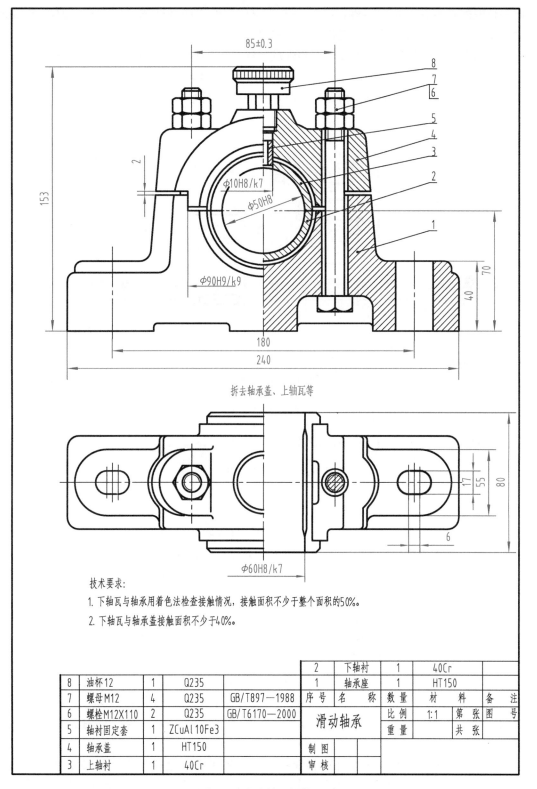

图 9-1 滑动轴承的装配图

技术要求:

1. 下轴瓦与轴承用着色法检查接触情况,接触面积不少于整个面积的50%。

2. 下轴瓦与轴承盖接触面积不少于40%。

2	下轴衬	1	40Cr	
1	轴承座	1	HT150	
序 号	名 称	数量	材 料	备 注

8	油杯12	1	Q235	
7	螺母M12	4	Q235	GB/T897—1988
6	螺栓M12X110	2	Q235	GB/T6170—2000
5	轴衬固定套	1	ZCuAl10Fe3	
4	轴承盖	1	HT150	
3	上轴衬	1	40Cr	

滑动轴承 比例 1:1 第张 图号
重量 共张
制图
审核

方向一致但间隔不等。同一零件，在各个视图中剖面线方向及间隔必须一致。厚度在 2mm 以内的狭小面积的剖面，可用涂黑代替剖面符号，如图 9-2 所示。

（3）当剖切平面通过标准件和实心零件的轴线纵向剖切时，这些零件均按不剖绘制。若需要表达这些零件上的某些结构，如键槽、销孔等，可用局部剖视表示，如图 9-2 所示。当剖切平面垂直这些零件的轴线作横向剖切时，仍需画出剖面线。

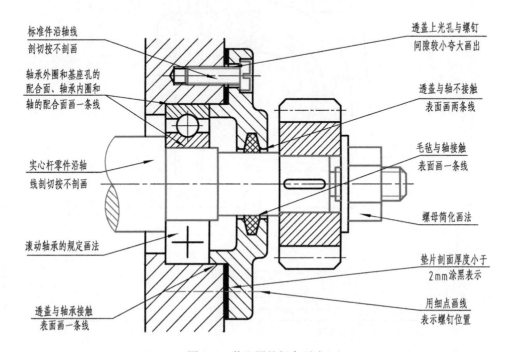

图 9-2　装配图的规定画法

3. 特殊表达方法

（1）拆卸或沿结合面剖切画法。在装配图中，当有些零件被其他零件遮挡了，不能清晰地反映其结构形状和装配关系，这时可以假想拆去或沿结合面剖切的方法，移去遮挡它的零件，然后进行投射。图 9-1 滑动轴承装配图中的俯视图，即为拆卸画法。注意采用拆卸画法时，需在画出视图的上方注明"拆去××零件"。

（2）夸大画法。对于薄片零件、细丝弹簧、较小间隙等，以它们的实际尺寸在装配图中难于明显表达。因此，国标规定如果绘制直径和厚度小于 2mm 的孔或薄片，以及较小的间隙时，允许该部分不按比例而适当夸大画出，如图 9-2 所示。

（3）简化画法。在装配图中，常见工艺结构，如圆角、倒角和退刀槽等可不画出。如图 9-2 所示螺母采用简化画法。对若干相同的零件组，如螺栓连接组件等，可详细地画出一组或几组，其余只用中心线表示其位置。如图 9-2 所示，下方螺钉只用点画线画出其位置。

（4）假想画法。为了表达部件和相邻零件的位置关系和连接情况、运动零件的极限位置，可用双点画线简略画出其轮廓。如图 9-3 所示，图中分别用双点画线画出扳手的另一极限位置和下方机座的连接关系。

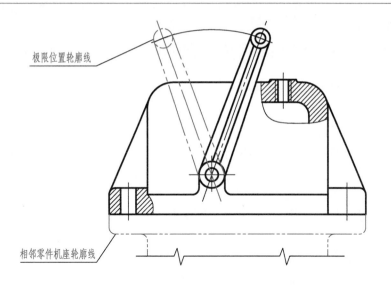

图 9-3　假想画法

三、装配图的尺寸标注

装配图与零件图在生产中的作用不同，对尺寸标注的要求也不同。在装配图中不必注出零件的全部尺寸，只需标注下列几种必要的尺寸。

1. 性能（规格）尺寸

表示机器或部件的性能和规格的尺寸。它是设计和选用机器或部件时的主要依据。图 9-1 所示滑动轴承的装配图中，孔径 ϕ50H8 即为规格尺寸。

2. 装配尺寸

装配尺寸用来保证机器或部件上有关零件间装配性质和相对位置的尺寸。如滑动轴承中 ϕ90H9/k9、ϕ60H8/k7、ϕ10H8/k7、85±0.3 尺寸等。

3. 安装尺寸

将机器或部件安装到其他设备或基础上所需要的尺寸。如图 9-1 所示滑动轴承的装配图中 180、6 和 17 尺寸等。

4. 外形尺寸

表示机器或部件外形总长、总宽、总高的尺寸。它反映了机器或部件所占空间的大小，供包装、运输、安装时参考。如图 9-1 所示滑动轴承的装配图中 240、80 和 153 尺寸。

5. 其他重要尺寸

包括设计时经过计算或查表而确定的尺寸，但又未包括在上述四类尺寸之中的重要尺寸。如图 9-1 所示滑动轴承的装配图中 70 尺寸。

四、装配图技术要求

技术要求是指部件或机器在装配、安装、检验、维修和工作运转时，所必须达到的技术指标。在装配图上，只有配合尺寸要标注配合代号，不需要标注表面粗糙度代号和形位公差代号。在明细栏的上方或图形下方的空白处用文字形式说明技术要求的内容。一般应从以下几个方面考虑：

1. 装配要求

装配要求包括装配时必须达到的精度、装配过程中的要求、指定的装配方法等。

2. 检验要求

检验要求包括对机器或部件基本性能的检验方法和测试条件等。

3. 使用要求

使用要求包括对机器或部件的包装、运输条件、维修、保养的要求及操作注意事项等。

图上所需填写的技术要求，随机器部件的需求而定。必要时也可参照同类产品及相关规定来确定。

五、装配图的零件序号及明细栏

为了便于进行图样管理和生产管理，装配图上所有的零、部件都必须编写序号，并在标题栏上方编制相应的明细栏。

1. 零件序号的编排方法

（1）序号的三种通用表示方法如图 9-4 所示。其中序号的标注由圆点、指引线（用细实线绘制）、水平线或圆（用细实线绘制，也可不画）和序号组成。序号字高比图中的尺寸数字高度大一或两号。

（2）当指引线从很薄的零件或涂黑的断面引出时，可在指引线的末端画箭头并指向该零件的轮廓，如图 9-5 所示。

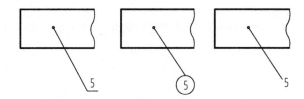
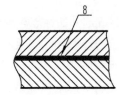

图 9-4　序号的一般注写形式　　　　图 9-5　薄片类零件序号的注写形式

（3）一组紧固件或装配关系清楚的零件组，可用公共指引线，如图 9-6 所示，它常用于螺栓、螺母和垫圈零件组。

（4）指引线不要彼此相交，在通过有剖面线的区域时，要尽量避免与剖面线平行，必要时可画成折线，但只允许弯折一次，如图 9-7 所示。

（5）相同的零件只编一个序号，其个数在明细栏中反映出来。

（6）编号应按水平或垂直方向整齐排列，并按顺时针或逆时针方向顺序编号。

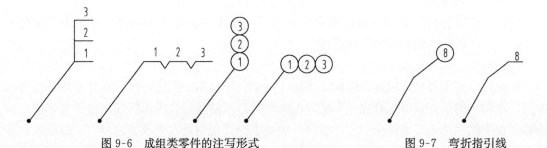

图 9-6　成组类零件的注写形式　　　　图 9-7　弯折指引线

2. 明细栏

明细栏中的序号与图样上的零件序号需严格对应,用来说明零件序号、名称、数量、材料和备注,"备注"一般用以说明标准件的国标编号。明细栏一般直接画在标题栏的上方,按自下而上的顺序填写,这样便于填写增加的零件。当由下而上延伸位置不够时,可紧靠在标题栏的左方再由下向上延续。明细栏的外框为粗实线,框内的竖线和横线为细实线。注意明细栏的顶端横线应画成细实线。学习时推荐使用的标题栏和明细栏格式如图 9-8 所示。

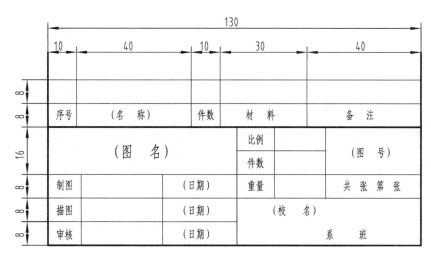

图 9-8 标题栏及明细栏的格式

六、装配结构的合理性

为保证机器的使用要求及便于零件装配和拆卸,应综合考虑装备结构的合理性及装配工艺的要求,并在装配图中正确表达。

(1) 为了保证零件之间接触良好,又便于加工和装配,两零件之间在同一个方向上,一般只能有一个接触面,这样既满足装配要求,又方便制造,如图 9-9 所示。

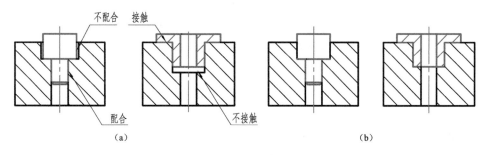

图 9-9 两零件接触表面
(a) 正确;(b) 错误

(2) 当孔与轴配合时,若轴肩与孔端面需接触,则在两接触面的交角处应将孔加工成倒角或在轴肩处切槽,以保证两个方向的接触面均接触良好,确保装配精度,如图 9-10 所示。

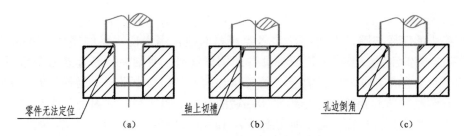

图 9-10　轴孔配合时的接触表面
(a) 错误；(b) 正确；(c) 正确

（3）有利于装拆的合理结构。为了装拆方便，轴肩的高度应小于轴承内圈的厚度，孔的端面也应小于轴承外圈的厚度，如图 9-11 所示。

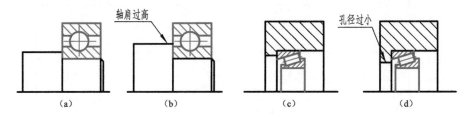

图 9-11　轴承拆装方便的结构
(a) 轴肩结构合理；(b) 轴肩结构不合理；(c) 座孔结构合理；(d) 座孔结构不合理

（4）采用螺栓连接的地方要有足够空间以便拆装，如图 9-12 所示。

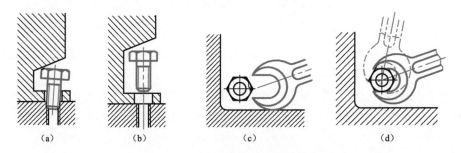

图 9-12　螺纹紧固件方便装拆的结构
(a) 错误；(b) 正确；(c) 错误；(d) 正确

第二节　装配图的画法

装配图的视图应清楚地表达机器或部件的工作原理，各零件之间的相对位置和装配关系，以及尽可能表达出主要零件的基本形状。

下面以球阀为例，介绍绘制装配图的方法和步骤。

一、分析部件的装配关系和工作原理

对部件的实物或装配图示意图进行仔细的分析，从功用和工作原理出发，详细了解该机器或部件的工作情况和结构特征，查阅有关该装配体的说明及资料，在此基础之上分析掌握各零件间的位置关系、装配关系和它们相互间的作用，进而考虑选取何种表达方法。

在管道系统中,球阀是用于启闭和调节流体流量的部件,如图 9-13 所示为球阀的轴测图,阀体共有 13 个零件。

球阀的工作原理是:扳手 13 的方孔套入阀杆 12 上部的四棱柱,当扳手处于如图 9-13 所示的位置时,即阀芯与阀体、阀盖同轴线,则阀门全部开启,管道畅通;反之,当扳手按顺时针方向旋转 90°时,则阀门全部关闭,管道断流。

阀体内有两条主要装配干线,一条是竖直方向,由扳手的动作传到阀芯的传动路线,由阀芯、阀杆和扳手等零件组成;另一条是水平方向,是沿阀孔水平轴线的通道干线,以阀体、阀芯和阀盖等零件组成。各个主要零件及其装配关系为:阀体 1 和阀盖 2 均带有方形的凸缘,它们用四个双头螺柱 6 和螺母 7 连接,并用合适的调整垫 5 调节阀芯 4 与密封圈 3 之间的松紧程度。在阀体上部有阀杆 12,阀杆下部有凸块,榫接阀芯 4 上的凹槽。为了密封,在阀体与阀杆之间加进填料垫 8、中填料 9 和上填料 10,并且旋入填料压紧套 11。

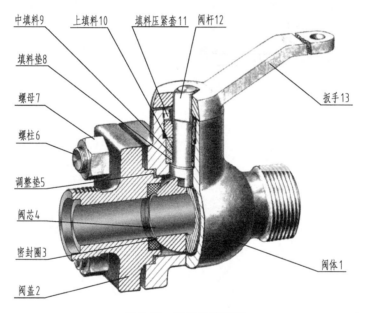

图 9-13　球阀的轴测图

二、确定表达方案

选择装配图的表达方案,应首先确定主视图,然后配合主视图选择其他视图。表达方案如图 9-14 所示。

1. 选择主视图

主视图一般按机器或部件的工作位置放置。应明显地表示其工作原理、装配关系、连接方式、传动路线及零件间主要相对位置。

如图 9-14 所示,主视图为了表达内部结构,沿装配干线作了全剖视,这样不仅将球阀的工作原理表达完全,同时可清晰地表达各个主要零件间的主要装配关系及零件间的工作位置。

2. 其他视图的选择

确定主视图后,根据机器或部件的结构特点,深入分析部件中还有哪些工作原理、装配关系和主要零件结构未表达清楚,根据需要选择适当的其他视图,每个视图都应有一个表达重点。

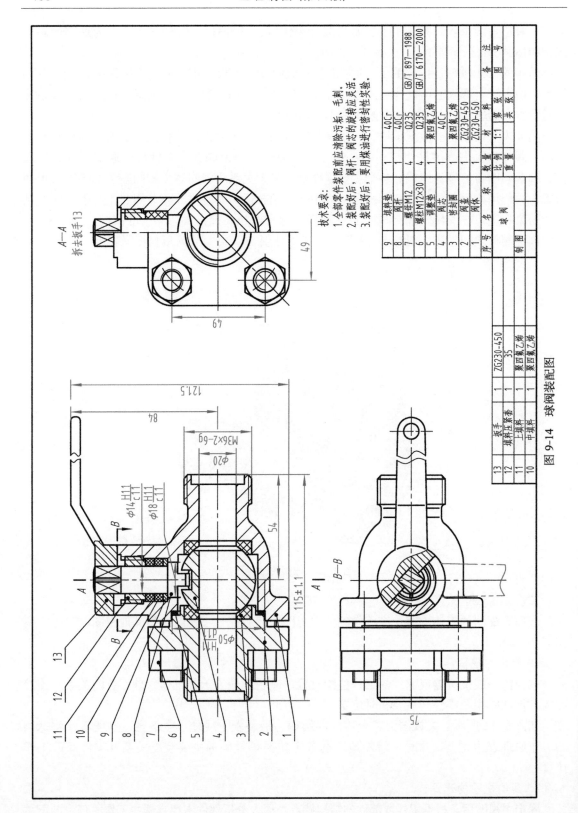

图 9-14 球阀装配图

在本例中，球阀沿前后对称面剖开的主视图，虽清楚地反映了各零件间的主要装配关系和球阀工作原理，但用以连接阀体和阀盖的螺柱分布情况以及阀盖、阀体等零件的主要结构形状未能表达清楚。因此左视图采用拆卸画法并画半剖视图，左半边为视图，主要表达阀盖的基本形状和 4 组螺柱的连接方位；右半边为剖视图，用以补充表达阀体、阀杆、阀芯之间的结构。俯视图作局部剖视，反映扳手与定位凸块的关系，同时采用假想画法表达扳手零件的极限位置。

三、画装配图的步骤

1. 确定图纸幅面与画图比例

确定表达方案后，选取适当比例，确定图幅，在安排各视图的位置时，要注意留有供编写零、部件序号，明细栏，以及注写尺寸和技术要求的位置。

2. 画底稿

画图时，应先画出各视图的主要轴线（装配干线）、对称中心线和作图基线（某些零件的基面和端面）。由主视图开始，几个视图配合进行。画剖视图时以装配干线为准，由内向外逐个画出各个零件，也可由外向里画，视作图方便而定。

在画图时应注意以下几点：

（1）各视图之间要符合投影关系，各零件、各结构要素也要符合投影关系。

（2）先画起定位作用的基准件，再画其他零件，这样画图准确、误差小，保证各零件间的相对位置准确。基准件可根据具体机器（或部件）加以分析判断。

（3）先画部件的主要结构，然后再画次要结构。

（4）画图时，随时检查零件间的装配关系是否正确。哪些面应该接触，哪些面之间应留有间隙，哪些面为配合面等，还要检查零件间有无干扰和相互碰撞，及时纠正。

绘制球阀装配图底稿的具体步骤如下：

（1）布置视图位置。画图时，应先画出各视图的主要装配干线、对称中心线和主体零件的安装基准面。由主视图开始，几个视图配合进行，以装配顺序为准，逐次画出各个零件。如图 9-15（a）所示，选择球阀阀杆的轴线为长度方向基准线，球阀前后对称面为宽度方向的基准面，阀体的径向轴线为高度方向的基准线。

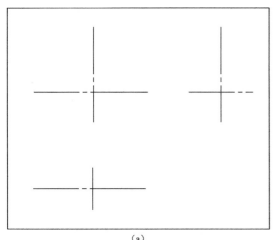
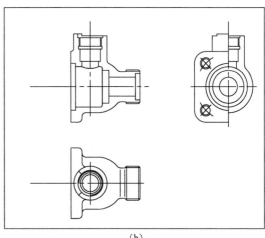

（a）　　　　　　　　　　　　　　　　（b）

图 9-15　绘制球阀装配图底稿的具体步骤（一）

（a）布图，画基准线；（b）画阀体三视图

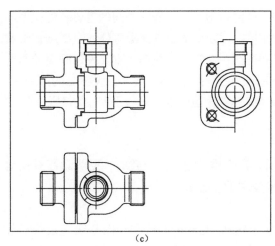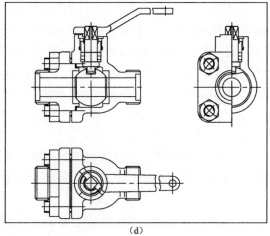

图 9-15　绘制球阀装配图底稿的具体步骤（二）

(c) 画阀盖三视图；(d) 画其他零件

（2）按装配关系画主要零件阀体的轮廓线，三个视图要联系起来画，如图 9-15（b）所示。

（3）根据阀盖和阀体的相对位置画出阀盖三视图，如图 9-15（c）所示。

（4）按装配关系和投影规律，逐一画出其他零件的三视图，如图 9-15（d）所示。

（5）检查，加深图线，标注尺寸。完成底稿后，仔细检查有无遗漏，擦除多余线；画剖面线、标注尺寸和编绘零件序号，清洁图面后再加深图线，编写技术要求和填写明细栏、标题栏，完成装配图的全部内容，如图 9-14 所示。

第三节　读　装　配　图

读装配图就是通过对装配图的视图、尺寸和文字符号的分析与识读，了解机器或部件的名称、用途、工作原理、装配关系等的过程。在机械设备的设计、制造、使用及技术交流中，经常要遇到读装配图的问题，所以工程技术人员必须具备读装配图和由装配图拆画零件图的能力。

一、读装配图的基本要求

（1）能够结合产品说明书等资料，了解机器或部件的用途、性能、结构和工作原理。

（2）掌握各零件间的相对位置、装配关系及装拆顺序等。

（3）分清各零件的名称、数量、材料、主要结构形状和用途。

（4）了解与本装配图相关设备的大致功能和构造。

二、读装配图的方法和步骤

下面以图 9-16 所示齿轮油泵装配图为例说明读装配图的方法和步骤。

1. 概括了解

（1）首先通过阅读标题栏、明细栏和零件序号，了解部件的名称，所包含的标准零件、非标准零件和组件的名称和数量，并在装配图中找到相应的位置，初步了解各零件的作用。

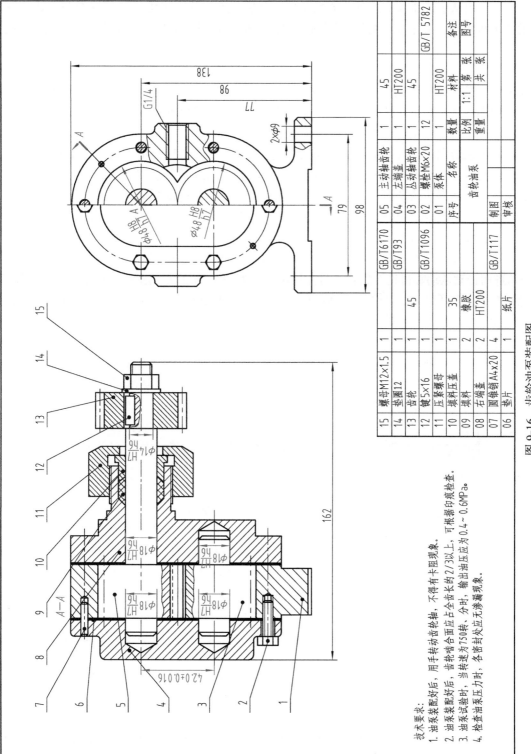

图 9-16 齿轮油泵装配图

15	螺母M12×1.5	1			05	主动轴齿轮	1	45	GB/T 5782	备注
14	垫圈12	1		GB/T6170	04	左端盖	1	HT200		图号
13	齿轮	1	45	GB/T193	03	从动轴齿轮	1	45		
12	镀5×16	1		GB/T1096	02	螺栓M6×20	12			
11	压紧螺母	1	35		01	泵体	1	HT200	材料	
10	填料垫	1	橡胶		序号	名称	数量	比例 1:1	第 张	
09	填料	2	橡胶			齿轮油泵		重量	共 张	
08	右端盖	2	HT200		制图					
07	圆锥销A4×20	4		GB/T117	审核					
06	垫片	1	纸片							

技术要求:
1. 油泵装配好后,用手转动齿轮轴,不得有卡阻现象。
2. 油泵装配好后,齿轮啮合面应占全齿长的2/3以上,输出油压应为0.4～0.6MPa。
3. 油泵试验时,当转速为750转,分时,各密封处应无渗漏现象。
4. 检查油泵压力时,各密封处应无渗漏现象。

（2）一般从主视图入手，对全部视图进行分析，弄清部件采用了哪些视图和表达方法，明确视图间的投影关系，剖视图、断面图的剖切位置及投射方向，正确理解各视图的表达内容。

图 9-16 所示标题栏说明该部件是齿轮油泵，它是机器供油系统中的一个部件，所采用的绘图比例是 1∶1。由明细栏可知，该油泵共有 15 种零件，其中标准件 5 种，非标准件 10 种，对照零件序号和明细栏可以找到各种零件在装配图中的位置。

2. 分析视图、了解工作原理

齿轮油泵装配图，共选用两个基本视图。主视图 A—A 旋转全剖视图，主要表达该齿轮油泵的结构特点和各零件间的装配关系，零件间连接形式大部分表现出来；左视图采用沿垫片和泵体结合面剖切的半剖视图，未剖部分表达油泵外形及连接泵体与泵盖的螺钉、圆柱销的分布情况。被剖开部分表达了一对齿轮啮合传动及进行吸、压油的工作原理。并采用了局部剖，表达安装孔的情况。

通过以上分析，可了解齿轮油泵的传动路线：外部动力通过齿轮 13、键 12 带主动轴齿轮 5，进而带动从动轴齿轮 3 旋转。将左视图简化为图 9-17 所示的工作原理示意图，泵体是齿轮油泵的主要零件之一，泵体两侧各有一个管螺纹的螺纹孔，一个吸油，一个压油。当主动齿轮按图中所示方向旋转时，在吸油口处两啮合齿轮逐渐脱开，齿间空腔体积增大，压力减小。于是，油被吸入齿间，随着齿轮的旋转，油被带入压油处，该处两齿轮的轮齿逐渐啮合，齿腔空间体积减小，油压增大，从而将油压入输出口送往各润滑管路中。

为防止泵内油外漏，在泵体与泵盖的接合处加入了垫片 6，并在主动轴齿轮 5 的伸出端，用填料 9、填料压盖 10 和压紧螺母 11 加以密封。

3. 分析装配关系、连接方式

分析清楚零件之间的配合关系和连接方式，能够进一步了解为保证实现部件的功能所采用的相应措施，以更加深入地了解部件。

（1）配合关系：$\phi48H8/h7$ 为间隙配合，它采用了间隙配合中间隙为最小的方法，以保证一对齿轮的啮合既能转动灵活，又能保证吸油口和出油口存在必要的压差，实现向润滑管路中供油的目的。

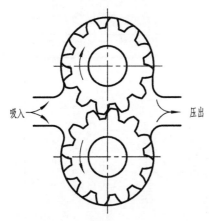

图 9-17　齿轮油泵工作原理示意图

$\phi18H7/h6$ 为间隙配合，它同样采用了间隙配合中间隙为最小的方法，以保证轴在泵体、泵盖孔中既能转动，又可减小或避免轴的径向跳动。

其他配合代号和尺寸公差，请读者自行分析。

（2）连接方式：从图中可以看出，左右端盖与泵体之间是分别采取用两个圆柱销定位、用 6 个螺柱紧固的方法，将泵盖和压盖与泵体牢靠地连接在一起。

4. 分析零件

分析零件一般可先从主要零件开始，因为一些小的或次要的零件，往往在分析装配关系和分析主要零件的过程中，就可把它们的结构形状弄清楚了。分析零件时，应根据同一零件的剖面线在各个视图上的方向相同、间隔相等的规定，划定零件的投影范围，进而运用形体分析和线面分析的方法进行仔细推敲。

当某些零件的结构形状在装配图中表达不够完整时，可先分析相邻零件的结构形状，根据它和周围零件的关系及作用，再来确定该零件的结构形状就比较容易了。

5. 归纳总结

在以上分析的基础上，还要对技术要求和全部尺寸进行分析，并把部件的性能、结构、装配、操作、维修等几方面联系起来研究，进而总结归纳，如结构有何特点，能否实现工作要求，装拆顺序如何，操作和维修是否方便等，这样对部件才能有一个全面的了解。

要看懂装配图，除掌握上面介绍的一般方法外，还必须具备有关的专业知识和机械常识。因此，还应通过后续课程的学习，不断提高看装配图的能力。

第十章 建 筑 施 工 图

房屋建筑图用来表达建筑物的规划位置、外部形状、内部布置及内外装饰材料等内容。房屋建筑图是用来指导房屋建筑施工的依据，所以又称为施工图。

第一节 概　　述

一、房屋的各组成部分及其作用

如图 10-1 所示四层住宅楼为例，介绍房屋的各组成部分及其作用。

（1）基础：室内地面以下的承重部分，承受上部传来的荷载并传给地基，起支撑房屋的作用。

（2）墙或柱：承受上部墙体及楼板、梁等传来的荷载并传给基础。内墙兼有分隔作用，外墙兼有维护作用。

（3）楼（地）面：房屋中水平方向的承重构件，将荷载传给墙、柱等，同时起分层作用。

（4）楼梯：房屋垂直方向的交通设施。

（5）屋顶：房屋顶部的承重结构，起着承重、维护、隔热（保温）和防水的作用。

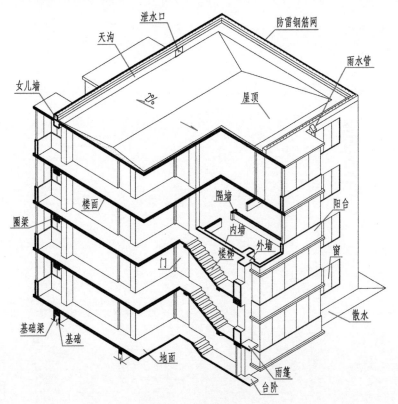

图 10-1　房屋的组成

（6）门窗：门主要起联系室内外交通的作用，窗主要起采光、通风、分隔、围护作用。

另外，建筑物一般还有散水（明沟）、台阶、雨篷、阳台、女儿墙、雨水管、消防梯、水箱间、电梯间等其他构配件和设施。

二、房屋施工图的分类

房屋施工图是建造房屋的技术依据，按其内容和作用不同，一般进行如下分类：

1. 建筑施工图（简称建施）

主要表示房屋的总体布局、外部装修、内部布置、细部构造及对施工要求的图样，是施工放线、砌墙、安装门窗及编制预算的技术依据。建筑施工图包括首页图（图纸总说明、图纸目录）、总平面图、平面图、立面图、剖面图和建筑详图等。

2. 结构施工图（简称结施）

主要表示房屋承重构件（如梁、板、柱等）的平面布置、形状、大小、材料、构造类型及其相互关系的图样，是挖基槽、绑扎钢筋、安装梁、板、柱及编制预算的技术依据。结构施工图包括结构设计说明、基础图、结构平面布置图和结构构件详图等。

3. 设备施工图（简称设施）

主要表示建筑物内给水排水、采暖、通风、电气照明等设施的布置和施工要求的图样。设备施工图包括给水排水、采暖通风、电气等专业的平面布置图、系统图和详图，分别简称水施、暖施和电施。

三、建筑施工图的一般规定

1. 比例

国家《建筑制图标准》（GB/T 50104—2010）中，对建筑施工图的绘图比例作了规定：

总平面图常用比例：1∶2000、1∶1000、1∶500。

建筑平面图、立面图、剖面图常用比例：1∶200、1∶150、1∶100、1∶50。

详图常用比例：1∶50、1∶30、1∶20、1∶10、1∶5、1∶2、1∶1、2∶1等。

2. 图线

房屋建筑施工图中为了使所表达的图样层次分明，重点突出，采用不同的线型和线宽，《建筑制图标准》中对各种图线的应用有明确的规定，见表10-1。

表 10-1 　　　　　　　　　　建筑专业制图中常用图线

名称	线　　　型	线宽	用　　　途
粗实线	———————————	b	1. 平、剖面图中被剖切的主要建筑构造（包括构配件）的轮廓线 2. 建筑立面图或室内立面图的外轮廓线 3. 建筑构造详图中被剖切的主要部分的轮廓线 4. 建筑构配件详图中的外轮廓线 5. 平、立、剖面的剖切符号
中粗实线	———————————	$0.7b$	1. 平、剖面图中被剖切的次要建筑构造（包括构配件）的轮廓线 2. 建筑平、立、剖面图中建筑构配件的轮廓线 3. 建筑构造详图及建筑构配件详图中的一般轮廓线
中实线	———————————	$0.5b$	小于 $0.7b$ 的图形线、尺寸线、尺寸界线、索引符号、标高符号、详图材料做法引出线、粉刷线、保温层线、地面、墙面的高差分界线等

续表

名称	线　　　型	线宽	用　　　途
细实线	———————————	0.25b	图例填充线、家具线、纹样线等
中粗虚线	— — — — — — —	0.7b	1. 建筑构造详图及建筑构配件不可见的轮廓线 2. 平面图中的起重机（吊车）轮廓线 3. 拟建、扩建建筑物轮廓线
中虚线	— — — — — — — —	0.5b	投影线、小于 0.5b 的不可见轮廓线
细虚线	- - - - - - - - - -	0.25b	图例填充线、家具线等
粗点画线	—·—·—·—·—·—	b	起重机（吊车）轨道线
细点画线	—·—·—·—·—·—	0.25b	中心线、对称线、定位轴线
折断线	———⌐\——	0.25b	不需要画全的断开界线
波浪线	～～～～～	0.25b	不需要画全的断开界线、构造层次的断开线

注　室外地坪线宽可用 1.4b。

3. 建筑施工图中常用的符号及图例

（1）定位轴线。

定位轴线是确定主要承重构件，如墙、柱、梁或屋架等构件平面位置的定位线。

一般用细点画线绘制，端部加绘直径为 8～10mm 的细实线圆，如图 10-2 所示。

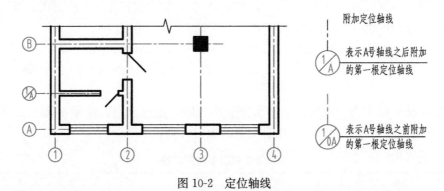

图 10-2　定位轴线

轴线的编号应遵守如下规定：在平面图中定位轴线的编号宜标注在图样的下方与左侧。横向编号应用阿拉伯数字，从左至右顺序编写；竖向编号应用大写拉丁字母（I、O、Z 除外），从下至上顺序编写。字母数量不够时，可增用双字母或单字母加数字注脚。对于次要构件可用附加定位轴线表示，详见图 10-2。

（2）标高。标高是表示建筑物高度的一种尺寸形式。

标高的尺寸单位为 m，标注到小数点后 3 位（总平面图中标注到小数点后两位）。标高符号用细实线按图 10-3 所示尺寸、形状进行绘制。总平面图上的室外地坪标高符号宜用涂黑的三角形表示，见图 10-3（b）。建筑平面图中标高的标注方法见图 10-3（c）。立面图、剖面图等图样标高时，标高符号的尖端应指至被注高度的位置，尖端宜向下，也可向上，见图 10-3（d）。零点标高记为"±0.000"，比零点低的加"－"表示，高的"＋"号省略。在图样的同一位置表示几个不同标高时，标高数字可按图 10-3（e）的形式注写。

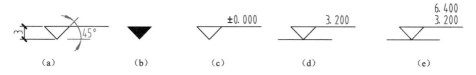

图 10-3　标高符号画法
(a) 标高符号的画法；(b) 总平面图上的室外标高；(c) 平面图上的标高符号；
(d) 立面图与剖面图上的标高符号；(e) 多层标注

标高尺寸有绝对标高与相对标高之分。绝对标高是以我国青岛附近的黄海平均海平面为零点测出的高度尺寸；相对标高是以建筑物首层室内主要地面为零点确定的高度尺寸。

（3）索引符号和详图符号。

1）索引符号。图样中某一局部需要用较大比例绘制详图表达时，应以索引符号索引。索引符号由直径为 10mm 的圆和水平直径组成，均以细实线绘制，如图 10-4（a）所示。横线上部数字为详图的编号，下部数字为详图所在图纸的编号，如下部画一横线表示详图绘在本张图纸上。如详图采用标准图，应在水平直径的延长线上注明标准图集的编号。若索引符号用于索引剖视详图，应在被剖切的部位绘制剖切位置线，引出线所在的一侧为剖视方向，详见图 10-4（b）。

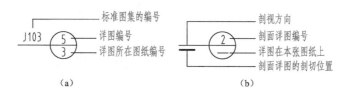

图 10-4　索引符号
(a) 直接索引；(b) 剖视索引

2）详图符号。详图符号用来表示详图的编号和位置。详图符号用直径为 14mm 的粗实线圆表示。在圆内标注与索引符号相对应的详图编号。若详图从本页索引，可只注明详图的编号，如图 10-5（a）所示。若从其他图纸上引来尚需在圆内画一水平直径线，上部注明详图编号，下部注明被索引的图纸的编号，如图 10-5（b）所示。

（4）指北针。指北针用来确定建筑物的朝向，宜用直径为 24mm 的细实线圆加一涂黑指针表示，指针尖为北向，加注"北"或"N"字，尾部宽宜为 3mm，如图 10-6 所示。

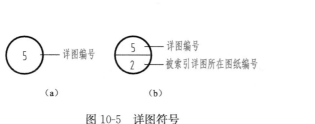

图 10-5　详图符号
(a) 详图在本张图纸索引；(b) 详图由其他图纸索引

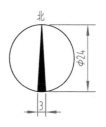

图 10-6　指北针

第二节 总 平 面 图

一、总平面图的形成及作用

1. 总平面图的形成

将新建建筑物周边一定范围内的新建、拟建、原有、拆除的建筑物、构筑物及其地形、地物等用水平投影的方法和相应的图例画出的图样，称为总平面图，如图 10-7 所示。

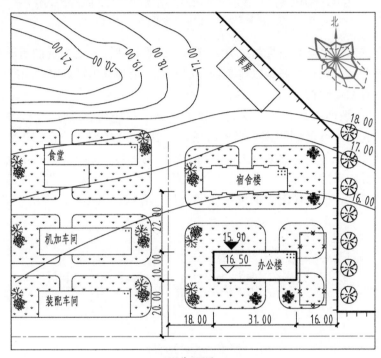

××厂区总平面图 1:500

图 10-7 ××厂区总平面图

2. 总平面图的作用

总平面图表明了新建建筑物的平面形状、位置、朝向、外部尺寸、层数、标高以及与周围环境的关系、施工定位尺寸，也是土方计算和水、暖、电等管线设计的依据。

二、常用图例

总平面图中常用一些图例表示建筑物及绿化等，见表 10-2。

表 10-2   **总 平 面 图 常 用 图 例**

名称	图例	备注	名称	图例	备注
新建建筑物	6 ▲	(1) 用粗实线表示 (2) 用 ▲ 表示出入口 (3) 在图形内右上角用点数或数字表示层数	新建道路	R9 0.6 101.00 150.00	"R9" 表示道路转弯半径，"150.00" 为道路中心控制点标高，"0.6" 表示 0.6% 的纵向坡度，"101.00" 表示变坡点距离
原有建筑物		用细实线表示	原有道路		

续表

名称	图例	备注	名称	图例	备注
计划扩建的建筑物或预留地		用中虚线表示	计划扩建道路		
拆除的建筑物	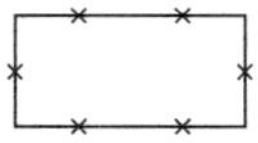	用细实线表示	护坡	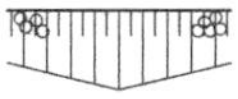	边坡较长时，可在一端或两端局部表示
坐标	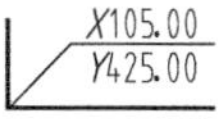 $X105.00$ $Y425.00$	表示测量坐标	围墙及大门	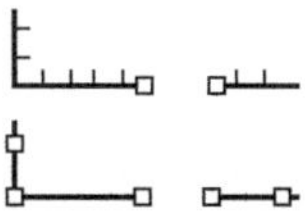	上图为实体性质的围墙 下图为通透性质的围墙
	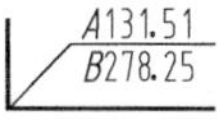 $A131.51$ $B278.25$	表示建筑坐标	树木	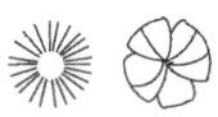	左图表示针叶类树木 右图表示阔叶类树木

三、总平面图的图示内容

1. 图名、比例

图名应标注在总平面图的正下方，在图名下方加画一条粗实线，比例标注在图名右侧，其字高比图名小一号或二号，如图 10-7 所示。因总平面图包括的地方范围较大，所以一般采用 1∶2000、1∶1000、1∶500 等较小比例绘制，本例绘图比例为 1∶500。

2. 新建筑物周围总体布局

按表 10-3 中规定的图例来表明新建、原有、拟建的建筑物，附近的地物环境、交通和绿化布置。地形复杂时需要画出等高线，如图 10-7 所示。

3. 新建建筑物的朝向、位置和标高

（1）定向。在总平面图中，首先应确定建筑物的朝向。朝向可用指北针或风向频率玫瑰图（图 10-7）表示。风向频率玫瑰图（简称风玫瑰）是根据当地气象部门提供的多年平均风向频率。粗实线为全年风向频率，虚线为夏季风向频率。

（2）定位。房屋的位置可用定位尺寸或坐标确定。定位尺寸应注出与原有建筑物或道路中心线的联系尺寸，如图 10-7 所示。总平面图中还应以 m 为单位，标出新建建筑物的总长、总宽尺寸如图 10-7 所示。

（3）定高。在总平面图中，需注明新建建筑物室内地面±0.00 处和室外地面的绝对标高，如图 10-7 所示。

4. 补充图例或说明

必要时可在图中画一些补充图例或文字说明以表达图样中的内容。

四、总平面图的识读

图 10-7 为××厂区总平面图，绘图比例 1∶500。从图中可以看到，厂区内新建一栋六层的办公楼，朝向坐北朝南，长 31.00m，宽 10.00m，新建筑物是根据原有道路和建筑物来定位的。图中尺寸"20.00"是新建筑物与东西方向道路中心线间的距离尺寸；"18.00"为新建筑物与南北方向道路中心线间的距离尺寸；"22.00"是新建筑物与原有六层建筑

（宿舍楼）间的距离，"16.00"是新建筑物到围墙的距离。室内±0.00处地面相当于绝对标高的16.50m，室外绝对标高为15.90m，室内外高差为0.6m。东侧有一需拆除建筑物，并设有围墙，围墙外侧为绿化带。新建筑物北面有一栋六层的宿舍楼；西侧是两栋两层的厂房，分别为机加车间和装配车间。建筑物周围种植针叶类、阔叶类等树木，有较好的绿化环境。

第三节　建筑平面图

一、建筑平面图的形成、作用及分类

1. 建筑平面图的形成

建筑平面图是用一个假想的水平剖切平面，沿建筑物窗台以上部位剖开整幢房屋，移去剖切平面以上部分，将余下的向水平面作正投影所得到的水平剖视图，称为建筑平面图，简称平面图。如图10-8所示。

2. 建筑平面图的作用

建筑平面图主要用来表达建筑物的平面形状、房间布置、门窗洞口位置、各细部构造位置、设备、各部分尺寸等，是施工放线和施工预算的主要依据。

3. 建筑平面图的分类

一般建筑平面图与建筑物的层数有关。一幢三层或三层以上的房屋，其建筑平面图至少应画三个，即底层平面图、顶层平面图和标准层平面图。图10-1所示住宅楼，房屋的底层和顶层平面布局不相同，应分别绘出。二层、三层平面相同，可合画一个标准层平面图。

二、建筑平面图中常用图例

在建筑平面图中，各建筑配件如门窗、楼梯、坐便器、通风道、烟道等一般都用图例表示，下面将《建筑制图标准》和《建筑给水排水制图标准》（GB/T 50106—2010）中一些常用的图例摘录为表10-3。

三、平面图的图示内容

建筑平面图应包含以下内容，如图10-8所示。

1. 图名、比例、轴线编号

2. 建筑物的平面布置（包括墙、柱的断面，门窗的位置、类型及编号，各房间的名称等）

要求砌体墙涂红，比例较小时可用粗实线表示，钢筋混凝土涂黑。门的代号为M，窗的代号为C，代号后面是编号。同一编号表示同一类型的门窗，其构造和尺寸完全相同。

3. 其他构配件和固定设施的图例或轮廓形状

在平面图上应绘出楼（电）梯间、卫生器具、水池、橱柜、配电箱等。底层平面图还会有入口（台阶或坡道）、散水、明沟、雨水管、花坛等，楼层平面图则会有本层阳台、下一层的雨篷顶面等。

4. 其他符号

在底层平面图上应画出指北针和剖切符号。在需要另画详图的局部或构件处，画出详图索引符号。

5. 平面尺寸和标高

建筑平面图上的尺寸分为外部尺寸和内部尺寸。

表 10-3　　　　　　　　　　　常用建筑构造及配件图例

名称	图例	名称	图例	名称	图例
空门洞		固定窗		楼梯	顶层楼梯平面 中间层楼梯平面 底层楼梯平面
单面开启单扇门（包括平开或单面弹簧）		单层外开平开窗			
双面开启双扇门（包括双面平开或双面弹簧）		单层推拉窗			
坡道		电梯		墙预留槽和洞	宽×高或φ×深 标高 宽×高或φ 标高
孔洞		坑槽		烟道	
坐式大便器		蹲式大便器		风道	
洗脸盆		浴盆			

　　（1）外部尺寸。为了便于读图和施工，外部通常标注三道尺寸：最外面一道是总尺寸，表示房屋外墙轮廓的总长、总宽；中间一道是定位轴线间的尺寸，一般表明房间的开间、进深（相邻横向定位轴线间的距离称为开间，相邻纵向定位轴线间的距离称为进深）；最靠近图形的一道是细部尺寸，表示房屋外墙上门窗洞口等构配件的大小和位置。

　　室外台阶或坡道、花池、散水等附属部分的尺寸，应在其附近单独标注。

　　（2）内部尺寸。标注房间的净空尺寸，室内门窗洞口及固定设施的大小与位置尺寸、墙厚、柱断面的大小等。

（3）标高尺寸。在建筑平面图中，宜注出室内外地面、楼地面、阳台、平台、台阶等处的完成面标高。若有坡度应注出坡比和坡向。

　　四、建筑平面图的识读

　　现以图 10-8 所示某住宅底层平面图为例，说明识读建筑平面图的方法和步骤。

　　图 10-8 为某住宅底层平面图，绘图比例为 1∶100。从底层平面图左下角的指北针可看出，该住宅的朝向为坐北朝南。

　　该住宅楼布局为一梯两户，总长 18.74m，总宽 10.22m。单元入口 M-1 设在⑤～⑥轴线之间的①轴线墙上。西侧住户为两室一厅、一厨一卫、南北两阳台；东侧住户为三室一厅、一厨一卫、南北两阳台，厨房、卫生间都布置在北侧。居室的开间尺寸均为 3600，进深尺寸为 4500，客厅的开间尺寸为 3600，进深尺寸为 6300（经计算得出），厨房、卫生间的开间尺寸为 2100，进深尺寸为 2700。

　　该住宅的底层共有六种不同编号的门，即单元门 M-1（宽 1300）、入户门 M-2（宽 1000）、卧室门 M-3（宽 900）、厨房、卫生间门 M-4（宽 800），阳台拉门 M-5（宽 1400），楼梯间、即贮藏室门 M-6；五种编号不同的窗，即卧室窗 C-1（宽 1800）和 C-3（宽 1500），南阳台封闭窗 C-2 和北阳台封闭窗 C-5，卫生间窗 C-4（宽 900）。楼梯间设在⑧、⑩和⑤、⑥轴之间，开间尺寸为 2400，进深尺寸为 5100，其形式为双跑楼梯，从该层至上一层共 18 级踏步。根据平面图中的标高尺寸可知厨房、卫生间的地面比同层楼地面都低 20，厨房有水池、操作台、地漏等设施，卫生间有浴缸、坐便器、洗手盆、地漏等设施，在厨房和卫生间分别设有烟道和通风道。外墙靠②、⑨轴线的阳台附近共有四处雨水管。从室内地面下 3 级踏步到室外入口台阶，台阶尺寸为 1900×1050。室外地坪标高为 -0.60m，室内外高差为 600，四周设有 400 宽散水，在⑦～⑧轴线之间有 1—1 剖面图的剖切符号，向左进行投射。

　　五、建筑平面图的画图步骤

　　现以本节的底层平面图为例，说明绘制平面图的一般步骤。

　　1. 确定绘图比例和图幅

　　首先根据建筑物的长度、宽度和复杂程度选择比例，再结合尺寸标注和必要的文字说明所占的位置，确定图纸的幅面。

　　2. 画底稿

　　（1）布置图面确定画图位置，画定位轴线。

　　（2）绘制墙（柱）轮廓线及门窗洞口线、门窗图例符号等。

　　（3）画出其他构配件，如台阶、楼梯、散水、卫生器具等构配件的轮廓线。

　　3. 加深图线

　　仔细检查无误后，按照表 10-1 中对各种图线应用的规定加深图线。

　　建筑平面图中的图线主要有以下几种：凡是被剖切到的主要建筑构造，如墙、柱断面的轮廓线用粗实线（b）；被剖切到的次要建筑构造，如玻璃隔墙、门扇的开启线、窗的图例线用粗实线绘制。未剖切到的建筑配件的可见轮廓线，如楼梯、地面高低变化的分界线、台阶、散水、花池等用中实线（$0.5b$）或细实线（$0.25b$）；图例线、尺寸线、尺寸界线、标高、索引符号等用细实线绘制（$0.25b$）。如需表示高窗、洞口、通气孔、槽、地沟等不可见部分则用虚线绘制。

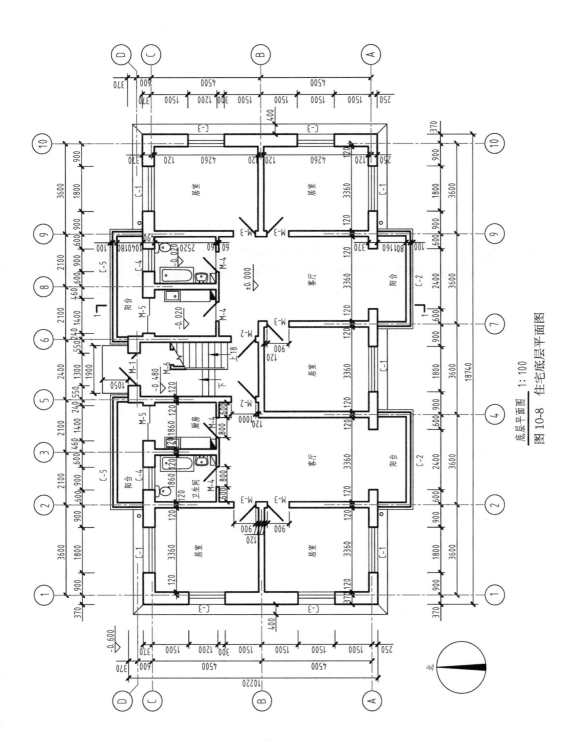

底层平面图 1:100

图 10-8 住宅底层平面图

4. 标注尺寸、画图例符号、注写文字说明等，完成全图

　　根据平面图尺寸标注的要求，标出各部分尺寸，画出其他图例符号，如指北针、剖切符号、索引符号、轴线编号等，注写门窗编号、房间名称、图名、比例、文字说明等内容，汉字宜写成长仿宋体，最后完成全图。

第四节　建 筑 立 面 图

一、建筑立面图的形成及作用

1. 建筑立面图的形成

将建筑物的各个立面向与之平行的投影面作正投影，所得的投影图称为立面图。

2. 建筑立面图的作用

建筑立面图主要反映建筑物的外部造型、门窗、阳台、檐口等可见构件的结构形状、尺寸大小及外墙装饰做法的图样。一座建筑物是否美观主要取决于它在立面上的艺术处理。在设计阶段，立面图主要用来进行艺术处理和方案比较选择。在施工阶段，主要用来表达建筑物外形、外貌、立面材料及装饰做法。

二、建筑立面图的图示内容

建筑立面图应包含以下内容，如图 10-9 所示。

（1）图名、比例。

（2）定位轴线。建筑立面图只画出建筑物两端外墙的轴线。

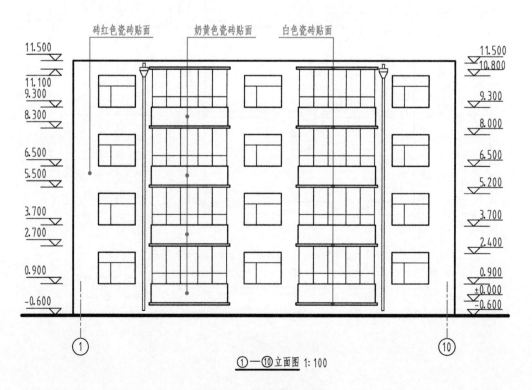

图 10-9　①—⑩立面图

（3）画出在投影方向可见的建筑外轮廓线和墙面上各构配件可见轮廓的投影，由于绘图比例较小，可将部分门窗按建筑图例绘出其完整图形，其余相同形式的门窗只画轮廓线示意。

（4）尺寸标注及文字说明。立面图中应标注必要的高度方向尺寸和标高。如室内外地面、门窗洞口、阳台、雨篷、女儿墙、台阶等处的标高和尺寸。除了标高，有时还补充些局部的建筑构造或构配件的尺寸，并用文字说明墙面的装饰材料、作法等。

三、建筑立面图的识读

图 10-9 为某住宅的立面图，图中采用与平面图相同的比例 1∶100 绘制，反映住宅相应立面的造型和外墙面的装修。从图中可以看出，该住宅为四层，总高 12.10m。整个立面简洁、大方，入口处单元门为三七对开防盗门，门口有一步台阶，上方设有雨篷，靠阳台角处共设有四处雨水管。所有窗采用塑钢窗，分格形式见图 10-9。整栋住宅外墙面全部采用砖红色瓷砖贴面，阳台栏板上部采用奶黄色瓷砖贴面，阳台栏板下部采用白色瓷砖贴面，使整个建筑色彩协调、明快。图中还标注了楼梯间窗和雨篷顶面的标高。

四、建筑立面图的画图步骤

建筑立面图的画图步骤与平面图基本相同，同样经过选定比例和图幅，绘制底稿、加深图线、标注尺寸文字说明等几个步骤，现说明如下：

（1）打底稿。

1）画出两端轴线及室外地坪线、屋顶外形线和外墙的外形轮廓线。

2）画各层门、窗洞口线。

3）画立面细部，如台阶、窗台、阳台、雨篷、檐口等其他细部构配件的轮廓线。

（2）检查无误后按立面图规定的线型加深图线。

为了使建筑立面图主次分明，有一定的立体感，通常室外地坪线用特粗实线（1.4b）绘制：建筑物外包轮廓线（俗称天际线）和较大转折处轮廓的投影用粗实线（b）绘制：外墙上明显凹凸起伏的部位，如壁柱、门窗洞口、窗台、阳台、檐口、雨篷、窗楣、台阶、花池等用中实线（0.5b）绘制；门窗及墙面的分格线、落水管、引出线用细实线（0.25b）绘制。

（3）标注标高尺寸和局部构造尺寸，注写首尾轴线，书写图名、比例、文字说明、墙面装修材料及做法等，最后完成全图。

第五节　建筑剖面图

一、建筑剖面图的形成及作用

1.建筑剖面图的形成

建筑剖面图是假想用一个垂直于横向或纵向轴线的剖切平面，将建筑物沿某部位剖开，移去观察者与剖切平面之间的部分，余下的部分作正投影所得的剖视图称建筑剖面图。

2.建筑剖面图的作用

建筑剖面图主要用于表达建筑物的分层情况、层高、门窗洞口高度及各部分竖向尺寸，简要的结构形式和构造做法、材料等情况。建筑剖面图与平面图、立面图相互配合，构成建筑物的主体情况，是建筑施工图的三大基本图样之一。

3. 建筑剖面图的剖切布置

一般建筑物选用横向剖切，剖切位置选择在能反映建筑物全貌、构造特性以及有代表性的部位，并经常通过门窗洞和楼梯间剖切，剖面图的数量应根据房屋的复杂程度和施工需要而定，其剖切符号标注在底层平面图上。如图 10-10 所示 1—1 剖面图的剖切符号标注在图 10-8 底层平面图中。

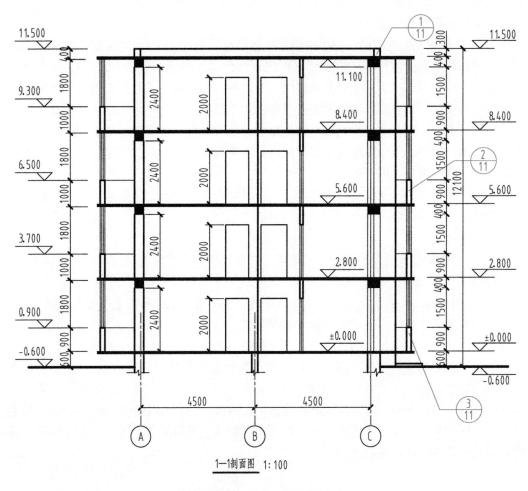

1—1剖面图　1：100

图 10-10　1—1 剖面图

二、建筑剖面图的图示内容

1. 图名、比例、轴线及编号

建筑剖面图一般采用与平面图相同的比例。凡是被剖切到的墙、柱都应标出定位轴线及其编号，以便与平面图进行对照，如图 10-10 所示。

2. 剖切到的构配件

剖面图上要绘制剖切到的构配件，并表明其竖向的结构形式及内部构造。例如室内外地面、楼地面及散水、屋顶及其檐口、剖到的内墙、外墙、柱、门窗、梁、板、雨篷、阳台、楼梯等。剖面图中一般不画基础部分。

　　3. 未剖切到但可见的构配件

　　剖面图中要绘制未剖切到的构配件的投影。例如看到的墙、柱、梁、门、窗、阳台、楼梯段、装饰线等。

　　4. 尺寸标注

　　(1) 标高尺寸。室内外地面、各层楼地面、台阶、楼梯平台、檐口、女儿墙顶等处标注建筑标高。

　　(2) 竖向构造尺寸。通常标注外墙的洞口、层高、总高三道尺寸，内部标注门窗洞口、其他构配件高度尺寸。

　　(3) 轴线间尺寸。

　　5. 其他图例、符号、文字说明

　　对于因绘图比例较小不能表达清楚的部分，可用图例表示。例如，钢筋混凝土可涂黑，按需注明详图索引符号等。对于一些构件的材料及作法，可用文字加以说明。

　　三、建筑剖面图的识读

　　对照图 10-8 底层平面图，可知图 10-10 所示 1—1 剖面图是在⑦~⑧轴线间横向剖切，向左投影所得的剖面图，剖切到Ⓐ、Ⓑ、Ⓒ轴线的纵墙及其墙上的门窗，图中表达了住宅地面至屋顶的结构形式和构造内容。反映了剖切到的南阳台、Ⓐ轴墙上的门洞口、厨房 M—4 的门、Ⓒ轴墙上 M—5 推拉门、北阳台的结构形式及散水、楼地面、屋顶、过梁、女儿墙的构造；同时表示了剖切后可见的居门室 M—3 及分户门 M—2 等构造。从图 10-10 中可看出，住宅共四层，各层楼地面的标高分别±0.000、2.800m、5.600m 及 8.400m，可知层高 2.800m。女儿墙顶面的标高为 11.500m，室外地面标高为－0.600m。阳台窗 C—2 和 C—5 高 1800，窗台高 900，门洞高 2400，居门室 M—3 和分户门 M—2 高 2000 等。此住宅垂直方向的承重构件为砖墙，水平方向的承重构件为钢筋混凝土梁和楼板 (图 10-10 中涂黑断面)，故为混合结构。在Ⓒ轴线外墙墙角、中间阳台、檐口处标注了详图索引符号。

　　四、剖面图的画图步骤

　　剖面图的比例、图幅的选择与建筑平面图和立面图相同，其画图步骤如下：

　　(1) 打底稿。

　　1) 画定位轴线、室内外地坪线、楼面线、屋面、楼梯踏步的起止点、休息平台面等高度线。

　　2) 画出剖切到的墙身、门窗洞口、楼板、屋面、平台板厚度等；再画楼梯、梁等。

　　3) 画出未剖切到的可见轮廓，如墙垛、梁、门窗、楼梯栏杆扶手、雨篷、檐口等。

　　(2) 检查无误后，按规定线型加深图线。

　　建筑剖面图中的图线一般有以下几种：室内外地坪线用特粗实线 (1.4b)；凡是被剖切到的主要建筑构造、构配件的轮廓线以及很薄的构件，如架空隔热板用粗实线 (b)；次要构造或构件以及未被剖切到的主要构造的轮廓线，如阳台、雨篷、凸出的墙面、可见的梯段用中实线 (0.5b)；细小的建筑构配件、面层线、装修线 (如踢脚线、引条线等) 用细实线 (0.25b) 绘制。

　　(3) 标注标高和构造尺寸，注写定位轴线编号，书写图名、比例、文字说明等，最后完成全图。

第六节　建　筑　详　图

一、概述

由于平面、立面、剖面图一般所用的绘图比例较小，建筑中许多细部构造和构配件很难表达清楚，需另绘较大比例的图样，这种图样称之为建筑详图，也称为大样图或节点图。

建筑详图是平、立、剖面图的补充图样，其特点是比例大、图示清楚、尺寸标注齐全、文字说明详尽。常用的详图有三种：楼梯详图、平面局部详图、外墙剖面详图。本书以外墙剖面详图为例说明详图的画法和识读方法。

二、外墙剖面详图

1. 形成

外墙剖面详图是将外墙沿某处剖开后投影所形成的。它主要表示外墙与地面、楼面、屋面的构造连接情况以及檐口、门窗顶、窗台、散水、明沟等处的构造情况，是施工的重要依据。

2. 图示内容

在多层房屋中，各层的构造情况基本相同，可只表示墙脚、阳台与楼板和檐口三个节点，各节点在门窗洞口处断开，在各节点详图旁边注明详图符号和比例。其主要内容有：

（1）墙脚。外墙墙脚主要表示一层窗台及以下部分，包括室外地坪、散水（或明沟）、防潮层、勒脚、底层室内地面、踢脚、窗台等部分的形状、尺寸、材料和构造作法。

（2）中间部分。主要表示楼面、门窗过梁、圈梁、阳台等处的形状、尺寸、材料和构造作法。此外，还应表示出楼板与外墙的关系。

（3）檐口。主要表示屋顶、檐口、女儿墙、屋顶圈梁的形状、尺寸、材料和构造作法。

3. 外墙剖面详图的识读

以图 10-11 所示内容为例，识读外墙剖面详图。

该详图由 1—1 剖面图（图 10-10）索引，编号分别为 1、2、3 号的详图，比例 1∶20。

$\frac{1}{10}$墙脚节点。ⓒ轴线外墙厚 490，轴线距内墙为 120。为迅速排出雨水以保护外墙墙基免受雨水侵蚀，沿建筑物外墙地面设有坡度为 3‰、宽 400 的散水，散水与外墙面接触处缝隙用沥青油膏填实。由于外墙面贴面，所以不另做勒脚层。底层室内地面的详细构造用引出线分层说明。阳台窗台高 900，为防止窗台流下的雨水侵蚀墙面，窗台底面抹灰设有滴水槽，其构造尺寸如图 10-11 "3 号" 详图所示。

$\frac{2}{10}$阳台、楼面节点。由节点详图可知，楼板为 100 厚现浇钢筋混凝土楼板，上下抹灰，天棚大白浆两度。阳台地面贴面砖，阳台由 120 厚普通黏土砖和 60 厚 XR 无机保温材料砌筑而成，内外贴面砖，具体构造做法如图 10-11 "2 号" 详图所示。

$\frac{3}{10}$檐口节点。该建筑不设挑檐，采用女儿墙进行有组织排水。女儿墙厚 240、高 300，此处泛水的做法是将油毡卷起用镀锌贴片和水泥钉钉牢，用密封胶封严。屋顶基层为钢筋混凝土楼板，上设找平层（20 厚水泥砂浆）、隔气层（冷底子油两道）、保温层（水泥焦渣并进行 2% 找坡）、找平层（20 厚 1∶3 水泥砂浆）、防水层（三毡四油）和保护层（绿豆砂）共六层处理来进行保温和防水处理。女儿墙周边设有防雷电的钢筋网。

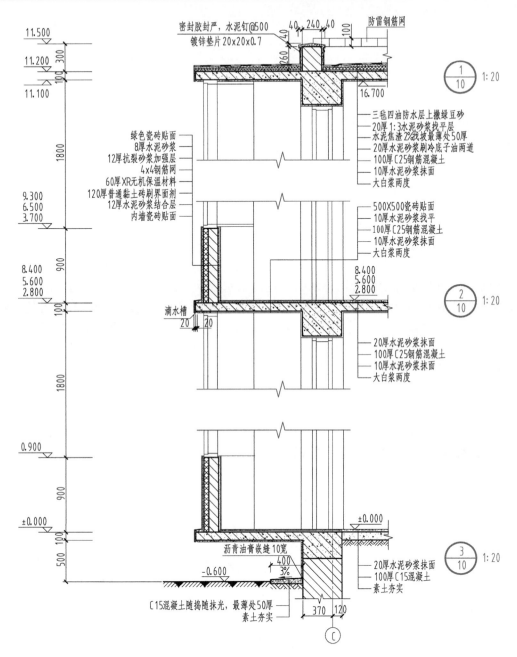

图 10-11 外墙剖面详图

第十一章　给水排水工程图

为了系统的供给生产、生活、消防用水及排除生活、生产废水而建设的一整套工程设施称为给水排水工程。给水排水工程图分为室内、室外两部分，本章只介绍室内给水排水工程图。

第一节　给水排水工程图概述

一、室内给水排水系统的组成

1. 室内给水系统

室内给水系统是由给水引入管、室内给水管网及给水附件和设备等组成，如图 11-1 所示。给水引入管自室外给水管网将水引至室内给水管网，其上有水表、阀门和泄水口等装置。室内给水管网是由水平干管、立管和支管等组成的管道系统。给水附件和设备包括各种阀门、水龙头、水箱、水泵等。图 11-1（a）所示给水系统，给水干管敷设在首层地面下或地下室，称为下行上给式给水系统。图 11-1（b）所示给水系统，给水干管敷设在顶层顶棚上或阁楼中，称为上行下给式给水系统。

2. 室内排水系统

室内生活排水系统一般由卫生器具、排水管网及稳压和疏通等设备组成，如图 11-2 所示。卫生器具有洗脸盆、洗涤盆、大便器、地漏等。排水管网有设备排出管、排水横支管、排水立管等。稳压和疏通设备包括通气管、检查口、清扫口、检查井等。

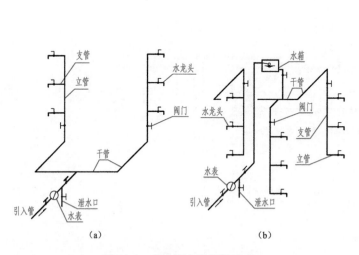

图 11-1　室内给水系统的组成
（a）下行上给式给水系统；（b）上行下给式给水系统

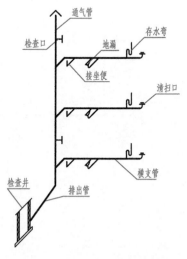

图 11-2　排水系统的组成

二、给水排水工程图的一般规定

1. 绘图比例

总平面图常用的比例：1∶1000、1∶500、1∶300。

建筑给水排水平面图常用的比例：1∶200、1∶150、1∶100。

管道系统图宜采用与相应平面图相同的比例。

详图常用的比例：1∶50、1∶30、1∶20、1∶10、1∶5、1∶2、1∶1、2∶1等。

2. 图线及其应用

给水排水工程图中，采用的各种线型应符合《给水排水制图标准》(GB/T 50106—2010)中的规定，见表 11-1。

表 11-1   给水排水施工图中常用线型

名　称	线　　型	线　宽	一　般　用　途
粗实线	————————	b	新设计的各种给水和其他重力流管线
粗虚线	— — — — —	b	新设计的各种排水和其他重力流管线的不可见轮廓线
中粗实线	————————	$0.7b$	新设计的各种给水和其他压力流管线；原有的各种排水和其他重力流管线
中粗虚线	— — — — —	$0.7b$	新设计的各种给水和其他压力流管线及原有的各种排水和其他重力流管线的不可见轮廓线
中实线	————————	$0.5b$	给水排水设备、零（附）件的可见轮廓线；原有的各种给水和压力流管线
中虚线	— — — — —	$0.5b$	给水排水设备、零（附）件的不可见轮廓线；原有的各种给水和压力流管线的不可见轮廓线
细实线	————————	$0.25b$	建筑的可见轮廓线；制图中的各种标注线
单点长画线	— · — · — · —	$0.25b$	轴线、中心线
细虚线	– – – – – – –	$0.25b$	建筑的不可见轮廓线
折断线	——／——	$0.25b$	断开界线

3. 图例符号

《给水排水制图标准》规定了给水排水工程图中常用的管道、设备、部件的图例符号，见表 11-2。

表 11-2   给水排水工程常用图例

名　称	图　例	备　注	名　称	图　例	备　注
生活给水管	—J—		放水龙头	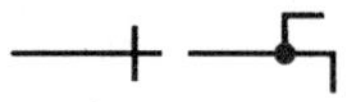	左侧为平面 右侧为系统
污水管	—W—		存水弯		左侧为 S 形 右侧为 P 形
多孔管			地漏	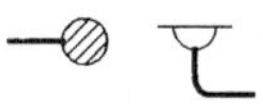	左侧为平面 右侧为系统

续表

名　称	图　例	备　注	名　称	图　例	备　注
弯折管	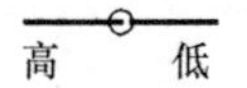 高　　低		清扫口	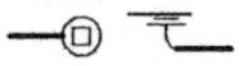	左侧为平面 右侧为系统
管道立管	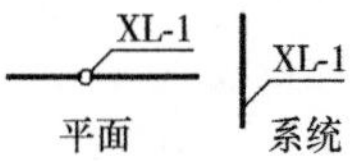 XL-1 平面　　系统　XL-1	X：管道类别 L：立管 1：编号	浴　盆	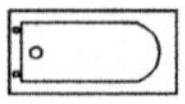	
立管检查口			立式洗脸盆	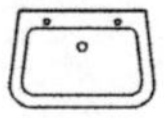	
通气帽	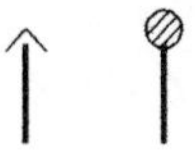		污水池		
闸　阀			坐式大便器	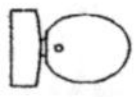	
截止阀			沐浴喷头		左侧为平面 右侧为系统
止回阀	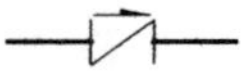		消火栓		左侧为平面 右侧为系统

4．图样名称

每个图样均应在图样下方标注出图名，图名下绘制一粗实线，长度应与图名长度相等，绘图比例注写在图名右侧，字高比图名字高小一号或二号。

第二节　室内给水排水工程图

一、给水排水平面图

室内给水排水平面图主要反映建筑物内卫生器具、管道及其附件的类型、大小、位置等。一般把给水排水平面图用不同的线型合画在一张图上，当管道布置较复杂时，也可分别画出。对多层建筑，给排水平面图应分层绘制。如果各楼层的卫生设备和管道布置完全相同，可绘一个楼层即标准层给水排水平面图，但在图中必须注明各楼层的层次和标高。

1．给水排水平面图的表示方法

（1）在给水排水平面图中，应用细实线抄绘房屋的墙身、柱、门窗洞、楼梯等主要构配件，不必画建筑细部，不标注门窗编号等，底层给水排水平面图一般应画出整幢建筑的底层平面图（本例受图幅限制，只画出用水房间部分），其余各层则可以只画出装有给排水管道及其设备的局部平面图，并标注定位轴线及各楼层的标高尺寸。

（2）卫生器具平面图。卫生器具如大便器、小便器、洗脸盆等皆为定型生产产品，而大便槽、小便槽、污水池等虽非工业产品，却是现场砌筑，其详图由建筑设计提供，所以卫生器具均不必详细绘制。定型工业产品的卫生器具用细线画其图例（见表11-2），需现场砌制的卫生设施依其尺寸，按比例画出其图例，若无标准图例，一般只绘其主要轮廓。

（3）给排水管道平面图。给排水管道及其附件无论在地面上或地面下，均可视为可见，按其图例绘制（见表11-2）；位于同一平面位置的两根或两根以上不同高度的管道，为图示清楚，习惯画成平行排列的管道。管道无论明装、暗装，平面图中的管道线仅表示其示意安装位置，并不表示其具体平面定位尺寸。但若管道暗装，图上除应有说明外，管道线应画在墙身断面内。

当两根水管交叉时，位置较高的可通过，位置较低的在交叉投影处断开。当给水管与排水管交叉时，应该连续画出给水管，断开排水管。

（4）标注。

1）尺寸标注。标注建筑平面图的轴线编号和轴线间尺寸，若图示清楚，可仅在底层给排水平面图中标注轴线间尺寸。标注与用水设施有关的建筑尺寸，标注引水管、排水管的定位尺寸，沿墙敷设的卫生器具和管道一般不必标注定位尺寸。管道的长度：一般不标注，在设计、施工和预算时，一般只需用比例尺从图中近似量取。给水排水平面图中各管段的管径应按图11-3（a）所示标注。多根管道时，管径按图11-3（b）标注。

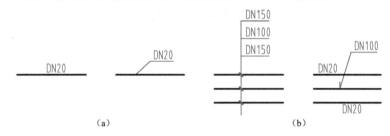

图 11-3　管径表示法

（a）单管管径表示法；（b）多管管径表示法

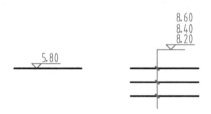

图 11-4　平面图中管道标高标注法

2）标高标注。给水排水平面图中须标注室内地面标高，管道起讫点、转角点、连接点、变坡点、变尺寸（管径）点及交叉点的标高。管道标高应按图11-4的方式标注。

3）符号标注。底层给水排水平面图中各种管道要按系统编号，一般给水管以每一引入管为一个系统，污水、废水管以每一个承接排水管的检查井为一个系统。编号方式如图11-5（a）所示，建筑物内穿越楼层的立管，其数量超过一根时，宜进行编号，编号的形式如图11-5（b）所示。图中"J"为管道类别代号，"J"为给水管道，"L"表示立管，"1"为同类管道立管的编号。

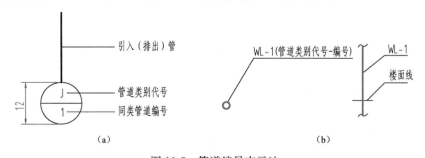

图 11-5　管道编号表示法

（a）给水排水进出口管编号表示法；（b）立管编号表示法

（5）各类卫生设备和器具均按表 11-2 中的规定符号，用中粗实线绘制。

2. 给水排水平面图的绘图步骤

绘制给水排水平面图，一般先画底层给水排水平面图，再画标准层或其余楼层给水排水平面图。绘制底层给水排水平面图的绘图步骤如下：

（1）用细实线抄绘建筑平面图。

画图步骤也与建筑图中绘制建筑平面图一样，先画定位轴线，再画墙身和门窗洞，最后画必要的构配件。

（2）绘制有关图例。

各类卫生设备和器具均按表 11-2 中的规定符号画出。

（3）画给水排水管道平面图。简单地说，画建筑给水平面图就是用沿墙的直线连接各用水点，画建筑排水平面图就是用沿墙的直线将卫生器具连接起来。

绘制顺序：给水引入管→给水干管→立管→支管→管道附件（阀门、水龙头、分户水表等)→排水支管→排水立管→排水干管→排出管。

（4）标注立管编号、进出口编号、各管段直径、标高尺寸，标注定位轴线及各楼层的标高，注写文字说明。

二、给水排水系统图

给水排水管道纵横交错，为了清晰地表示其空间走向、管道与用水设备及附件的连接形式等，采用轴测投影直观画出的给排水系统，称为系统图。给排水系统图反映给排水管道系统的上下层之间，前、后、左、右间的空间关系，各管段的管径、坡度标高及管道上的构配件位置等。它与给水排水平面图起表达建筑给水排水工程空间布置情况的作用。

1. 给水排水系统图的表达方法

（1）比例。系统图常采用与平面图相同的比例绘制。当局部管道按比例不易表达清楚时，例如在管道和管道上的构配件被遮挡，或者转弯管道变成直线等情况下，这些局部管道可不按比例绘制。

（2）采用正面斜等测画图，系统图中给排水管道沿 X、Y 向的长度直接从平面图上量取。一般将房屋的高度方向作为 Z 轴，Z 轴向尺寸可根据建筑物层高、门窗高度，以及卫生器具、配水龙头、阀门的安装高度等来决定。例如，洗涤池（盆）、盥洗槽、洗脸盆、污水池的放水龙头一般离地（楼）面 1m，淋浴器喷头的安装高度一般离地（楼）面 2.100m。有坡向的管道按水平管绘制。管道附件、阀门及附属构筑物等用图例表示，见表 11-2。

（3）给水排水系统图中的管道用粗实线表示，阀门、水龙头及用水设备用中粗实线绘制。当各层管道及其附件的布置相同时，可将其中一层完整画出，其他各层管网沿支管折断（画出折断符号），并注明"同某层"。

（4）标注每个管道系统图编号，且编号应与底层给水排水平面图中管道进出口的编号一致。

（5）用细实线绘出楼层地面线，并应在楼层地面线左端标注楼层层数和地面标高。不同类别管道的引入管或排出管穿越建筑物外墙时，应标注所穿建筑外墙的轴线号，并应标注出引入管或排出管的编号，见图 11-6。

（6）当管道在系统图中交叉时，应在鉴别其可见性后，在交叉处将可见的管道画成延续，而将不可见的管道画成断开，如图 11-7（a）所示。当在同一系统中管道因互相重叠和交叉而影响该系统清晰时，可将一部分管道平移至空白位置画出，称为移出画法，如图 11-7（b）所示，在"a"点处将管道断开，在断开处画上断裂符号，并注明连接处的相应连接编号"a"。如图 11-7（c）所示，也可以采用细虚线连接画法绘制。

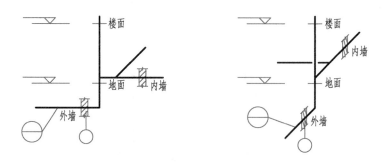

图 11-6　管道与房屋构件位置关系表示方法

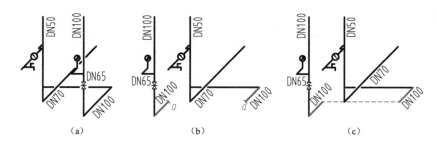

（a）　　　　　　　　　　（b）　　　　　　　　　　（c）

图 11-7　系统图中管道重叠处的移出画法

（7）管径、坡度及标高的标注。管道的管径一般标注在该管段旁边，标注空间不够时，可用指引线引出标注。必要时在有坡度的管道旁边标注坡度。管道系统图中一般要注出引入管、横管、阀门、放水龙头、卫生器具的连接支管及各层楼地面、屋面等的标高。

2. 给水排水系统图的绘图步骤

为了便于读图，可把各系统图的立管所穿过的地面画在同一水平线上。

（1）先画各系统的立管。

（2）定出各层的楼地面及屋面。

（3）在给水系统图中，先从立管往管道进口方向转折画出引入管，然后在立管上引出横支管和分支管，从各支管画到放水龙头以及洗脸盆、大便器的冲洗水箱的进水口等；在排水、污水系统图中，先从立管或竖管往管道出口方向转折画出排出管，然后在立管或竖管上画出承接支管、存水弯等。

（4）画出穿墙的位置。

（5）标注公称管径、坡度、标高等数据及有关说明。

三、管道上的构配件详图

在给水排水工程图中，管道平面图和管道系统图只能表示出管道和卫生器具的布置情况，对各种卫生器具的安装和管道的连接，还需要绘制施工用的安装详图。

详图的绘图比例宜选用 1∶50、1∶30、1∶20、1∶10、1∶5、1∶2、1∶1、2∶1 等。

安装详图必须按施工安装的需要表达的详尽、具体、明确。

　　图 11-8 是给水管道穿墙防水套管的安装详图。为了防止地下水在管道穿墙处发生渗漏现象，在管道穿越的外墙处设有略大于给水管管径的钢管，在钢管外焊有防水翼环，与混凝土外墙浇筑在一起，在给水管与钢管之间填充防水材料及膨胀水泥砂浆，使管道与墙体严密接触，达到防水目的。因为管道和套管都是回转体，所以采用一个剖视图表示。

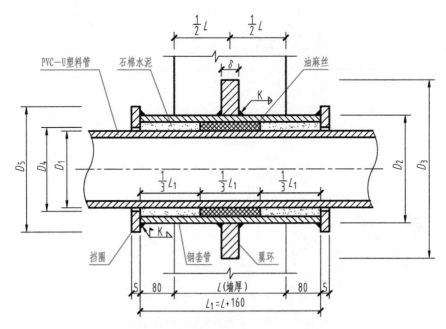

图 11-8　管道穿墙防水套管安装详图

四、室内给水排水工程图的阅读

　　识读给排水平面图时，首先要明确在各层给排水平面图中，用水房间有哪些，这些房间的卫生设备和管道如何布置；其次要搞清楚一共有几个给水系统和排水系统。识读给排水系统图时，先要和给排水平面图配合对照，给水系统图可以按照流水流向的顺序阅读，排水系统图可按卫生器具、排水支管、排水横管、立管、排出管的顺序进行识读。

　　下面以图 11-9～图 11-12 住宅楼的室内给水排水工程图为例，说明识读给水排水工程图的方法和步骤。

　　1. 用水房间、用水设备、卫生器具的平面布置

　　如图 11-9、图 11-10 所示，该住宅楼一共四层，楼层布局为一梯两户，共有 8 户。每户均有厨房和卫生间两个用水房间，在厨房内有一个洗涤池，卫生间内有洗脸盆、浴盆、座式大便器各一个，此外卫生间内还设有地漏和清扫口等卫生设施。底层厨房、卫生间地面标高为 -0.02m。二、三、四层的厨房、卫生间的地面标高分别为 2.78、5.58、8.38m。

　　2. 给水系统

　　如图 11-9、图 11-11 所示，两个给水入口 ①、②均在住户厨房北侧外墙相对标高 -1.100m 处引入，管径分别为 DN100mm、DN50mm。

　　首先分析给水系统 ①，引入管进入室内后在厨房的洗涤池处立起，接有 2 根立管 JL-1 和 XL-1。立管 JL-1 为西边住户给水立管。由图 11-9～图 11-11 可知，各楼层住户均从立管

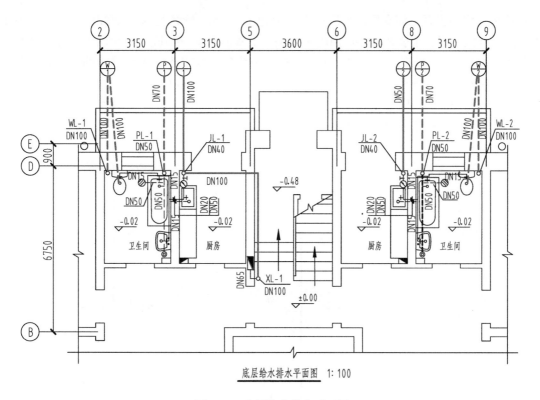

底层给水排水平面图　1:100

图 11-9　底层给水排水平面图

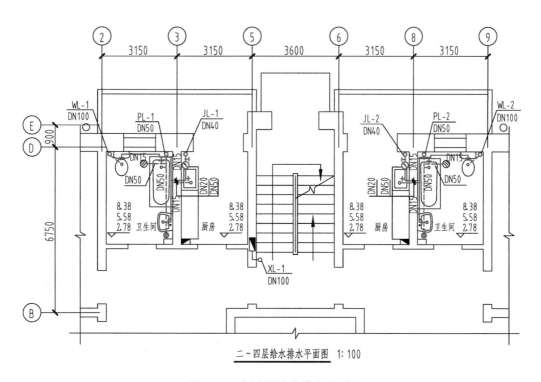

二~四层给水排水平面图　1:100

图 11-10　标准层给水排水平面图

JL-1 接出一水平支管，该支管距楼层地面高度为 1.000m，管径均为 DN20mm，水平支管上依次安装有截止阀、水表及洗涤池用配水龙头，支管向南敷设一段距离折向下，在距各楼层地面高度为 0.250m 处折向西，穿过③轴墙进入卫生间。在卫生间支管分为两个支路，其一向南接洗脸盆供水，管径 DN15mm；另一根支管向北接浴盆给水口、大便器的水箱供水，管径 DN15mm。在图 11-11 系统图中，二～四层给水管线采用省略画法，在水平支管处画折断线，用文字说明省略部分与底层相同。

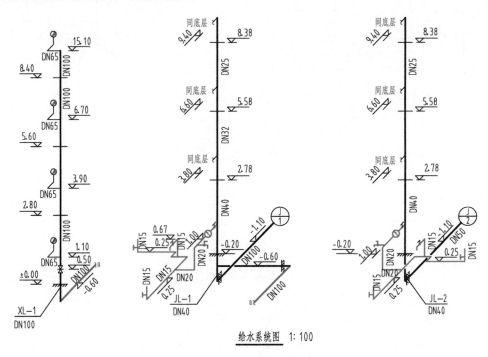

给水系统图 1∶100

图 11-11　给水管道系统图

立管 XL-1 为消防立管，由给水系统图可知，⊕在−0.600m 标高处向东接出水平消防干管（DN100），对照给水平面图，消防干管穿过⑤轴墙后向南与消防立管连接。在消防立管 0.500m 处设一蝶阀，供检修时使用。每层室内消火栓栓口到楼面的距离为 1.100m。给水系统图中，由于消防立管及消火栓与给水立管 JL-1 及其上的配水设备在图面上重叠，使这部分内容不易表达清楚，因而在"a"点处将管道断开，把消防立管及消火栓移至图面左侧空白处绘出。

给水系统⊕除未接消火栓立管外，其余与 JL-1 左右对称，基本相同，读者自行分析。

3. 排水系统

（1）污水系统。污水系统⊕，对照给水排水平面图 11-9、图 11-10 和图 11-12 排水系统图可知，污水系统⊕有两根（DN100）排出管，在底层西边住户的卫生间穿墙出户，户外终点标高均为−1.400m。其中一根排出管与底层住户大便器相接，单独排出西边底层住户大便器的污水。另一根排出管与管径为 DN100 的污水立管 WL-1 连接，在二、三、四层给排水平面图的同一位置上都可找到该立管，各楼层住户的大便器的污水，都经过楼板下面的 DN100 污水立管，排入立管 WL-1，由该管排出室外。

由排水系统图 11-12 可知，污水立管在接了顶层大便器的支管后，作为通气管向上延伸，穿出四层楼板和屋面板，顶端开口，成为通气管，并在标高为 11.900m 的立管顶端处，装有镀锌铁丝球通气帽，将污水管中的臭气排到大气中去。为了疏通管道，在污水立管标高 1.000m、6.600m 处各装一个检查口。

污水系统 $\frac{W}{2}$ 与 $\frac{W}{1}$ 基本相同，读者自行分析。

（2）排水系统。首先分析排水系统 $\frac{P}{1}$，$\frac{P}{1}$ 在西边底层住户的厨房穿墙出户，排出管的户外终点标高是 −1.100m，管径为 DN70，其上接有排水立管 PL-1，管径为 DN50。由平面图 11-9、图 11-10 可以看到，排水立管 PL-1 通过排水横支管，顺次与各楼层卫生间的地漏、浴盆、厨房中的洗涤池、卫生间的洗脸盆的排水口相接，$\frac{P}{1}$ 排水系统排除西边四至一层用户的全部生活废水。由于各层的布置完全相同，系统图中只详细画出底层的管道系统，其他各层在画出支管后，就用折断线表示断开，后面的相同部分都省略不画。

如图 11-12 所示，排水立管 PL-1 在四层楼面之上结构布置与污水立管 WL-1 完全相同。

排水系统 $\frac{P}{2}$ 与 $\frac{P}{1}$ 基本相同，排除东边四住户的全部生活废水，读者自行分析。

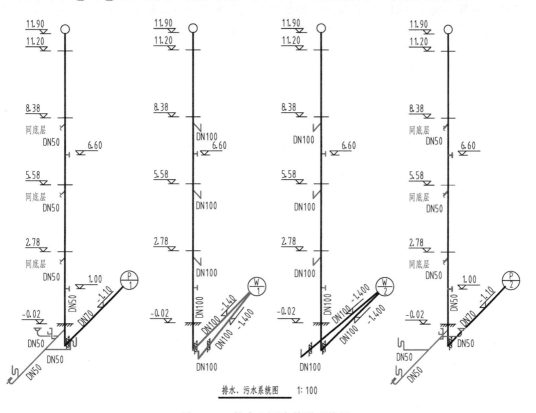

排水、污水系统图　　1:100

图 11-12　排水和污水管道系统图

第十二章　采暖工程图

在冬季，由于室外温度低于室内温度，因而房间里的热量不断地传向室外，为使室内保持所需的温度，就必须向室内供给相应的热量。这种向室内供给热量的工程，称为采暖系统。采暖工程图可分为室外采暖工程图和室内采暖工程图两大类，本章只介绍室内采暖工程图。

第一节　采暖工程图概述

一、室内采暖系统的组成

室内采暖系统主要由热源、室内管网、散热设备等组成。图12-1是机械循环上行下给双管式热水供暖系统示意图。水在锅炉中被加热，经供热总立管、供热干管、供热立管、供热支管，输送至散热器中散热，使室温升高。散热器中热水释放热量后，经回水支管、回水立管、回水干管、循环水泵再注入锅炉继续加热。热水在系统的循环过程中，从锅炉中吸收热量，在散热器中释放热量，达到供暖之目的。

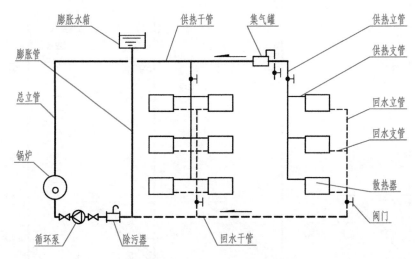

图12-1　机械循环上行下给双管式热水供暖系统示意图

在采暖系统中，供热干管沿水流方向有向上的坡度，并在供热干管的最高点设置集气罐，以便顺利排除系统中的空气；为了防止管道因水被加热体积膨胀而胀裂，在管道系统的最高位置，安装一个开口的膨胀水箱，水箱下面用膨胀管与靠近循环水泵吸入口的回水干管连接。在循环水泵的吸入口前，还安装有除污器，以防止积存在系统中的杂物进入水泵。

二、采暖工程图的一般规定

1. 绘图比例

总平面图常用的比例为：1∶2000、1∶1000、1∶500。

平面图常用的比例为：1∶200、1∶150、1∶100、1∶50。

管道系统图宜采用与相应平面图相同的比例。

详图常用的比例为：1∶20、1∶10、1∶5、1∶2、1∶1。

2. 图线及其应用

采暖工程图中采用的各种线型应符合《暖通空调制图标准》（GB/T 50114—2010）中的规定，见表 12-1。

表 12-1　　　　　　　　　采暖工程图中采用的线型及其含义

名　称	线　型	线宽	一　般　用　途
粗实线	——————————	b	单线表示的供热管线
中粗实线	——————————	$0.7b$	本专业的设备轮廓线
中实线	——————————	$0.5b$	尺寸、标高、角度等标注线及引出线；建筑物轮廓
细实线	——————————	$0.25b$	建筑布置的家具、绿化等，非本专业设备轮廓
粗虚线	— — — —	b	回水管线及单根表示的管道被遮挡部分
中粗虚线	— — — — —	$0.7b$	本专业的设备及双线表示的管道被遮挡部分
中虚线	— — — — —	$0.5b$	地下管沟；示意性连线
细虚线	— — — — —	$0.25b$	非本专业虚线表示的设备轮廓
单点长画线	—·—·—·—	$0.25b$	轴线、中心线
双点长画线	—··—··—··	$0.25b$	假想或工艺设备轮廓线
折断线	———⌐⌐———	$0.25b$	断开界线

3. 图例符号

《暖通空调制图标准》规定了采暖工程图中常用的设备、部件的图例符号，见表 12-2。

表 12-2　　　　　　　　　采暖工程图常用的图例

名　称	图　例		名　称	图　例	
阀门（通用）、截止阀	─●─	─▷◁─	集气罐、排气装置		
止回阀			自动排气阀		
闸阀			变径管、异径管		
蝶阀			固定支架		
手动调节阀			坡度及坡向	$i=0.003$　或　$i=0.003$	

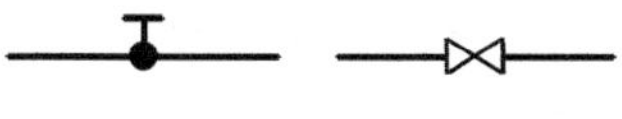

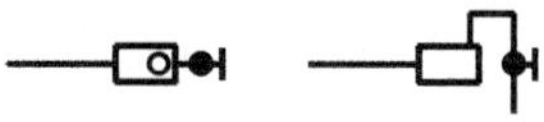

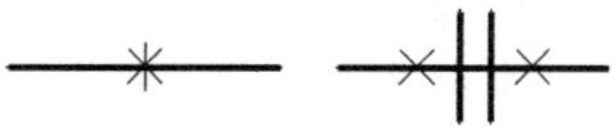

名　称	图　例	名　称	图　例
方形补偿器		散热器及手动放气阀	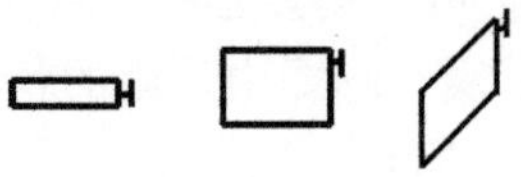
套管补偿器		疏水器	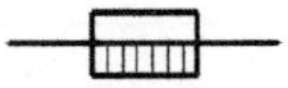
波纹管补偿器		水泵	
活接头或法兰连接	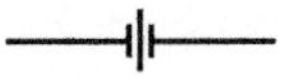	除污器	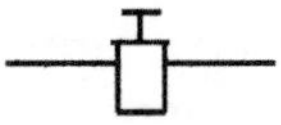

4. 图样名称

每个图样均应在图样下方标注图名，图名下绘制一粗实线，长度应与图名长度相等，绘图比例注写在图名右侧，字高比图名字高小一号或二号。

第二节　室内采暖工程图

一、采暖平面图

采暖平面图主要反映供热管道、散热设备及其附件的平面布置情况，以及与建筑物之间的位置关系。

在多层建筑中，若为上供下回的采暖系统，则须分别绘出底层采暖平面图和顶层采暖平面图，如图 12-11、图 12-12 所示；对中间楼层，当采暖管道系统的布置及散热器的规格型号相同时，可绘一个楼层即标准层采暖平面图。当各层的建筑结构和管道布置不相同时，应分层表示。

二、室内采暖施工图的图示内容和图示方法

室内采暖平面图主要表示管道、附件及散热设备在建筑平面上的布置情况及它们之间的相互关系，是施工图中的主要图样，包括底层采暖平面图、楼层采暖平面图、顶层采暖平面图。其主要内容包括：

1. 采暖平面图的表示方法

（1）在采暖平面图中，用细实线抄绘房屋的墙身、柱、门窗洞、楼梯等主要构配件，不必画建筑细部，并需标明定位轴线间尺寸及各楼层的标高尺寸。

（2）采暖管道的画法。平面图中应表明管道系统的干管、立管、支管的平面位置、走向、立管编号和管道的安装方式（明装或暗装）。绘制采暖平面图时，各种管道无论是否可见，一律按《暖通空调制图标准》（GB/T 50114—2010）中规定的线型画出。

1）管道转向、分支的表示方法见图 12-2。

2）管道相交、交叉的表示方法见图 12-3。

图 12-2 管道转向、分支表示法

(a) 管道转向的画法；(b) 管道分支的画法

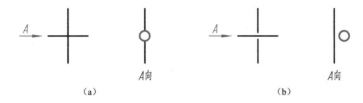

图 12-3 管道相交、交叉表示法

(a) 管道相交的画法；(b) 管道交叉的画法

（3）散热器、集气罐、疏水器、补偿器等设备一般用中实线按表 12-2 图例表示。平面图上应画出散热器的位置及与管道的连接情况，管道上的阀门、集气罐、变径接头等设备的安装位置及地沟、管道固定支架的位置。

（4）标注。

1）尺寸标注。标注建筑平面图的轴线编号和轴线间尺寸，若图示清楚，可仅在底层给排水平面图中标注轴线间尺寸。管道及设备一般都是沿墙设置的，不必标注定位尺寸。

2）平面图上应注明各管段管径、坡度、立管编号、散热器的规格和数量。见图 12-4。

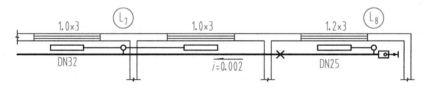

图 12-4 平面图中管径、坡度及散热器的标注方法

坡度宜用单面箭头加数字表示，数字表示坡度的大小，箭头表示低的方向。管道长度在安装时以实测尺寸为依据，故图中不予标注。

3）标注立管、采暖入口编号。采暖立管和采暖入口的编号均用中粗实线绘制，应标注在它近旁的外墙外侧。采暖立管编号的表示法见图 12-5，在不至于引起误解的情况下，也可只标注序号，但应与建筑轴线编号有明显区别。采暖入口编号的表示法见图 12-6。

图 12-5 采暖立管编号表示法   图 12-6 采暖入口编号表示法

（5）在平面图上还要表明管道及设备安装的预留洞、预埋件、管沟等方面与土建施工的关系和要求等。

2. 采暖平面图的绘图方法和步骤

（1）用细实线抄绘建筑平面图。

（2）用中实线画出采暖设备的平面布置。

（3）画出由干管、立管、支管组成的管道系统的平面布置。

（4）标注管径、标高、坡度、散热器规格数量、立管编号及建筑图轴线编号、尺寸、有关图例、文字说明等。

三、采暖系统图

采暖系统图是在平面图的基础上，根据各层采暖平面中管道及设备的平面位置和竖向标高，采用正面斜轴测法绘制出来的。图中标注管径、标高、坡度、立管编号、系统编号，以及各种设备、部件在系统中的位置，它表明从热媒入口至出口的采暖管道、散热设备、主要附件的空间位置和相互间的关系。将系统图与平面图对照起来可了解整个室内采暖系统图的全貌。

1. 采暖系统图的表达方法

（1）轴向选择。采用正面斜轴测投影时，OX 轴处于水平，OY 轴与水平线夹角选用 $45°$ 或 $30°$，OZ 轴竖直放置。三个轴向变形系数均为 1。采暖系统图是依据采暖平面图绘制的，所以系统图一般采用与平面图相同的比例，OX 轴与房屋横向一致，OY 轴作为房屋纵向方向，OZ 轴竖放表达管道高度方向尺寸。

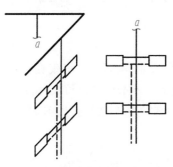

图 12-7　系统图中重叠、密集处的引出画法

（2）绘图比例。系统图一般采用与相对应平面图相同的比例绘制。水平的轴向尺寸可直接从平面图上量取，垂直的轴向尺寸，可根据层高和设备安装高度量取。当管道系统复杂时，亦可放大比例。

（3）管道系统。采暖系统图中管道用单线绘制，当空间交叉的管道在图中相交时，应在相交处将被遮挡的管线断开。当管道过于集中，无法画清楚时，可将某些管段断开，引出绘制，相应断开处采用相同的小写拉丁字母注明，见图 12-7。具有坡度的水平横管无需按比例画出其坡度，而仍以水平线画出，但应注出其坡度或另加说明。

（4）房屋构件的位置。为了反映管道和房屋的联系，系统图中应画出被管道穿越的墙、地面、楼面的位置，一般用细实线画出地面和楼面，墙面用两条靠近的细实线画出并画上轴测图中的材料图例线，如图 12-8 所示。

（5）尺寸标注。

1）管径：管道系统中所有管段均需标注管径，当连续几段的管径相同时，可仅标注其两端管段的管径。焊接钢管应用公称直径"DN"表示，如 DN15 无缝钢管应用"外径×壁厚"表示，如 D114×5。管道管径的标注方法见图 12-9，水平管道的管径应注写在管道的上方；斜管道的管径应写在管道的斜上方；竖管道的管径应注于管道的左侧。当无法按上述位置标注管径时，可用引出线将管道管径引至适当位置标注；同一种管径的管道较多时，可不在图上标注，但应在附注中说明。

2）标高：系统图中的标高是以底层室内地面为 ±0.00 的相对标高，采暖管道标注管中心的标高。除标注管道及设备的标高外，尚需标注室内、外地面及各层楼面的标高，如图 12-8、图 12-9 所示。

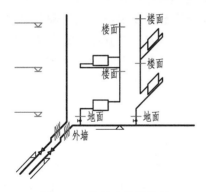

图 12-8 穿越建筑结构的
表示法

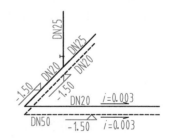

图 12-9 管道管径、标高尺寸
的标注位置

3）散热器规格、数量的标注。柱式、圆翼形散热器的数量，注在散热器内。光管式、串片式散热器的规格、数量应注在散热器的上方。

4）标注立管的编号。

2. 采暖系统图的绘图方法和步骤

（1）选择轴测类型，确定轴测轴方向。

（2）按比例画出建筑物楼层地面线。

（3）根据平面图上管道的位置画出水平干管和立管。

（4）根据平面图上散热器安装位置及设计高度画出各层散热器及散热器支管。

（5）按设计位置画出管道系统中的控制阀门、集气罐、补偿器、变径接头、疏水器、固定支架等。

（6）画出管道穿越建筑物构件的位置，特别是供热干管与回水干管穿越外墙和立管穿越楼板的位置。

（7）标注管径、标高、坡度、散热器规格数量、其他有关尺寸及立管编号等。

四、构造详图

由于平面图和系统图所用绘图比例小，管道及设备等均用图例表示，其构造及安装情况都不能表达清楚，因此需要按大比例画出构造安装详图，详图比例一般用 1：20、1：10、1：5、1：2、1：1 等。

图 12-10 是铸铁柱式散热器的安装详图，绘图比例 1：10。由图中可以看出，散热器明装，散热器距墙面定位尺寸 130mm，上下表面距窗台及楼板表面分别为 35mm 和 100mm。散热器上方采用卡子固定，下方采用托钩支撑。墙体预留孔槽尺寸深为 170mm，厚为 70mm，安装散热器时采用细石混凝土填实。

五、室内采暖工程图的阅读

采暖工程图的阅读应把平面图与系统图联系起来对照看图，从平面图主要了解采暖系统水平方向

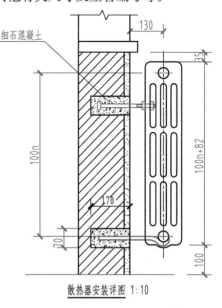

散热器安装详图 1:10

图 12-10 散热器安装详图

的布置，供热干管的入口、室内的走向，回水干管的走向及出口，立管和散热器的布置等。从系统图主要了解管道在高度方向的布置情况，即从热力入口开始，沿水流方向按供热干、立、支管的顺序到散热器，再由散热器开始按回水支、立、干管的顺序到出口。

下面以图 12-11～图 12-13 所示某四层住宅楼的室内采暖工程图为例，说明室内采暖工程图的阅读方法和步骤。

1. 室内采暖平面图

阅读采暖平面图时，按热入口→供热总立管→供热干管→各立管→回水干管→回水出口的顺序，对照采暖系统图弄清各部分的布置尺寸、构造尺寸及其相互关系。

(1) 顶层采暖平面图。图 12-11 为某住宅顶层采暖平面图。由图 12-12 底层采暖平面图可知，热力入口设在建筑物西南角靠近①轴右侧位置，供、回水干管管径均为 DN100。采暖热入口进入室内，直接与供热总立管相接。总立管从底层穿二、三、四层楼板至顶层，见图 12-11。供热总立管在顶层屋面下分别向东、向南分两个支路沿外墙敷设。第一支路，从供热总立管沿南侧外墙向东敷设至东侧外墙，然后折向北至北侧外墙折向西至⑨轴，呈"┒"形布置，在该供热干管的末端配有集气罐，管道具有 $i=0.003$ 的坡度且坡向供热总立管。在该供热干管上设有 2 个变径接头，各管道的管径图中均已注明。此外，该供热干管上配有 2 个固定支架。另一支路从供水总立管沿西侧外墙敷设至北侧外墙，然后折向东敷设至⑨轴。呈"厂"布置，其上配有集气罐、补偿器、变径接头、固定支架等设备，在楼梯间内

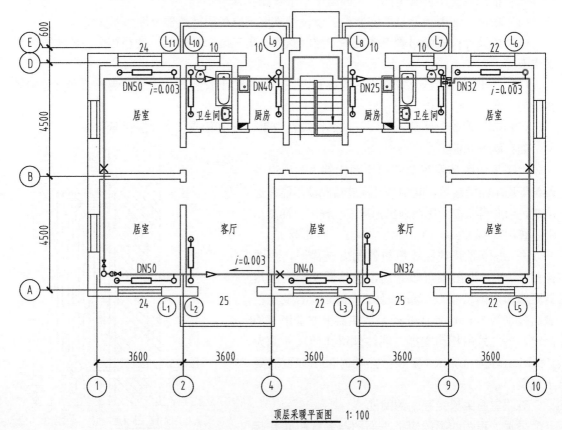

顶层采暖平面图 1:100

图 12-11 顶层采暖平面图

设有方形补偿器，该供热干管的坡度 $i=0.003$，坡向供热总立管。各居室散热器组均布置在外墙内侧的窗下，厨房、卫生间和客厅内的散热器组沿内墙竖向布置。每组散热器的片数都标注在建筑物外墙外侧。每根立管均标有编号，共有 11 根立管。采暖供热总立管只有 1 根，不需要编号，见图 12-11。

（2）底层采暖平面图。图 12-12 为某住宅底层采暖平面图。图中粗虚线表示回水干管，回水干管起始端在住宅的西北角居室内，管径为 DN25，回水干管上设有 4 个变径接头，其中有两个变径接头分别设置在北侧外墙②轴和⑨轴处，另一个变径接头设在南侧外墙⑦轴和②轴处，回水干管的管径随着流量的变化，沿程逐渐增加，在靠近出口处管径为 DN50；根据坡度标注符号可知，回水干管均有 $i=0.003$ 的坡度且坡向回水干管出口。从图中还可以看出，回水干管上共有 3 个固定支架；在楼梯间内设有方形补偿器，在回水干管出口处装有闸阀。在采暖引入管与回水排出管之间设有为建筑物内采暖系统检修调试用的阀门。

（3）标准层采暖平面图。标准层采暖平面图应画出散热器、散热器连接支管、立管等的位置，并标注各楼层散热器的片数，标注方法同底层。本书省略标准层平面图。

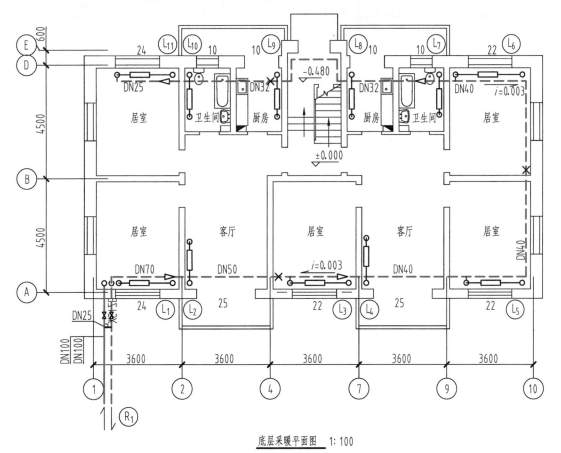

底层采暖平面图 1:100

图 12-12 底层采暖平面图

2. 采暖系统图

通过识读采暖平面图，我们对建筑物内供热管网的布置及走向、采暖设备的平面布置、数量等有了比较清楚的了解，但还不能形成清晰完整的空间立体概念，对于采暖管道及设备的高度情况还需配合采暖系统图来加以说明，见图 12-13。

    图 12-13 是住宅的采暖系统图，结合采暖平面图可以看出，室外引入管由住宅①轴线右侧，标高为—1.50m 处穿墙进入室内，然后竖起，穿越二、三层楼板到达四层顶棚下方，其管径为 DN70。经主立管引到四层后，分为两个支路，分流后设有阀门。两分支路起点标高均为 9.700m，管径 DN50，坡度为 0.003。

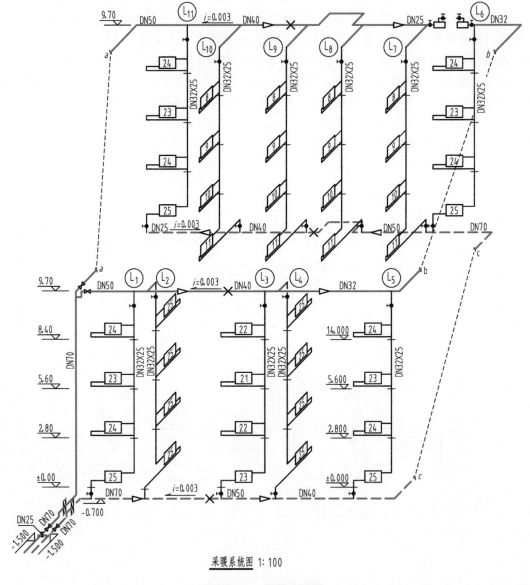

采暖系统图 1:100

图 12-13 采暖系统图

    由西向东敷设的干管，供水干管始端装一截止阀，以便调节流量。供热干管由西往东→由南向北→由东向西呈"⊐"形敷设，供热干管管径依次为 DN50、DN40、DN32，其中 DN32 为供热干管末端的管径。供热干管的坡度为 0.003，坡度坡向供热总立管。供热干管的末端且最高位置装一自动排气罐，以排除系统中的空气。

在该供水干管上依次连接 6 根立管，管径均为 DN32，与其相接的散热器支管的管径为 DN25。立管上下端均设有截止阀。在立管中，热水依次流经顶层、三层、二层、底层散热器到回水干管。

回水干管始端与立管 L_{11} 相连，依次由东向西→由北向南→由东向西→呈"⊐"形分布。回水干管自建筑物西北角起，标高为 −0.700m，在地沟内敷设，坡度 0.003，坡度坡向回水排出管。在回水干管上装有方形补偿器、变径接头、固定支架等设备，在图中均以用图例表明其安装位置，如图 12-13 所示。

由南向北敷设的供热干管上各环路的识读方法与上述相同。

图中注明了散热器的片数、各管段的管径和标高、楼层标高等。

图中建筑物南侧立管 L_1～L_5 与建筑物北侧立管 L_6～L_{11} 部分投影重叠，故采用移出画法，并用虚线连接符号示意连接关系。

第十三章　电气工程图

电气工程图是阐述电气工程的构成和功能，描述电气装置的工作原理，提供安装接线和维护使用信息的一种图样。主要以图形符号、线框或简化外形，表示电气设备或各种相关组成部分的连接关系。

第一节　概　　述

一、电气工程图的种类

电气工程根据功能和使用场合分为不同的类别。

1. 电气工程主要分为以下几类

（1）电力工程。电力工程又分为发电工程、变电工程和输电工程。

（2）电子工程。电子工程主要是指应用于家用电器、广播通信、电话、闭路电视、计算机等众多领域的弱电信号线路和设备。

（3）建筑电气工程。建筑电气工程主要应用于工业和民用建筑领域的动力照明、电气设备、防雷接地等。

（4）工业控制电气。工业控制电气主要用于机械、车辆及其他控制领域的电气设备。

2. 电气工程图主要分类

（1）系统图或框图：用符号或带注释的框，概略表示系统或分系统的基本组成、相互关系及其主要特征。

（2）电路图：用图形符号并按工作顺序排列，详细表示电路、设备或成套装置的全部组成和连接关系。

（3）接线图：主要用于表示电气装置内部各元件之间及其与外部其他装置之间的连接关系，便于制作、安装和维修人员接线和检查。

（4）电气平面图：电气平面图表示电气工程中电气设备、装置和线路的平面布置。

（5）设备布置图：主要表示各种电气设备和装置的布置形式、安装方式及相互位置之间的尺寸关系。

（6）大样图：表示电气工程中某一部件、构件的结构，用于指导加工和安装。

二、电气制图的一般规定

电气图的画法规则一般涉及图纸的幅面和分区、标题栏、明细栏、图线、字体、比例、箭头、指引线、简图的布局、连接线及围框等。其中图纸的幅面和分区、标题栏、明细栏、字体等的选用与机械制图中相同，这里不再赘述。

绘制和阅读电气施工图时，还应遵循一下电气制图标准。国家标准《电气设备用图形符号　第2部分：图形符号》（GB/T 5465.2—2008）、《电气简图用图形符号》（GB/T 4728—2008～2018）、《建筑电气制图标准》（GB/T 50786—2012）中，规定了电气图中常用的图形符号、文字符号的表示方法。

1. 电气图常用图形与文字符号

电气图的图形符号是电气图的主体,图形符号是用于表达电气图中电气设备、装置、元器件的一种图形。为在图上或其他技术文件中表示这些元器件、部件、组件,还必须在图形符号旁标注一些文字符号,以区别其名称、功能、状态、特征、相互关系、安装位置等。本章结合教材编写内容,由上述标准中摘录部分图形和文字符号,见表 13-1。

表 13-1 　　　　　　　　　　　　**电路图、接线图常用图形符号和文字符号**

名称	图形符号	文字符号	名称	图形符号	文字符号
直流			电池	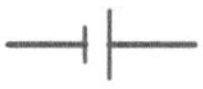	
交流			接地		
正负极			故障		
电阻器		R	动合(常开)触点		SA
电容器		RH	动断(常闭)触点		SQ
线圈绕组		RV	手动开关		SA
电压互感器	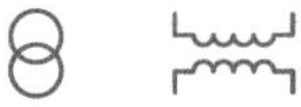	C	自动复位手动按钮开关		SB
电流互感器		RA	三级控制开关	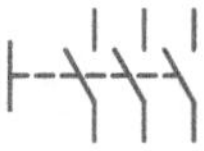	QS
电抗器		L	常开主触点		KM
二极管		VD	断路器		QF
PNP 型三极管	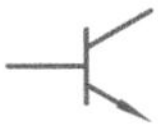	VT	熔断器		FU
热继电器触点		FR	接触器		KM
热继电器	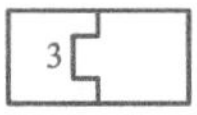	FR	接触器	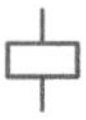	KM
交流电动机			电流表		
三相鼠笼式感应电动机			电压表		
接点			端子		
灯			端子板	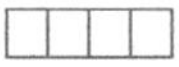	

2. 比例

大部分电气工程图是不按比例绘制的，某些位置图则按比例绘制或部分按比例绘制。

电气工程图采用的比例一般为 1∶10、1∶20、1∶50、1∶100、1∶200、1∶500。

3. 图线

电气工程图使用的图线主要有以下几种，其形式和应用范围见表 13-2。

表 13-2 电气图用图线的形式和应用范围

图形名称	图线形式	一般应用
粗实线		基本线、简图主要内容用线、可见轮廓线、可见导线
细实线		
细虚线		辅助线、屏蔽线、机械连接线、不可见导线、不可见轮廓线
细点画线		分界线、围框线、控制及信号线路
细双点画线		辅助围框线

在电气平面图、电气设备布置图中所绘制建筑图部分内容，遵循其他相关标准。

4. 箭头

在电气工程图中，为区分不同的含义，采用两种箭头，其形式和应用见表 13-3。

表 13-3 电气工程图中箭头的形式和应用

箭头名称	箭头形式	应用
开口箭头		用于表示电气能量、电气信号的传递方向
实心箭头		用于说明非电过程中介质的流向、力或运动的方向

5. 简图的布局

简图的绘制应做到布局合理，排列均匀，使图形能清晰地表示电路中各装置、设备和系统的构成及组成部分的相互关系，以便于看图。具体要求如下。

（1）布置简图时，首先要考虑有利于识别各种过程（含非电过程）和信息的流向，重点突出信息流及各级之间的功能关系，并按工作顺序从左到右，从上到下排列。

（2）表示导线或连接线的图线都应是交叉和折弯最少的直线。图线可水平布置，此时各个类似项目应纵向对齐，如图 13-1（a）所示；也可垂直布置，此时各个类似项目应横向对齐，如图 13-1（b）所示。

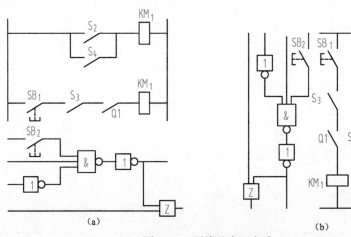

图 13-1　图线的布置方式

(a) 水平布置；(b) 垂直布置

（3）功能上相关的项目要靠近，以使关系表达清晰，如图 13-2（a）所示。同等重要的并联通路，应按主电路对称布置，如图 13-2（b）所示。只有当需要对称布置电元器件时，可以采用斜的交叉线，如图 13-2（c）所示。若电路中有几种可供选择的连接方式，则应分别用序号标注在连接线的中断处，如图 13-2（d）所示的电阻串接和短接两种接法。

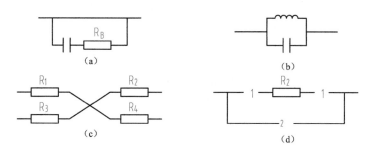

图 13-2　电路中几种连接法示意图

6. 连接线的表示方法

电气图中的连接线起着连接各种设备、元器件的作用，也是传输信息的导线。连接线用实线绘制，一张图中连接线宽度应保持一致。但为了突出和区别某些功能，也可采用不同粗细的连接线，如电源主电路、一次电路、主信号通路、非电过程等采用粗实线表示，测量和控制引线用细实线表示，如图 13-3 所示。

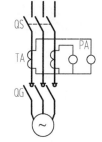

图 13-3　图线粗细示例

导线连接有"T"形连接和"十字"形连接两种形式。"T"形连接可加实心圆点"·"，也可以不加实心圆点，如图 13-4 所示。"十字"形连接表示两导线相交时，必须加实心圆点"·"，如图 13-5（a）所示。表示交叉而不连接（跨越）的两导线，在交叉处不加实心点，如图 13-5（b）所示。

（a）　　　　　（b）　　　　　　　（a）　　　　　（b）

图 13-4　"T"形连接　　　　　图 13-5　"十字"形连接
（a）连接处加实心圆点；（b）连接处不加实心圆点　　（a）交叉连接；（b）交叉不连接

引入线和引出线最好画在图样边框附近，以便清楚地看出输入、输出关系及各图样间的衔接关系。

7. 围框

电气工程图中的围框有两种形式：细点画线围框和细双点画线围框，具体规则如下。

（1）当需要显示图中的某一部分表示功能单元、结构单元或项目组（电器组、继电器装置）时，可用细点画线围框。围框的形状可以是不规则的，如图 13-6（a）所示。

（2）在表示一个单元的围框内，对于在电路功能上属于本单元而结构上不属于本单元的项目，可用细双点画线围框，并在框内加注释说明。如图 13-6（b）中 A_2 单元中的按钮 SB_1 控制的某单元不在 A_2 单元中，用细双点画线表示，并说明可在哪一幅图中找到该单元，所以其内部接线全部省略。

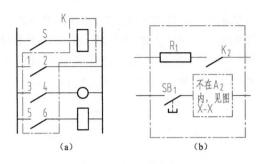

图 13-6　围框示例

(a) 细点画线围框；(b) 细双点画线围框

第二节　几种常见的电气图

电气图的种类很多，其表达方式和适用范围也不同。下面介绍系统图、电路图、接线图、逻辑图与流程图的绘制。

一、系统图

用符号或带注释的框，概略地表示系统、分系统、成套装置或设备等的基本组成、相互关系及其主要特征的简图称为系统图。系统图主要用来表明系统的规模、整体方案、组成情况及主要特征，可以为进一步编制详细的技术文件提供依据。

图 13-7 所示为某工厂的供电系统图，该图表示这个供电系统的五个项目（用细点画线框区分）及它们之间的功能关系。该厂电力取自 10kV 电网，经变电装置将电压降至 0.4kV，供各车间用电。这个图由五个方框组成：=PL$_1$ 是三相 10kV 配电装置；=PB$_1$ 是 10kV 汇流排；=T$_1$ 与 =T$_2$ 是 10kV 变压设备；=PB$_2$ 是 0.4kV 汇流排。该图对每个部分的具体结构、形状、安装位置、连接方法等未做详细说明。

二、电路图

电路图又称电气原理图，是用图形符号、文字符号按工作顺序排列，详细表示电路、设备或成套装置的全部基本组成和连接关系，而不考虑其实际位置的一种简图。该图是以图形符号、文字符号代表其实物，以实线表示电性能连接，按电路、设备或成套装置的功能和原理绘制的。

图 13-8 所示为一台电动机正、反转控制原理图，左边为主电路，垂直布置；右边为控制电路，

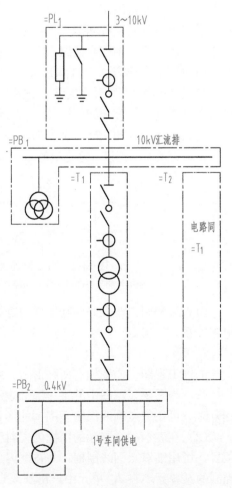

图 13-7　某工厂的供电系统图

水平布置。在水平布置的控制电路中，各类似项目纵向对齐。例如，继电器 KM₁、KM₂，按钮开关 SB₂、SB₃ 等对齐排列，使得电路布置美观。主电路采用多线表示法。这是因为主电路有不对称的两相元件（如热继电器 FR）和不对称接线（正反向运转接线），采用三线表示法比较适宜。

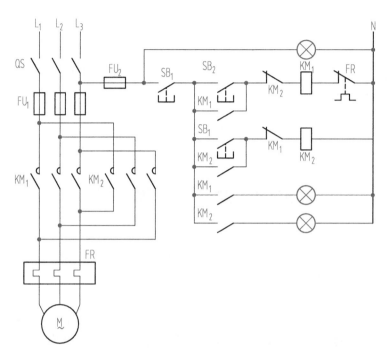

图 13-8 电动机正、反转控制原理图

三、接线图

接线图是用符号表示成套装置、设备或装置的内部、外部各种连接关系的一种简图。主要用于安装接线、线路检查、线路维修和故障处理。在实际使用中接线图要与电路图、平面图结合使用。

图 13-9 为单元接线图。单元接线图应大体按照各个项目的相对位置进行布置，没有接线关系的项目可省略。连接线可用连续线（或中断线）以多线表示，也可将多线汇聚成线束以单线表示。导线组、电缆、缆形线束可以用加粗的线条表示；在不致引起误解的情况下，也可部分加粗并以单线表示。

图 13-9（a）所示是连续线表示法，端子一般用图形符号和端子代号表示。在端子符号（圆圈）旁边标注的数字就是端子代号。端子之间的连接导线用连续的线条表示，如项目 11 和项目 12 的两条连接线 31、32 分别把端子 1、2 连接起来。项目 12 与项目 13 之间的连接线 40 把端子 6 和 1 连接起来。

图 13-9（b）所示是中断线表示法，中断线是用中断的方式表示的端子之间的连接导线，按远端标记。如项目 11 和项目 12 之间的 7 条连接线（31、32、34、36、37、38、39）是用中断线表示的。

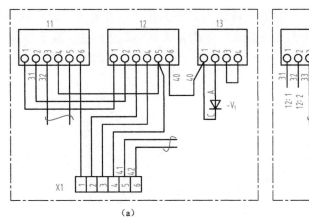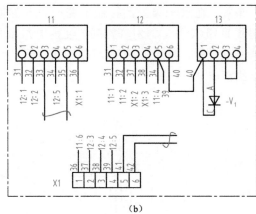

图 13-9　单元接线图

(a) 连续线表示法 ；(b) 中断线表示法

第三节　建筑电气施工图

　　建筑电气工程包括建筑物内照明灯具、电源插座、有线电视、电话、消防控制、防雷工程及各种工业与民用的动力装置等。电气工程图主要是用来表示供电、配电线路的规格与敷设方式，各种电气设备及配件的选型、规格及安装方式。

　　一、建筑电气施工图常用图形符号和文字符号

　　《建筑电气制图标准》（GB/T 50786—2012）中，规定了建筑电气工程图中常用的图形符号、文字符号的表示方法，表 13-4 为常用建筑电气工程图中常用的图形符号。

表 13-4　　　　　　　　　　建筑电气工程图常用的图形符号

图形符号	说明	图形符号	说明
	进户线		灯或信号灯的一般符号
	向上配线		防水防尘灯
	向下配线		花灯
	三根导线		荧光灯的一般符号
	断路器		双管荧光灯
	单极开关		屏、台、箱柜一般符号
	单极拉线开关		动力或照明配电箱
	暗装单极开关		自动开关箱
	暗装双极开关	Wh	电度表（瓦时计）
	暗装单相三孔插座	TP	电话插座
	密闭（防水）单相三孔插座	TV	电视插座

文字符号通常由基本符号、辅助符号和数字组成。基本文字符号用以表示电气设备、装置和元件以及线路的基本名称、特性。辅助文字符号用以表示电气设备、装置和元件以及线路的功能、状态和特征。表13-5为常见动力及照明设备的文字符号表。

表 13-5 常见动力及照明设备的文字符号表

名称	符号	说明
导线型号表	RVB	铜芯聚氯乙烯绝缘平型软线
	BLV	铝芯聚氯乙烯绝缘电线
	BV	铜芯聚氯乙烯绝缘电线
	VV	PVC绝缘PVC护套电力电缆
	VV_{22}	铜芯聚氯乙烯绝缘聚氯乙烯护套钢带铠装电力电缆
导线敷设方式	SC	穿焊接钢管敷设
	MT	穿电线管敷设
	PC	穿硬塑料管敷设
	PR	塑料线槽敷设
	PVC	穿阻燃塑料管敷设
	FPV	穿聚氯乙烯半硬质管敷设
导线敷设部位	WS	沿墙面敷设
	WC	暗敷在墙内
	SCE	吊顶内敷设
	CE	沿天棚或顶板面敷设
	CC	暗敷在顶板内
	FC	暗敷在地面内
灯具安装方式	CS	链吊式
	DS	管吊式
	W	壁装式
	C	吸顶式
光源种类	IN	白炽灯
	FL	荧光灯
	Hg	汞灯
	I	碘灯

二、室内电气平面图

室内电气平面图是表示建筑物内配电设备、动力、照明设备等的平面布置、线路的走向。平面图主要表示动力及照明线路的位置、导线的规格型号、导线根数、敷设方式、穿管管径等，同时还标出了各种用电设备（如照明灯、电动机、电风扇、插座、电话、有线电视等）及配电设备（配电箱、控制开关）的数量、型号和相对位置。

1. 室内电气平面图表达的主要内容

（1）电源进户线和电源总配电箱及各分配电箱的形式、安装位置，电源配电箱内的电气系统。

（2）照明线路中导线的根数、线路走向、型号、规格、敷设位置、配线方式和导线的连接方式等。为了便于读图，对于支线的相关参数在平面图中一般不加标注，在设计说明里加以注明。

（3）照明灯具、照明开关、插座等设备的安装位置，灯具的型号、数量、安装容量、安装方式、悬挂高度及接线等，如图 13-10 所示。

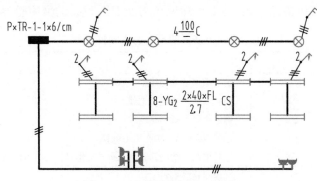

图 13-10　照明平面图（局部）

（4）电气工程都是根据图纸进行电气施工预算和备料的，因此，在电气平面图上要注明建筑的尺寸及标高。另外，由于在电气工程图中所采用设备的安装和导线施工方法与建筑施工密切相关，因此有时还需根据设备的安装和导线的敷设要求，说明土建的一些施工方法。

2. 室内电气平面图的绘图步骤

（1）细实线抄绘建筑平面图。

（2）中实线以图形符号的形式绘制有关设备（如灯具、插座、配电箱、开关等）。

（3）粗实线画出进户线及连接导线，并加文字标注说明。

对于一个系统，往往有多张平面图与之对应。多层建筑的各层结构不同时，除画底层照明平面图之外，还应画出其他楼层照明平面图。当用电设备种类较多，在一个平面图上不易表达清楚时，也可在几个平面图上分开表达不同的内容。

三、室内电气系统图

室内电气系统图是表示建筑物内配电系统的组成和连接的示意图。主要表示电源的引进设置、总配电箱、干线分布、分配电箱、各相线分配、计量表和控制开关等。

1. 室内电气系统图表达的主要内容

（1）供电电源的种类及表达方式，电源的分配，配电箱内部的电气元件及相互连接关系等。

（2）导线的型号、截面、敷设方式、敷设部位及穿管直径和管材种类。导线分为进户线、干线和支线，如图 13-11 所示。导线的型号、截面尺寸、敷设方式、敷设部位、穿管材料及管径等均需在图中用文字符号注明。

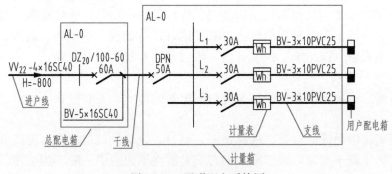

图 13-11　照明配电系统图

（3）配电箱、控制、保护和计量装置等的型号、规格。配电箱较多时，应进行编号，且编号顺序应与平面图一致。

（4）建筑电气工程中的设备容量、电气线路的计算功率、计算电流、计算时取用的系数等均应标注在系统图上。

2. 室内电气系统图的画图步骤

系统图是表明供电系统特性的一种简图，一般不按比例绘制，也不反映电气设备在建筑中的具体安装位置。系统图中用单线表示配电线路所用导线；用图形符号表示电气设备；用文字符号表示设备的规格、型号、电气参数等。

四、建筑电气工程图的阅读

阅读电气工程图的顺序是：按电源入户方向，即按进户线→配电箱→支路→支路上的用电设备的顺序阅读。读图时，要将电气平面图对照配电系统图阅读。

现以某四层住宅室内电气工程图为例，说明其识读方法。图 13-12、图 13-13 分别为住宅底层插座平面图、底层照明平面图，其绘图比例为 1：100。图 13-14 为该住宅电气系统图。

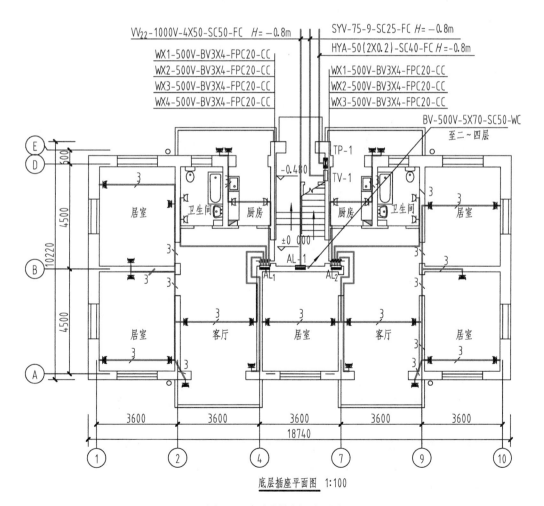

底层插座平面图 1:100

图 13-12　底层插座平面图

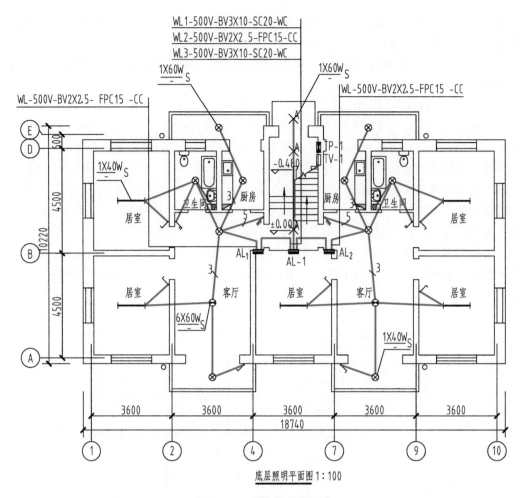

WL1-500V-BV3X10-SC20-WC
WL2-500V-BV2X2.5-FPC15-CC
WL3-500V-BV3X10-SC20-WC

WL-500V-BV2X2.5- FPC15 -CC

WL-500V-BV2X2.5-FPC15 -CC

底层照明平面图 1:100

图 13-13　底层照明平面图

1. 阅读室内电气平面图

阅读电气平面图时，按下述步骤进行。

（1）了解建筑物的平面布置。由电气平面图可知，该住宅户型为一梯两户，西侧用户的户型为两室一厅、一卫一厨、南北各有一个阳台；东侧用户的户型为三室一厅、一卫一厨、南北阳台各一个。建筑物总长为 18740mm，总宽为 10220mm，建筑物用地面积为 187.4m²。

（2）图 13-12 为底层插座平面图。从图中可以看出，该系统进户线由建筑物入口（入室门）处引入，进户线采用铜芯聚氯乙烯绝缘聚氯乙烯护套钢带铠装电力电缆直埋引入，电缆额定电压 1000V，内有 4 根铜芯，导线截面为 50mm²，穿钢管埋地敷设，钢管管径 50mm，埋置深度 H=-800mm。

电源线进户后首先进入编号为 "AL-1" 总配电箱，然后从该配电箱引出 2 条线路，分别接入编号为 AL₁、AL₂ 两个用户配电箱内。旁边带有黑圆点的箭头表示引向上层配电箱的引通干线，导线类型为铜芯聚氯乙烯绝缘电线，额定电压 500V，内有 5 根铜芯，导线截面为 70mm²，穿钢管敷设，钢管管径 50mm，暗敷在墙内。从图 13-12 可以看出，从该配电箱中

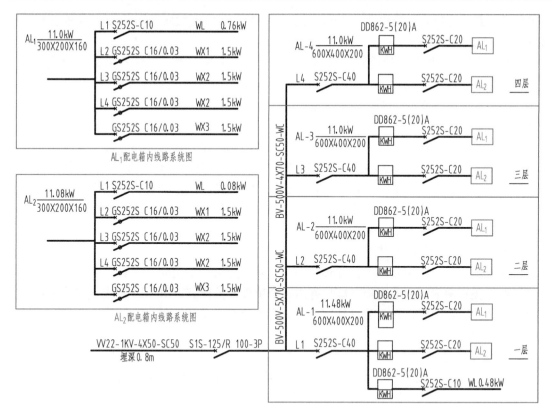

配电系统图 1:100

图 13-14　配电系统图

引出 4 条插座线路 WX1、WX2、WX3、WX4，其额定电压 500V，导线类型为铜芯聚氯乙烯绝缘电线，内有 3 根铜芯，每根导线截面为 $4mm^2$，穿聚氯乙烯半硬质管敷设，穿管管径 20mm，暗敷在顶板内。WX1 线路由用户配电箱引至厨房，在厨房内安装两个单相五孔防溅暗插座。该线路向北延伸至北侧阳台，在阳台上装有 2 个单相五孔暗插座；WX2 线路由用户配电箱引至卫生间，在卫生间内安装 2 个单相五孔防溅暗插座；WX3 线路由用户配电箱引至居室、客厅和南侧阳台，在客厅内装有 2 个单相五孔暗插座，在左侧两个居室内各装有 3 个单相五孔暗插座，南侧阳台上装有 1 个单相五孔暗插座。WX4 线路由用户配电箱引至客厅，其上装有 1 个单相五孔暗插座。西侧住户共装有 12 个单相五孔暗插座，4 个单相五孔防溅暗插座。

从电气设计说明可知，所有插座回路均为 500V-BV3×4-FPC20，即导线类型为铜芯聚氯乙烯绝缘电线，额定电压 500V，内有 3 根铜芯，导线截面为 $4mm^2$，穿聚氯乙烯半硬质管暗敷在墙内，穿管管径 20mm。从电气设计图例中可知，单相五孔插座的安装高度为距地 1.8m，单相五孔防溅暗插座的安装高度为 1.8m。AL_2 为东侧用户配电箱，其插座配置与西侧用户基本相同。

其他各层与底层类同，本例省略。

（3）图 13-13 为底层照明平面图，从图中可以看出，由单元配电箱 AL-1 接出 3 条线路，其中编号为 WL1、WL3 的两条线路，向两侧用户配电箱 AL_1、AL_2 供电，其导线类型为铜芯聚氯乙烯绝缘电线，额定电压 500V，内有 3 根铜芯，导线截面为 10mm²，穿钢管暗敷在墙内，钢管管径 20mm。

编号为 WL2 的线路是楼梯间公共照明线路，导线类型为铜芯聚氯乙烯绝缘电线，额定电压 500V，内有 2 根铜芯，导线截面尺寸为 2.5mm²，穿聚氯乙烯半硬质管暗敷在顶板内，穿管管径 15mm。在 WL2 线路上装有 3 盏声控灯，分别安装在室外入室门门口、楼梯间入口和底层两住户入户门中间顶棚处，安装方式均为吸顶安装。

从图中可以看出，由 AL₁ 配电箱接出照明线路引至西侧用户。西侧用户的户型为两室、一厅、一卫、一厨、南北阳台各一个，室内安装灯具共 8 盏。所有的灯具均采用吸顶安装，其中两居室内各装有一盏单管荧光灯，客厅棚顶装有花灯，门厅处和南侧阳台安装圆形荧光灯，卫生间和厨房安装防水圆球灯。在卫生间内还安装有换气扇，参照电气设计图例中可知，换气扇的安装高度为 2.4m。

照明灯具控制开关的安装方式如下：

客厅、门厅、厨房和北侧阳台灯具采用一个四极开关；卫生间灯具和卫生间内换气扇用一个双极开关；两居室和南侧阳台灯具各用一个单极开关控制。由 AL₂ 配电箱接出照明线路引至东侧住户，读图时，其照明灯具和开关的配置情况可参照西侧住户。其他各层与底层类同，本例省略。

2. 阅读室内电气系统图

如图 13-14 配电系统图所示，进户电源采用铜芯聚氯乙烯绝缘聚氯乙烯护套钢带铠装电力电缆直埋引入，在进户线上设有型号为 SIS-125/R100-3P 的三相自动空气控制开关，开关的额定电流为 100A。

（1）进户线进入建筑物后，向上引出干线，分别接入一～四层编号为 AL-1～AL-4 的单元配电箱内，底层单元配电箱的额定功率为 11.48kW；二～四层单元配电箱的额定功率为 11.0kW，配电箱的外形尺寸为 600mm×400mm×200mm。

底层单元配电箱经空气自动总开关（S252S-C40）引出 3 条线路，其中的 2 条线路通过分路开关（S252S-C20），进入底层用户配电箱 AL₁、AL₂。另外 1 条线路通过分路开关（S252S-C10），与底层公共照明线路相接，功率为 0.48kW，向底层楼梯间内 3 盏声控灯供电。二～四层单元配电箱经空气自动总开关（S252S-C40）各引出 2 条线路，通过分路开关（S252S-C20），进入各楼层用户配电箱 AL₁、AL₂。

（2）对照图 13-12 底层插座平面图、图 13-13 底层照明平面图可知，配电箱 AL₁ 为西侧用户配电箱。在 AL₁ 配电箱内，设有计量表（kWh），总开关 S252S-C20。由 AL₁ 用户配电箱中接出 5 条支路给西侧住户房间各部分供电。5 条分支路中，1 条照明支路，额定功率为 0.76kW，照明支路上装有自动空气开关（S252S-C10）；其余 4 条分支路均为插座支路，其额定功率为 1.5kW，插座支路上装有具有漏电保护功能的自动空气开关（GS252S-C16/0.03）。

配电箱 AL₂ 为东侧用户配电箱，其中线路和控制开关的配置与 AL₁ 配电箱内基本相同。但由于东侧住户比西侧住户照明设备多，故由配电箱接出的照明分支路的额定功率为 0.80kW；比 AL₁ 配电箱接出的照明分支路的额定功率（0.76kW）大。

（3）在图 13-14 中标注出各进户线、干线、支线的规格型号、敷设方式和部位、导线根数、截面积等，该内容在电气平面图中已详尽说明。

附　　　录

一、常用螺纹与螺纹紧固件

1. 普通螺纹（摘自 GB/T 193—2003、GB/T 196—2003）

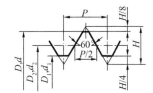

$$H = \frac{\sqrt{3}}{2}P$$

附表 1-1　　　　　　　　　　　**直径与螺距标准组合系列**　　　　　　　　　　　mm

公称直径 D、d		螺距 P		粗牙小径 D_1、d_1	公称直径 D、d		螺距 P		粗牙小径 D_1、d_1
第一系列	第二系列	粗牙	细牙		第一系列	第二系列	粗牙	细牙	
3		0.5	0.35	2.459		22	2.5	2,1.5,1,(0.75),(0.5)	19.294
	3.5	(0.6)		2.850					
4		0.7	0.5	3.242	24		3	2,1.5,1,(0.75)	20.752
	4.5	(0.75)		3.688		27	3	2,1.5,1,(0.75)	23.752
5		0.8		4.134	30		3.5	(3),2,1.5,1,(0.75)	26.211
6		1	0.75,(0.5)	4.917					
8		1.25	1,0.75,(0.5)	6.647		33	3.5	(3),2,1.5,(1),(0.75)	29.211
10		1.5	1.25,1,0.75,(0.5)	8.376					
12		1.75	1.5,1.25,1,(0.75),(0.5)	10.106	36		4	3,2,1.5,(1)	31.670
						39	4		34.670
	14	2	1.5,(1.25),1,(0.75),(0.5)	11.835	42		4.5	(4),3,2,1.5,(1)	37.129
						45	4.5		40.129
16		2	1.5,1,(0.75),(0.5)	13.835	48		5		42.87
	18	2.5	2,1.5,1,(0.75),(0.5)	15.294		52	5		46.587
20		2.5		17.294	56		5.5	4,3,2,1.5,(1)	50.046

注　1. 优先选用第一系列，括号内尺寸尽可能不用。第三系列未列入。

　　2. 中径 D_2、d_2 未列入。

附表 1-2　　　　　　　　　**细牙普通螺纹螺距与小径的关系**　　　　　　　　　mm

螺距 P	小径 D_1、d_1	螺距 P	小径 D_1、d_1	螺距 P	小径 D_1、d_1
0.35	$d-1+0.621$	1	$d-2+0.918$	2	$d-3+0.835$
0.5	$d-1+0.459$	1.25	$d-2+0.647$	3	$d-4+0.752$
0.75	$d-1+0.188$	1.5	$d-2+0.376$	4	$d-5+0.670$

注　表中的小径按 $D_1 = d_1 = d - 2 \times \frac{5}{8}H$，$H = \frac{\sqrt{3}}{2}P$ 计算得出。

2. 非螺纹密封的管螺纹（摘自 GB/T 7307—2001）

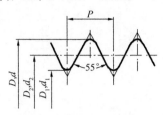

附表 1-3　　　　　　　　　　　　**管螺纹尺寸代号及基本尺寸**　　　　　　　　mm

尺寸代号	每25.4mm内的牙数 n	螺距 P	基本直径	
			大径 D、d	小径 D_1、d_1
1/8	28	0.907	9.728	8.566
1/4	19	1.337	13.157	11.445
3/8	19	1.337	16.662	14.950
1/2	14	1.814	20.955	18.631
5/8	14	1.814	22.911	20.587
3/4	14	1.814	26.441	24.117
7/8	14	1.814	30.201	27.877
1	11	2.309	33.249	30.291
$1\frac{1}{8}$	11	2.309	37.897	34.939
$1\frac{1}{4}$	11	2.309	41.910	38.952
$1\frac{1}{2}$	11	2.309	47.803	44.845
$1\frac{3}{4}$	11	2.309	53.746	50.788
2	11	2.309	59.614	56.656
$2\frac{1}{4}$	11	2.309	65.710	62.752
$2\frac{1}{2}$	11	2.309	75.184	72.226
$2\frac{3}{4}$	11	2.309	81.534	78.576
3	11	2.309	87.884	84.926

二、螺纹紧固件

1. 六角头螺栓

六角头螺栓—C 级（摘自 GB/T 5780—2000）　　　六角头螺栓—A 和 B 级（摘自 GB/T 5782—2000）

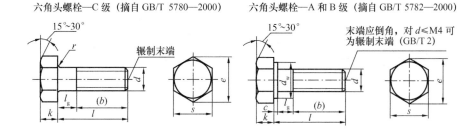

标记示例

螺纹规格 d＝M12、公称长度 l＝80mm、性能等级为 8.8 级，表面氧化、A 级的六角头螺栓，其标记为：

螺栓　GB/T 5782　M12×80

附表 2-1　　　　　　　　　　　　**六角头螺栓各部分尺寸**　　　　　　　　　　mm

螺纹规格 d			M3	M4	M5	M6	M8	M10	M12	M16	M20	M24	M30	M36	M42
b 参考	$l\leqslant125$		12	14	16	18	22	26	30	38	46	54	66	—	—
	$125<l\leqslant200$		18	20	22	24	28	32	36	44	52	60	72	84	96
	$l>200$		31	33	35	37	41	45	49	57	65	73	85	97	109
c			0.4	0.4	0.5	0.5	0.6	0.6	0.6	0.8	0.8	0.8	0.8	0.8	1
d_w	产品等级	A	4.57	5.88	6.88	8.88	11.63	14.63	16.63	22.49	28.19	33.61	—	—	—
		A、B	4.45	5.74	6.74	8.74	11.47	14.47	16.47	22	27.7	33.25	42.75	51.11	59.95
e	产品等级	A	6.01	7.66	8.79	11.05	14.38	17.77	20.03	26.75	33.53	39.98	—	—	—
		B、C	5.88	7.50	8.63	10.89	14.20	17.59	19.85	26.17	32.95	39.55	50.85	60.79	72.02
k	公称		2	2.8	3.5	4	5.3	6.4	7.5	10	12.5	15	18.7	22.5	26
r			0.1	0.2	0.2	0.25	0.4	0.4	0.6	0.6	0.8	0.8	1	1	1.2
s	公称		5.5	7	8	10	13	16	18	24	30	36	46	55	65
l（商品规格范围）			20~30	25~40	25~50	30~60	40~80	45~100	50~120	65~160	80~200	90~240	110~300	140~360	160~440
l 系列			12，16，20，25，30，35，40，45，50，55，60，65，70，80，90，100，110，120，130，140，150，160，180，200，220，240，260，280，300，320，340，360，380，400，420，440，460，480，500												

注　1. A 级用于 $d\leqslant24$ 和 $l\leqslant10d$ 或 $\leqslant150$ 的螺栓；

　　　B 级用于 $d>24$ 和 $l>10d$ 或 >150 的螺栓。

　　2. 螺纹规格 d 范围：GB/T 5780 为 M5~M64；GB/T 5782 为 M1.6~M64。

　　3. 公称长度范围：GB/T 5780 为 25~500；GB/T 5782 为 12~500。

2. 双头螺柱

双头螺柱—b_m=1d(GB/T 897—1988)   双头螺柱—b_m=1.25d(GB/T 898—1988)
双头螺柱—b_m=1.5d(GB/T 899—1988)   双头螺柱—b_m=2d(GB/T 900—1988)

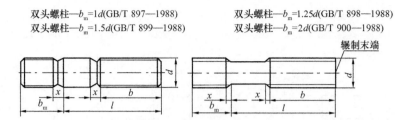

标记示例

两端均为粗牙普通螺纹、d=10、l=50、性能等级为 4.8 级、B 型、b_m=1d 的双头螺柱，其标记为：

螺栓　GB/T 897　M10×50

旋入机体一端为粗牙普通螺纹、旋螺母一端为螺距 1 的细牙普通螺纹、d=10、l=50、性能等级为 4.8 级、A 型、b_m=1d 的双头螺柱，其标记为：螺柱 GB/T 897 AM10—M10×1×50

附表 2-2　　　　　　　　　　双头螺柱各部分尺寸　　　　　　　　　　mm

螺纹规格		M5	M6	M8	M10	M12	M16	M20	M24	M30	M36	M42
b_m（公称）	GB/T 897	5	6	8	10	12	16	20	24	30	36	42
	GB/T 898	6	8	10	12	15	20	25	30	38	45	52
	GB/T 899	8	10	12	15	18	24	30	36	45	54	65
	GB/T 900	10	12	16	20	24	32	40	48	60	72	84
d_s(max)		5	6	8	10	12	16	20	24	30	36	42
x(max)		2.5P										
$\dfrac{l}{b}$		$\dfrac{16\sim22}{10}$	$\dfrac{20\sim22}{10}$	$\dfrac{20\sim22}{12}$	$\dfrac{25\sim28}{14}$	$\dfrac{25\sim30}{16}$	$\dfrac{30\sim38}{25}$	$\dfrac{35\sim40}{30}$	$\dfrac{45\sim50}{30}$	$\dfrac{60\sim65}{40}$	$\dfrac{65\sim75}{45}$	$\dfrac{65\sim80}{50}$
		$\dfrac{25\sim50}{16}$	$\dfrac{25\sim30}{14}$	$\dfrac{25\sim30}{16}$	$\dfrac{30\sim38}{16}$	$\dfrac{32\sim40}{30}$	$\dfrac{40\sim55}{30}$	$\dfrac{45\sim65}{35}$	$\dfrac{55\sim75}{45}$	$\dfrac{70\sim90}{50}$	$\dfrac{80\sim110}{60}$	$\dfrac{85\sim110}{70}$
			$\dfrac{32\sim75}{18}$	$\dfrac{32\sim90}{22}$	$\dfrac{40\sim120}{26}$	$\dfrac{45\sim120}{30}$	$\dfrac{60\sim120}{38}$	$\dfrac{70\sim120}{46}$	$\dfrac{80\sim120}{54}$	$\dfrac{95\sim120}{60}$	$\dfrac{120}{78}$	$\dfrac{120}{90}$
					$\dfrac{130}{32}$	$\dfrac{130\sim180}{36}$	$\dfrac{130\sim200}{44}$	$\dfrac{130\sim200}{52}$	$\dfrac{130\sim200}{60}$	$\dfrac{130\sim200}{72}$	$\dfrac{130\sim200}{84}$	$\dfrac{130\sim200}{96}$
										$\dfrac{210\sim250}{85}$	$\dfrac{210\sim300}{91}$	$\dfrac{210\sim300}{109}$
l 系列		16，(18)，20，(22)，25，(28)，30，(32)，35，(38)，40，45，50，(55)，60，(65)，70，(75)，80，(85)，90，(95)，100，110，120，130，140，150，160，170，180，190，200，210，220，230，240，250，260，280，300										

注　P 是粗牙螺纹的螺距。

3. 开槽沉头螺钉（摘自 GB/T 68—2000）

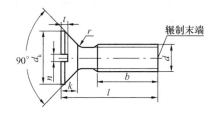

标记示例

螺纹规格 d＝M5、公称长度 l＝20、性能等级为 4.8 级、不经表面处理的 A 级开槽沉头螺钉，其标记为：

螺钉　GB/T 68　M5×20

附表 2-3　　　　　　　　　开槽沉头螺钉各部分尺寸　　　　　　　　　mm

螺纹规格 d	M1.6	M2	M2.5	M3	M4	M5	M6	M8	M10
P（螺距）	0.35	0.4	0.45	0.5	0.7	0.8	1	1.25	1.5
b	25	25	25	25	38	38	38	38	38
d_k	3.6	4.4	5.5	6.3	9.4	10.4	12.6	17.3	20
k	1	1.2	1.5	1.65	2.7	2.7	3.3	4.65	5
n	0.4	0.5	0.6	0.8	1.2	1.2	1.6	2	2.5
r	0.4	0.5	0.6	0.8	1	1.3	1.5	2	2.5
t	0.5	0.6	0.75	0.85	1.3	1.4	1.6	2.3	2.6
公称长度 l	2.5～16	3～20	4～25	5～30	6～40	8～50	8～60	10～80	12～80
l 系列	2.5，3，4，5，6，8，10，12，(14)，16，20，25，30，35，40，45，50，(55)，60，(65)，70，(75)，80								

注　1. 括号内的规格尽可能不采用。

　　2. M1.6～M3 的螺钉、公称长度 $l \leqslant 30$ 的，制出全螺纹；M4～M10 的螺钉、公称长度 $l \leqslant 45$ 的，制出全螺纹。

4. 紧定螺钉

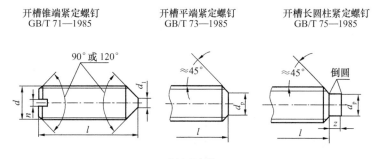

开槽锥端紧定螺钉
GB/T 71—1985

开槽平端紧定螺钉
GB/T 73—1985

开槽长圆柱紧定螺钉
GB/T 75—1985

标记示例

螺纹规格 d＝M5、公称长度 l＝12、性能等级为 14H 级、表面氧经的开槽长圆柱端紧定螺钉，其标记为：

螺钉　GB/T 75　M5×12

附表 2-4　　　　　　　　　　　　　　　　紧定螺钉各部分尺寸　　　　　　　　　　　　　　mm

螺纹规格 d		M1.6	M2	M2.5	M3	M4	M5	M6	M8	M10	M12
P（螺距）		0.35	0.4	0.45	0.5	0.7	0.8	1	1.25	1.5	1.75
n		0.25	0.25	0.4	0.4	0.6	0.8	1	1.2	1.6	2
t		0.74	0.84	0.95	1.05	1.42	1.63	2	2.5	3	3.6
d_t		0.16	0.2	0.25	0.3	0.4	0.5	1.5	2	2.5	3
d_p		0.8	1	1.5	2	2.5	3.5	4	5.5	7	8.5
z		1.05	1.25	1.5	1.75	2.25	2.75	3.25	4.3	5.3	6.3
l	GB/T 71—1985	2～8	3～10	3～12	4～16	6～20	8～25	8～30	10～40	12～50	14～60
	GB/T 73—1985	2～8	2～10	2.5～12	3～16	4～20	5～25	5～30	8～40	10～50	12～60
	GB/T 75—1985	2.5～8	3～10	4～12	5～16	6～20	8～25	10～30	10～40	12～50	14～60
l 系列		2，2.5，3，4，5，6，8，10，12，(14)，16，20，25，30，35，40，45，50，(55)，60									

注 1. l 为公称长度。

　　2. 括号内的规格尽可能不采用。

5. 螺母

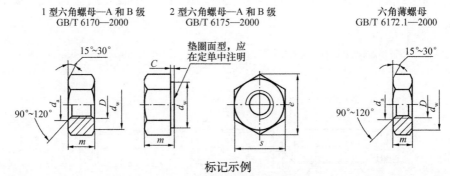

1 型六角螺母—A 和 B 级　　　2 型六角螺母—A 和 B 级　　　　　六角薄螺母
GB/T 6170—2000　　　　　　GB/T 6175—2000　　　　　　　GB/T 6172.1—2000

标记示例

螺纹规格 D＝M12、性能等级为 8 级、不经表面处理、产品等级为 A 级 1 型六角螺母，其标记为：

螺栓　GB/T 6170　M12

螺纹规格 D＝M12、性能等级为 9 级、表面氧化的 2 型六角螺母，其标记为：螺母 GB/T 6175　M12

螺纹规格 D＝M12、性能等级为 04 级、不经表面处理的六角薄螺母，其标记为：螺母 GB/T 6172.1 M12

附表 2-5　　　　　　　　　　　　　螺 母 各 部 分 尺 寸　　　　　　　　　　　　　mm

螺纹规格 D		M3	M4	M5	M6	M8	M10	M12	M16	M20	M24	M30	M36
e	min	6.01	7.66	8.63	10.89	14.20	17.59	19.85	26.17	32.95	39.55	50.85	60.79
s	max	5.5	7	8	10	13	16	18	24	30	36	46	55
	min	5.5	7	8	10	13	16	18	24	30	36	46	55
c	max	0.4	0.4	0.5	0.5	0.6	0.6	0.6	0.8	0.8	0.8	0.8	0.8
d_w	min	4.6	5.9	6.9	8.9	11.6	14.6	16.6	22.5	27.7	33.2	42.8	51.1
d_a	max	3.45	4.6	5.75	6.75	8.75	10.8	13	17.3	21.6	25.9	32.4	38.9
GB/T 61770—2000	max	2.4	3.2	4.7	5.2	6.8	8.4	10.8	14.8	18	21.5	25.6	31
m	min	2.15	2.9	4.4	4.9	6.44	8.04	10.37	14.1	16.9	20.2	24.3	29.4
GB/T 6172.1—2000	max	1.8	2.2	2.7	3.2	4	5	6	8	10	12	15	18
m	min	1.55	1.95	2.45	2.9	3.7	4.7	5.7	7.42	9.10	10.9	13.9	16.9
GB/T 6175—2000	max	—	—	5.1	5.7	7.5	9.3	12	16.4	20.3	23.9	28.6	34.7
m	min	—	—	4.8	5.4	7.14	8.94	11.57	15.7	19	22.6	27.3	33.1

注　A 级用于 $D \leqslant 16$；B 级用于 $D > 16$。

6. 垫圈

小垫圈—A 级（GB/T 848—2002）

平垫圈—A 级（GB/T 97.1—2002）

平垫圈　倒角型—A 级（GB/T 97.2—2000）

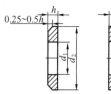

标记示例

标准系列、规格 8、性能等级为 140HV 级、不级表面处理的平垫圈，其标记为：垫圈 GB/T 97.1　8

附表 2-6　　　　　　　　　　　　　垫 圈 各 部 分 尺 寸　　　　　　　　　　　　　mm

公称尺寸（螺纹规格 d）		1.6	2	2.5	3	4	5	6	8	10	12	14	16	20	24	30	36
d_1	GB/T 848	1.7	2.2	2.7	3.2	4.3	5.3	6.4	8.4	10.5	13	15	17	21	25	31	37
	GB/T 97.1	1.7	2.2	2.7	3.2	4.3	5.3	6.4	8.4	10.5	13	15	17	21	25	31	37
	GB/T 97.2						5.3	6.4	8.4	10.5	13	15	17	21	25	31	37
d_2	GB/T 848	3.5	4.5	5	6	8	9	11	15	18	20	24	28	34	39	50	60
	GB/T 97.1	4	5	6	7	9	10	12	16	20	24	28	30	37	44	56	66
	GB/T 97.2						10	12	16	20	24	28	30	37	44	56	66
h	GB/T 848	0.3	0.3	0.5	0.5	0.5	1	1.6	1.6	1.6	2	2.5	2.5	3	4	4	5
	GB/T 97.1	0.3	0.3	0.5	0.5	0.5	1	1.6	1.6	1.6	2	2.5	2.5	3	4	4	5
	GB/T 97.2						1	1.6	1.6	1.6	2	2.5	2.5	3	4	4	5

7. 标准型弹簧垫圈（摘自 GB/T 93—1987）

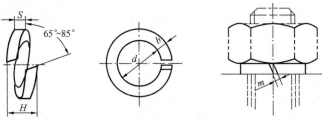

标记示例

规格 16、材料为 65Mn、表面氧化的标准型弹簧垫圈，其标记为：垫圈 GB/T 93　16

附表 2-7　　　　　　　　　　　　　标准型弹簧垫圈各尺寸　　　　　　　　　　　　　　mm

规格（螺纹大径）		3	4	5	6	9	10	12	(14)	16	(18)	20	(22)	24	(27)	30
d		3.1	4.1	5.1	6.1	8.1	10.2	12.2	14.2	16.2	18.2	20.2	22.5	24.5	27.5	30.5
H	GB/T 93	1.6	2.2	2.6	3.2	4.2	5.2	6.2	7.2	8.2	9	10	11	12	13.6	15
	GB/T 859	1.2	1.6	2.2	2.6	3.2	4	5	6	6.4	7.2	8	9	10	11	12
$S(b)$	GB/T 93	0.8	1.1	1.3	1.6	2.1	2.6	3.1	3.6	4.1	4.5	5	5.5	6	6.8	7.5
S	GB/T 859	0.6	0.8	1.1	1.3	1.6	2	2.5	3	3.2	3.6	4	4.5	5	5.5	6
$m\leqslant$	GB/T 93	0.4	0.55	0.65	0.8	1.05	1.3	1.55	1.8	2.05	2.25	2.5	2.75	3	3.4	3.75
	GB/T 859	0.3	0.4	0.55	0.65	0.8	1	1.25	1.5	1.6	1.8	2	2.25	2.5	2.75	3
b	GB/T 859	1	1.2	1.5	2	2.5	3	3.5	4	4.5	5	5.5	6	7	8	9

注　1. 括号内的规格尽可能不采用。

　　2. m 应大于零。

三、键、销

1. 普通型平键及键槽（摘自 GB/T 1096—2003 及 GB/T 1095—2003）

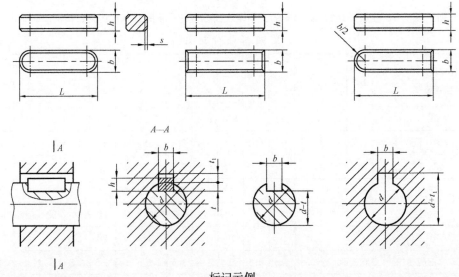

标记示例

圆头普通型平键（A 型），$b=18$mm，$h=11$mm，$L=100$mm GB/T 1096　　键　18×11×100

圆头普通型平键（B 型），$b=18$mm，$h=11$mm，$L=100$mm GB/T 1096　　键 B　18×11×100

附表 3-1　　　　　　　　　　　普通平键及键槽各部分尺寸　　　　　　　　　　mm

轴径 d	键的公称尺寸			键槽深		r 小于
				轴	轮毂	
	b	h	L	t	t_1	
自 6～8	2	2	6～20	1.2	1.0	
＞8～19	3	3	6～36	1.8	1.4	0.16
＞10～12	4	4	8～45	2.5	1.8	
＞12～17	5	5	10～56	3.0	2.3	
＞17～22	6	6	14～70	3.5	2.8	0.25
＞22～30	8	7	18～90	4.0	3.3	
＞30～38	10	8	22～110	5.0	3.3	
＞38～44	12	8	28～140	5.0	3.3	
＞44～50	14	9	36～160	5.5	3.8	0.40
＞50～58	16	10	45～180	6.0	4.3	
＞58～65	18	11	50～200	7.0	4.4	
＞65～75	20	12	56～220	7.5	4.9	
＞75～85	22	14	63～250	9.0	5.4	
＞85～95	25	14	70～280	9.0	5.4	0.60
＞95～100	28	16	80～320	10.0	6.4	
＞110～130	32	18	90～360	11.0	7.4	
＞130～150	36	20	100～400	12.0	8.4	
＞150～170	40	22	100～400	13.0	9.4	
＞170～200	45	25	110～450	15.0	10.4	1.00
＞200～230	50	28	125～500	17.0	11.4	
＞230～260	56	30	140～500	20.0	12.4	
＞260～290	63	32	160～500	20.0	12.4	1.60
＞290～300	70	36	180～500	22.0	12.4	
＞330～380	80	40	200～500	25.0	15.4	
＞380～440	90	45	220～500	28.0	17.4	2.50
＞440～500	100	50	250～500	31.0	19.5	
L 的系列	6，8，10，12，14，16，18，20，22，25，28，32，36，40，45，50，56，63，70，80，90，100，110，125，140，160，180，200，220，250					

注　1. 在工作图中轴槽深用 t 标注，轮毂槽深用 t_1 标注。

　　2. 对于空心轴、阶梯轴、传递较低扭矩及定位等特殊情况，允许大直径的轴选用较小剖面尺寸的键。

　　3. 轴径 d 是 GB/T 1095—2003 中的数值，供选用键时参考，本标准中取消了该列。

2. 销

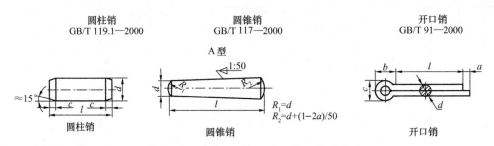

圆柱销
GB/T 119.1—2000

圆锥销
GB/T 117—2000

开口销
GB/T 91—2000

标记示例

公称直径 10mm、长 50mm 的 A 型圆柱销，其标记为：销 GB/T 119.1—2000　6m10×50

公称直径 10mm、长 60mm 的 A 型圆锥销，其标记为：销 GB/T 117—2000　10×60

公称直径 5mm、长 60mm 的开口销，其标记为：销 GB/T 91—2000　10×50

附表 3-2　　　　　　　　　**销 各 部 分 尺 寸**　　　　　　　　　mm

名称	公称直径 d	1	1.2	1.5	2	2.5	3	4	5	6	8	10	12
圆柱销 (GB/T 119.1—2000)	$n\approx$	0.12	0.16	0.20	0.25	0.30	0.40	0.50	0.63	0.80	10	1.2	1.6
	$c\approx$	0.20	0.25	0.30	0.35	0.40	0.50	0.63	0.80	1.2	1.6	2	2.5
圆锥销 (GB/T 117—2000)	$a\approx$	0.12	0.16	0.20	0.25	0.30	0.40	0.50	0.63	0.80	1	1.2	1.6
开口销 (GB/T 91—2000)	d(公称)	0.6	0.8	1	1.2	1.6	2	2.5	3.2	4	5	6.3	8
	c	1	1.4	1.8	2	2.8	3.6	4.6	5.8	7.4	9.2	11.8	15
	$b\approx$	2	2.4	3	3	3.2	4	5	6.4	8	10	12.6	16
	a	1.6	1.6	1.6	2.5	2.5	2.5	2.5	4	4	4	4	4
	l(商品规格范围公称长度)	4～12	5～16	6～0	8～6	8～2	10～40	12～50	14～65	18～80	22～100	30～120	40～160
l 系列		2，3，4，5，6，8，10，12，14，16，18，20，22，24，26，28，30，32，35，40，45，50，55，60，65，70，75，80，85，90，95，100，120											

四、常用滚动轴承

深沟球轴承（GB/T 276—2013）

6000 型

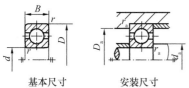

基本尺寸　　　安装尺寸

标记示例

内径 $d=20$ 的 60000 型深钩球轴承，尺寸系列为 (0)2，组合代号为 62，其标记为：

滚动轴承　6204　GB/T 276—2013

附表 4-1　　　　　　　　　　深沟球轴承各部分尺寸

轴承代号	基本尺寸(mm)				安装尺寸(mm)		
	d	D	B	r_s min	d_a min	D_a max	r_{as} max
(1)0 尺寸系列							
6000	10	26	8	0.3	12.4	23.6	0.3
6001	12	28	8	0.3	14.4	25.6	0.3
6002	15	32	9	0.3	17.4	29.6	0.3
6003	17	35	10	0.3	19.4	32.6	0.3
6004	20	42	12	0.6	25	37	0.6
6005	25	47	12	0.6	30	42	0.6
6006	30	55	13	1	36	49	1
6007	35	62	14	1	41	56	1
6008	40	68	15	1	46	62	1
6009	45	75	16	1	51	69	1
6010	50	80	16	1	56	74	1
6011	55	90	18	1.1	62	83	1
6012	60	95	18	1.1	67	88	1
6013	65	100	18	1.1	72	93	1
6014	70	110	20	1.1	77	103	1
6015	75	115	20	1.1	82	108	1
6016	80	125	22	1.1	87	118	1
6017	85	130	22	1.1	92	123	1
6018	90	140	24	1.5	99	131	1.5
6019	95	145	24	1.5	104	136	1.5
6020	100	150	24	1.5	109	141	1.5
(0)2 尺寸系列							
6200	10	30	9	0.6	15	25	0.6
6201	12	32	10	0.6	17	27	0.6
6202	15	35	11	0.6	20	30	0.6
6203	17	40	12	0.6	22	35	0.6
6204	20	47	14	1	26	41	1
6205	25	52	15	1	31	46	1

续表

轴承代号	基本尺寸(mm)				安装尺寸(mm)		
	d	D	B	r_s min	d_a min	D_a max	r_{as} max
(0)2尺寸系列							
6206	30	62	16	1	36	56	1
6207	35	72	17	1.1	42	65	1
6208	40	80	18	1.1	47	73	1
6209	45	85	19	1.1	52	78	1
6210	50	90	20	1.1	57	83	1
6211	55	100	21	1.5	64	91	1.5
6212	60	110	22	1.5	69	101	1.5
6213	65	120	23	1.5	74	111	1.5
6214	70	125	24	1.5	79	116	1.5
6215	75	130	25	1.5	84	121	1.5
6216	80	140	26	2	90	130	2
6217	85	150	28	2	95	140	2
6218	90	160	30	2	100	150	2
6219	95	170	32	2.1	107	158	2.1
6220	100	180	34	2.1	112	168	2.1
(0)3尺寸系列							
6300	10	35	11	0.6	15	30	0.6
6301	12	37	12	1	18	31	1
6302	15	42	13	1	21	36	1
6303	17	47	14	1	23	41	1
6304	20	52	15	1.1	27	45	1
6305	25	62	17	1.1	32	55	1
6306	30	72	19	1.1	37	65	1
6307	35	80	21	1.5	44	71	1.5
6308	40	90	23	1.5	49	81	1.5
6309	45	100	25	1.5	54	91	1.5
6310	50	110	27	2	60	100	2
6311	55	120	29	2	65	110	2
6312	60	130	31	2.1	72	118	2.1
6313	65	140	33	2.1	77	128	2.1
6314	70	150	35	2.1	82	138	2.1
6315	75	160	37	2.1	87	148	2.1
6316	80	170	39	2.1	92	158	2.1
6317	85	180	41	3	99	166	2.5
6318	90	190	43	3	104	176	2.5
6319	95	200	45	3	109	186	2.5
6320	100	215	47	3	114	201	2.5

轴承代号	基本尺寸(mm)				安装尺寸(mm)		
	d	D	B	r_s min	d_a min	D_a max	r_{as} max
	(0)4 尺寸系列						
6403	17	62	17	1.1	24	55	1
6404	20	72	19	1.1	27	65	1
6405	25	80	21	1.5	34	71	1.5
6406	30	90	23	1.5	39	81	1.5
6407	35	100	25	1.5	44	91	1.5
6408	40	110	27	2	50	100	2
6409	45	120	29	2	55	110	2
6410	50	130	31	2.1	62	118	2.1
6411	55	140	33	2.1	67	128	2.1
6412	60	150	35	2.1	72	138	2.1
6413	65	160	37	2.1	77	148	2.1
6414	70	180	42	3	84	166	2.5
6415	75	190	45	3	89	176	2.5
6416	80	200	48	3	94	186	2.5
6417	85	210	52	4	103	192	3
6418	90	225	54	4	108	207	3
6420	100	250	58	4	118	232	3

注　$r_{a min}$ 为 r 的单向最小倒角尺寸；$r_{as max}$ 为 r_{as} 的单向最大倒角尺寸。

五、极限与配合

附表 5-1　　　**基本尺寸小于 500mm 的标准公差**(摘自 GB/T 1800.1—2009)

基本尺寸 mm		公 差 等 级																		
		IT01	IT0	IT1	IT2	IT3	IT4	IT5	IT6	IT7	IT8	IT9	IT10	IT11	IT12	IT13	IT14	IT15	IT16	IT17	IT18
大于	至	μm													mm						
—	3	0.3	0.5	0.8	1.2	2	3	4	6	10	14	25	40	60	0.10	0.14	0.25	0.40	0.60	1.0	1.4
3	6	0.4	0.6	1	1.5	2.5	4	5	8	12	18	30	48	75	0.12	0.18	0.30	0.48	0.75	1.2	1.8
6	10	0.4	0.6	1	1.5	2.5	4	6	9	15	22	36	58	90	0.15	0.22	0.36	0.58	0.90	1.5	2.2
10	18	0.5	0.8	1.2	2	3	5	8	11	18	27	43	70	110	0.18	0.27	0.43	0.70	1.10	1.8	2.7
18	30	0.6	1	1.5	2.5	4	6	9	13	21	33	52	84	130	0.21	0.33	0.52	0.84	1.30	2.1	3.3
30	50	0.7	1	1.5	2.5	4	7	11	16	25	39	62	100	160	0.25	0.39	0.62	1.00	1.60	2.5	3.9
50	80	0.8	1.2	2	3	5	8	13	19	30	46	74	120	190	0.30	0.46	0.74	1.20	1.90	3.0	4.6
80	120	1	1.5	2.5	4	6	10	15	22	35	54	87	140	220	0.35	0.54	0.87	1.40	2.20	3.5	5.4
120	180	1.2	2	3.5	5	8	12	18	25	40	63	100	160	250	0.40	0.63	1.00	1.60	2.50	4.0	6.3
180	250	2	3	4.5	7	10	14	20	29	46	72	115	185	290	0.46	0.72	1.15	1.85	2.90	4.6	7.2
250	315	2.5	4	6	8	12	16	23	32	52	81	130	210	320	0.52	0.81	1.30	2.10	3.20	5.2	8.1
315	400	3	5	7	9	13	18	25	36	57	89	140	230	360	0.57	0.89	1.40	2.30	3.60	5.7	8.9
400	500	4	6	8	10	15	20	27	40	63	97	155	250	400	0.63	0.97	1.55	2.50	4.00	6.3	9.7

附表 5-2　　　　　优先配合中轴的极限偏差数值表（摘自 GB/T 1008.2—2009）

代号	f					g			h							
公称尺寸（mm）	公　差　等　级															
大于　至	5	6	⑦	8	9	5	⑥	7	5	⑥	⑦	8	⑨	10	⑪	12
—　3	−6 −10	−6 −12	−6 −16	−6 −20	−6 −31	−2 −6	−2 −8	−2 −12	0 −4	0 −6	0 −10	0 −14	0 −25	0 −40	0 −60	0 −100
3　6	−10 −15	−10 −18	−10 −22	−10 −28	−10 −40	−4 −9	−4 −12	−4 −16	0 −5	0 −8	0 −12	0 −18	0 −30	0 −48	0 −75	0 −120
6　10	−13 −19	−13 −22	−13 −28	−13 −35	−13 −49	−5 −11	−5 −14	−5 −20	0 −6	0 −9	0 −15	0 −22	0 −36	0 −58	0 −90	0 −150
10　14 / 14　18	−16 −24	−16 −27	−16 −34	−16 −43	−16 −59	−6 −14	−6 −17	−6 −24	0 −8	0 −11	0 −18	0 −27	0 −43	0 −70	0 −110	0 −180
18　24 / 24　30	−20 −29	−20 −33	−20 −41	−20 −53	−20 −72	−7 −16	−7 −20	−7 −28	0 −9	0 −13	0 −21	0 −33	0 −52	0 −84	0 −130	0 −210
30　40 / 40　50	−25 −36	−25 −41	−25 −50	−25 −64	−25 −87	−9 −20	−9 −25	−9 −34	0 −11	0 −16	0 −25	0 −39	0 −62	0 −100	0 −160	0 −250
50　65 / 65　80	−30 −43	−30 −49	−30 −60	−30 −76	−30 −104	−10 −23	−10 −29	−10 −40	0 −13	0 −19	0 −30	0 −46	0 −74	0 −120	0 −190	0 −300
80　100 / 100　120	−36 −51	−36 −58	−36 −71	−36 −90	−36 −123	−12 −27	−12 −34	−12 −47	0 −15	0 −22	0 −35	0 −54	0 −87	0 −140	0 −220	0 −350

代号	js			k			m			n			p		
公称尺寸（mm）	公　差　等　级														
大于　至	5	⑥	7	5	⑥	7	5	6	7	5	⑥	7	5	⑥	7
—　3	±2	±3	±5	+4 0	+6 0	+10 0	+6 +2	+8 +2	+12 +2	+8 +4	+10 +4	+14 +4	+10 +6	+12 +6	+16 +6
3　6	±2.5	±4	±6	+6 +1	+9 +1	+13 +1	+9 +4	+12 +4	+16 +4	+13 +8	+16 +8	+20 +8	+17 +12	+20 +12	+24 +12
6　10	±3	±4.5	±7	+7 +1	+10 +1	+16 +1	+12 +6	+15 +6	+21 +6	+16 +10	+19 +10	+25 +10	+21 +15	+24 +15	+30 +15
10　14 / 14　18	±4	±5.5	±9	+9 +1	+12 +1	+19 +1	+15 +7	+18 +7	+25 +7	+20 +12	+23 +12	+30 +12	+26 +18	+29 +18	+36 +18
18　24 / 24　30	±4.5	±6.5	±10	+11 +2	+15 +2	+23 +2	+17 +8	+21 +8	+29 +8	+24 +15	+28 +15	+36 +15	+31 +22	+35 +22	+43 +22
30　40 / 40　50	±5.5	±8	±12	+13 +2	+18 +2	+27 +2	+20 +9	+25 +9	+34 +9	+28 +17	+33 +17	+42 +17	+37 +26	+42 +26	+51 +26
50　65 / 65　80	±6.5	±9.5	±15	+15 +2	+21 +2	+32 +2	+24 +11	+30 +11	+41 +11	+33 +20	+39 +20	+50 +20	+45 +32	+51 +32	+62 +32
80　100 / 100　120	±7.5	±11	±17	+18 +3	+25 +3	+38 +3	+28 +13	+35 +13	+48 +13	+38 +23	+45 +23	+58 +23	+52 +37	+59 +37	+72 +37

附表 5-3　　优先配合中孔的极限偏差数值表（摘自 GB/T 1800.2—2009）

代号		E		F				G		H						
公称尺寸 (mm)		公　差　等　级														
大于	至	8	9	6	7	⑧	9	6	⑦	6	⑦	⑧	⑨	10	⑪	12
—	3	+28/+14	+39/+14	+12/+6	+16/+6	+20/+6	+31/+6	+8/+2	+12/+2	+6/0	+10/0	+14/0	+25/0	+40/0	+60/0	+100/0
3	6	+38/+20	+50/+20	+18/+10	+22/+10	+28/+10	+40/+10	+12/+4	+16/+4	+8/0	+12/0	+18/0	+30/0	+48/0	+75/0	+120/0
6	10	+47/+25	+61/+25	+22/+13	+28/+13	+35/+13	+49/+13	+14/+5	+20/+5	+9/0	+15/0	+22/0	+36/0	+58/0	+90/0	+150/0
10	14	+59/+32	+75/+32	+27/+16	+34/+16	+43/+16	+59/+16	+17/+6	+24/+6	+11/0	+18/0	+27/0	+43/0	+70/0	+110/0	+180/0
14	18	+59/+32	+75/+32	+27/+16	+34/+16	+43/+16	+59/+16	+17/+6	+24/+6	+11/0	+18/0	+27/0	+43/0	+70/0	+110/0	+180/0
18	24	+73/+40	+92/+40	+33/+20	+41/+20	+53/+20	+72/+20	+20/+7	+28/+7	+13/0	+21/0	+33/0	+52/0	+84/0	+130/0	+210/0
24	30	+73/+40	+92/+40	+33/+20	+41/+20	+53/+20	+72/+20	+20/+7	+28/+7	+13/0	+21/0	+33/0	+52/0	+84/0	+130/0	+210/0
30	40	+89/+50	+112/+50	+41/+25	+50/+25	+64/+25	+87/+25	+25/+9	+34/+9	+16/0	+25/0	+39/0	+62/0	+100/0	+160/0	+250/0
40	50	+89/+50	+112/+50	+41/+25	+50/+25	+64/+25	+87/+25	+25/+9	+34/+9	+16/0	+25/0	+39/0	+62/0	+100/0	+160/0	+250/0
50	65	+106/+60	+134/+60	+49/+30	+60/+30	+76/+30	+104/+30	+29/+10	+40/+10	+19/0	+30/0	+46/0	+74/0	+120/0	+190/0	+300/0
65	80	+106/+60	+134/+60	+49/+30	+60/+30	+76/+30	+104/+30	+29/+10	+40/+10	+19/0	+30/0	+46/0	+74/0	+120/0	+190/0	+300/0
80	100	+126/+72	+159/+72	+58/+36	+71/+36	+90/+36	+123/+36	+34/+12	+47/+12	+22/0	+35/0	+54/0	+87/0	+140/0	+220/0	+350/0
100	120	+126/+72	+159/+72	+58/+36	+71/+36	+90/+36	+123/+36	+34/+12	+47/+12	+22/0	+35/0	+54/0	+87/0	+140/0	+220/0	+350/0

代号		Js			K			M			N			P	
公称尺寸 (mm)		公　差　等　级													
大于	至	6	7	8	6	⑦	8	6	7	8	6	⑦	8	6	⑦
—	3	±3	±5	±7	0/−6	0/−10	0/−14	−2/−8	−2/−12	−2/−16	−4/−10	−4/−14	−4/−18	−6/−12	−6/−16
3	6	±4	±6	±9	+2/−6	+3/−9	+5/−13	−1/−9	0/−12	+2/−16	−5/−13	−4/−16	−2/−20	−9/−17	−8/−20
6	10	±4.5	±7	±11	+2/−7	+5/−10	+6/−16	−3/−12	0/−15	+1/−21	−7/−16	−4/−19	−3/−25	−12/−21	−9/−24
10	14	±5.5	±9	±13	+2/−9	+6/−12	+8/−19	−4/−15	0/−18	+2/−25	−9/−20	−5/−23	−3/−30	−15/−26	−11/−29
14	18	±5.5	±9	±13	+2/−9	+6/−12	+8/−19	−4/−15	0/−18	+2/−25	−9/−20	−5/−23	−3/−30	−15/−26	−11/−29
18	24	±6.5	±10	±16	+2/−11	+6/−15	+10/−23	−4/−17	0/−21	+4/−29	−11/−24	−7/−28	−3/−36	−18/−31	−14/−35
24	30	±6.5	±10	±16	+2/−11	+6/−15	+10/−23	−4/−17	0/−21	+4/−29	−11/−24	−7/−28	−3/−36	−18/−31	−14/−35
30	40	±8	±12	±19	+3/−13	+7/−18	+12/−27	−4/−20	0/−25	+5/−34	−12/−28	−8/−33	−3/−42	−21/−37	−17/−42
40	50	±8	±12	±19	+3/−13	+7/−18	+12/−27	−4/−20	0/−25	+5/−34	−12/−28	−8/−33	−3/−42	−21/−37	−17/−42
50	65	±9.5	±15	±23	+4/−15	+9/−21	+14/−32	−5/−24	0/−30	+5/−41	−14/−33	−9/−39	−4/−50	−26/−45	−21/−51
65	80	±9.5	±15	±23	+4/−15	+9/−21	+14/−32	−5/−24	0/−30	+5/−41	−14/−33	−9/−39	−4/−50	−26/−45	−21/−51
80	100	±11	±17	±27	+4/−18	+10/−25	+16/−38	−6/−28	0/−35	+6/−48	−16/−38	−10/−45	−4/−58	−30/−52	−24/−59
100	120	±11	±17	±27	+4/−18	+10/−25	+16/−38	−6/−28	0/−35	+6/−48	−16/−38	−10/−45	−4/−58	−30/−52	−24/−59

附表 5-4　　　　　　　　　　　　　　基孔制优先、常用配合

基孔制	轴																				
	a	b	c	d	e	f	g	h	js	k	m	n	p	r	s	t	u	v	x	y	z
	间隙配合								过渡配合			过盈配合									
H6						$\frac{H6}{f5}$	$\frac{H6}{g5}$	$\frac{H6}{h5}$	$\frac{H6}{js5}$	$\frac{H6}{k5}$	$\frac{H6}{m5}$	$\frac{H6}{n5}$	$\frac{H6}{p5}$	$\frac{H6}{r5}$	$\frac{H6}{s5}$	$\frac{H6}{t5}$					
H7						$\frac{H7}{f6}$	$\frac{H7}{g6}$	$\frac{H7}{h6}$	$\frac{H7}{js6}$	$\frac{H7}{k6}$	$\frac{H7}{m6}$	$\frac{H7}{n6}$	$\frac{H7}{p6}$	$\frac{H7}{r6}$	$\frac{H7}{s6}$	$\frac{H7}{t6}$	$\frac{H7}{u6}$	$\frac{H7}{v6}$	$\frac{H7}{x6}$	$\frac{H7}{y6}$	$\frac{H7}{z6}$
H8					$\frac{H8}{e7}$	$\frac{H8}{f7}$	$\frac{H8}{g7}$	$\frac{H8}{h7}$	$\frac{H8}{js7}$	$\frac{H8}{k7}$	$\frac{H8}{m7}$	$\frac{H8}{n7}$	$\frac{H8}{p7}$	$\frac{H8}{r7}$	$\frac{H8}{s7}$	$\frac{H8}{t7}$	$\frac{H8}{u7}$				
H8				$\frac{H8}{d8}$	$\frac{H8}{e8}$	$\frac{H8}{f8}$		$\frac{H8}{h8}$													
H9			$\frac{H9}{c9}$	$\frac{H9}{d9}$	$\frac{H9}{e9}$	$\frac{H9}{f9}$		$\frac{H9}{h9}$													
H10			$\frac{H10}{c10}$	$\frac{H10}{d10}$				$\frac{H10}{h10}$													
H11	$\frac{H11}{a11}$	$\frac{H11}{b11}$	$\frac{H11}{c11}$	$\frac{H11}{d11}$				$\frac{H11}{h11}$													
H12		$\frac{H12}{b12}$						$\frac{H12}{h12}$													

注　标注◥的配合为优先配合。

参 考 文 献

[1] 丁宇明. 土建工程制图. 3版. 北京：高等教育出版社，2012.

[2] 武华. 工程制图. 2版. 北京：机械工业出版社，2010.

[3] 杜廷娜. 土木工程制图. 2版. 北京：机械工业出版社，2009.

[4] 刘小年. 工程制图. 2版. 北京：高等教育出版社，2010.